Robin Langebach

# Wärmeeintrag durch geneigte Rohrleitungen in kryogene Speicherbehälter



TUDpress

Robin Langebach

# Wärmeeintrag durch geneigte Rohrleitungen in kryogene Speicherbehälter

TUDpress
2013

Die vorliegende Arbeit wurde am 04. Oktober 2012 an der Fakultät Maschinenwesen der Technischen Universität Dresden als Dissertationsschrift eingereicht und am 07. Dezember 2012 erfolgreich verteidigt.

Vorsitzender der Promotionskommission:
Prof. Dr.-Ing. Uwe Gampe

Gutachter:
Prof. Dr. sc. techn. Hans Quack
Prof. Dr.-Ing. habil. Winfried Heller

Bibliografische Information der Deutschen Nationalbibliothek
Die Deutsche Nationalbibliothek verzeichnet diese Publikation in der Deutschen Nationalbibliografie; detaillierte bibliografische Daten sind im Internet über http://dnb.d-nb.de abrufbar.

Bibliographic information published by the Deutsche Nationalbibliothek
The Deutsche Nationalbibliothek lists this publication in the Deutsche Nationalbibliografie; detailed bibliographic data are available in the Internet at
http://dnb.d-nb.de.

ISBN 978-3-944331-10-2


Verlag der Wissenschaften GmbH
Bergstr. 70 | D-01069 Dresden
Tel.: 0351/47 96 97 20 | Fax: 0351/47 96 08 19
http://www.tudpress.de


Gesetzt vom Autor.
Printed in Germany.

Diese Arbeit entstand während meiner Tätigkeit an der Bitzer-Stiftungsprofessur für Kälte-, Kryo- und Kompressorentechnik der Technischen Universität Dresden.

# Danksagung

Mein Dank gilt in allererster Linie meinem Doktorvater Prof. Dr. sc. techn. Hans Quack für sein Interesse und seine Bereitschaft mich bei dieser Arbeit zu betreuen.

Ebenfalls bedanken möchte ich mich bei Herrn Prof. Dr.-Ing. habil. Winfried Heller für die Übernahme des Zweitgutachtens.

Mein Dank gilt weiterhin Herrn Dr. rer. nat. et Ing. habil. Christoph Haberstroh für die vielen Diskussionen fachlicher und privater Natur sowie für die fortwährende und uneigennützige Unterstützung bei allen Dingen im universitären Alltag.

Bedanken möchte ich mich auch bei den Projektpartnern von HySIM. Ohne ihre fachliche und finanzielle Unterstützung wäre die Durchführung dieser Arbeit sicher ungleich schwieriger gewesen. Besonders erwähnen möchte ich in diesem Zusammenhang die Kollegen Herrn Dr.-Ing. Dominik Scholz und Herrn PD Dr.-Ing. habil. Thomas Frank von Ansys Germany sowie Herrn Dr.-Ing. Markus Kampitsch von der BMW Group.

Einen wesentlichen Beitrag am Gelingen dieser Arbeit hatten ohne Zweifel meine Kollegen vom Lehrstuhl. Durch das angenehme Arbeitsumfeld, die vielen Späße zwischendurch aber auch durch tiefgründige Fachdiskussionen konnte ich jeden Tag auf Arbeit genießen. Dafür meinen herzlichen Dank.

Meiner Mutter und meinem leider viel zu früh verstorbenem Vater danke ich für ihre aufopferungsvolle Unterstützung bei allem, was ich im Leben bisher zu erreichen versuchte sowie ihre immer währende elterliche Liebe und Zuneigung.

Besonderer Dank gilt zudem meinem Bruder Jan. Er ist mir in vielen Lebenslagen Vorbild und Unterstützung zugleich.

Die wohl größte Unterstützung beim Anfertigen dieser Arbeit habe ich jedoch abseits jeder Fachdiskussion erhalten. Jede Minute mit dir ist ein Geschenk mein Schatz! Ich danke dir von ganzem Herzen für all dein Verständnis und für einen wunderbaren Sohn.

# Kurzfassung

In kryogenen Speicherbehältern führt die Temperaturdifferenz zwischen dem kalten Inneren und der warmen Umgebung zu einem ständigen und unvermeidlichen Wärmeeintrag von außen. Ein beträchtlicher Anteil an diesem Wärmeeintrag wird durch Rohrleitungen verursacht. Die reine Wärmeleitung entlang der Fluidsäule und der Rohrwand sowie der auftretende Strahlungswärmestrom sind die physikalisch unvermeidbaren Anteile des Wärmetransports vom warmen zum kalten Ende. Durch einen ungünstigen Neigungswinkel können zusätzlich im Inneren der Rohrleitung Konvektionsbewegungen entstehen. Diese verstärken den gesamten übertragenen Wärmestrom unter ungünstigen Bedingungen erheblich.
In der vorliegenden Arbeit wird der transportierte Wärmestrom durch eine geneigte Rohrleitung mit zylindrischer Grundform in Abhängigkeit vom Neigungswinkel untersucht. Es stehen dabei besonders solche Randbedingungen im Vordergrund, die in mobilen, kryogenen Speicherbehältern für automotive Anwendung anzutreffen sind. Eine Literaturrecherche zeigt zunächst, dass diese spezielle Anordnung bisher nur sehr wenig diskutiert wurde. Die internen Strömungs- und Wärmeübertragungsvorgänge in der Rohrleitung werden im Folgenden abhängig vom Neigungswinkel grob charakterisiert. Für die vertikale Rohrleitung mit warmem Ende oben und kaltem Ende unten liegt im Fluid eine nahezu stabile Schichtung vor. Eine Neigung der Rohrleitung in Richtung horizontaler Anordnung bewirkt von den Rohrleitungsenden beginnend leichte Konvektionsbewegungen, die den Wärmetransport zunächst nur leicht erhöhen. Bei weiterer Neigung über die horizontale Lage hinaus bildet sich ein kontinuierlicher Fluidumlauf aus, der das warme und das kalte Rohrleitungsende verbindet. Der Wärmetransport durch freie Konvektion steigt damit einhergehend stark an. Nach Überschreiten eines charakteristischen Maximalwerts nimmt er aber bis zum Erreichen der vertikalen Anordnung mit warmem Ende unten und kaltem Ende oben durch innere Wärmeübertragungsvorgänge wieder ab. Es werden die einzelnen Einflussfaktoren auf den konvektiven Wärmetransport untersucht und bewertet. Besonders die Dichte und die spezifische Wärmekapazität des Fluids sowie der Innendurchmesser der Rohrleitung zeigen besonders großen Einfluss auf den transportierten Wärmestrom. Neben Bemerkungen zum Strahlungswärmetransport werden zusätzliche Hinweise zur Behandlung der einseitig bzw. beidseitig geöffneten Rohrleitung gegeben. Anhand von Untersuchungen in zwei verschiedenen Versuchsaufbauten konnten numerisch berechnete und experimentell ermittelte Werte zur Geschwindigkeitsverteilung und zum übertragenen Wärmestrom verglichen werden. Die berechneten Geschwindigkeitsprofile stimmen im Modellexperiment mit den Experimenten in den betrachteten Testfällen gut bis sehr gut überein. Die berechneten Wärmeströme durch Rohrleitungen unter kryogenen Randbedingungen stimmen mit den Experimenten nur im erwarteten Maximum gut überein. Darüber hinaus gibt es Modellunzulänglichkeiten, die größere Abweichungen nach sich ziehen. Mit dem vorhandenen Versuchsstand sind anschließend Messungen zur Vermeidung von konvektivem Wärmetransport durch typische Rohrleitungen unter verschiedenen Randbedingungen und Neigungswinkeln durchgeführt worden. Besonders die Untersuchung von Rohrleitungsverbunden und gekrümmten Rohrleitungen haben gezeigt, dass der transportierte Gesamtwärmestrom vergleichsweise gering gehalten werden kann. Die gewonnenen experimentellen Daten wurden genutzt, um eine neue Korrelation zur Abschätzung des Wärmetransports zu formulieren.

# Abstract

The temperature difference between the cold inner vessel and ambient conditions in cryogenic storage vessels involves a permanent and unavoidable heat intake. A considerable part of this heat intake is contributed by connection pipes. The well predictable conductive and radiative heat transfer can be seen as a minimum which occurs from the warm to the cold end of the pipe. Additionally, a certain pipe inclination can cause a convective flow field within the fluid. This effect usually increases the total heat transfer much more dramatic than anticipated.

The present work investigates the total heat transfer through inclined cylindrically shaped connection pipes. Special focus is set on boundary conditions and dimensions which can be found in cryogenic storage tanks for automotive applications. A literature survey has shown that this topic was discussed only in very few previous scientific papers. For characterization of internal fluid flow and heat transfer mechanism the angle of inclination can be used. In case the warm end of the pipe is positioned above the cold end, the fluid inside can be seen as stratified in terms of the temperature distribution under steady state conditions. Almost no buoyancy forces occur in the fluid and therefore no natural convection is present. In this case the amount of transported heat can be calculated from the equations for pure heat conduction. Tilting of the pipe leads to more and more convective flow inside the pipe. In case the warm end of the pipe is positioned at the same height as the cold end or even below, a natural convective flow field is evolving within the fluid. The amount of transported heat through this coupled system including conductive, radiative and convective parts is increasing substantially. All influencing parameters on this effect were evaluated. In particular the density and the specific heat capacity of the fluid as well as the inner diameter of the fluid domain affect the heat transfer behavior in a substantial way. Further, some remarks are given regarding radiative heat transfer within the pipe and the impact on convective heat transfer after opening of one or both pipe endings. By means of two test rigs numerical and experimental data are compared in terms of velocity distribution and total heat transfer. The numerically gained velocity profiles agree very well with the experiments. The calculated heat transfer has shown insufficiencies in comparison to the experiments. Only the maximum value of transferred heat agrees quite well. It is assumed that the numerical model of turbulent heat transfer in the shear layer is responsible for those insufficiencies. By means of the available test rigs a number of approaches were investigated to mitigate elevated heat transfer even under critical boundary conditions. In particular grouping of connection pipes as well as pipe bending are appropriate methods to decrease convective heat transfer. On the basis of a large number of experimental data a new correlation is proposed to predict the total heat transfer in function of the inclination angle.

# Inhaltsverzeichnis

# Nomenklatur

## Formelzeichen

| Symbol | Einheit | Bezeichnung |
|---|---|---|
| $A$ | $m^2$ | Fläche |
| $a$ | $m^2/s$ | thermische Diffusivität |
| $C_i$ | | beliebige Konstante |
| $C_1$ | $W/m^2$ | 1. PLANCKsche Konstante |
| $C_2$ | $m \cdot K$ | 2. PLANCKsche Konstante |
| $C_S$ | $W/\left(m^2 \cdot K^4\right)$ | allgemeine Strahlungskonstante |
| $c_p$ | $J/\left(kg \cdot K\right)$ | spezifische Wärmekapazität bei konstantem Druck |
| $D$ | $m$ | innerer Durchmesser der geneigten Rohrleitung |
| $\dot{E}$ | $W$ | Energiestrom durch Strahlung |
| $\hat{e}_{\tilde{\lambda}}$ | $W/m^3$ | emittierte spektrale Energiestromdichte |
| $\hat{e}$ | $W/m^2$ | emittierte absolute Energiestromdichte |
| $\hat{e}_{\tilde{\lambda},S}$ | $W/m^3$ | emittierte spektrale Energiestromdichte für den schwarzen Strahler |
| $\hat{e}_S$ | $W/m^2$ | emittierte absolute Energiestromdichte für den schwarzen Strahler |
| $F$ | $N$ | Kraft |
| $\vec{f} = (f_x, f_y, f_z)$ | $N$ | Volumenkraft |
| $g$ | $m/s^2$ | Erdbeschleunigung |
| $Gr$ | | Grashofzahl |
| $\dot{H}$ | $W$ | Enthalpiestrom |
| $\hbar$ | $J \cdot s$ | PLANCKsches Wirkungsquantum |
| $K$ | | Einheitsfunktion einer Stoffeigenschaft |
| $k_1$, $k_2$ | | 1. und 2. VAN-DER-WAALS-Konstante |
| $k_{vi}$ | | i-ter Virialkoeffizient |
| $k_B$ | $J/K$ | BOLTZMANN-Konstante |
| $l$ | $m$ | beliebige Länge |
| $L$ | $m$ | Länge der geneigten Rohrleitung |

| | | |
|---|---|---|
| $\dot{m}$ | $kg/s$ | Massestrom |
| $n$ | | Anzahl der Einfluss nehmenden Parameter |
| $Nu$ | | Nusseltzahl |
| $P_F$ | $J$ | Energiezugewinn durch eine Kraftwirkung entlang eines Wegs |
| $p$ | $Pa$ | Druck |
| $Pr$ | | Prandtlzahl |
| $\dot{Q}$ | $W$ | Wärmestrom |
| $\vec{\dot{q}}$ | $W/m^2$ | Wärmestromdichte |
| $\tilde{\dot{q}}$ | $W/m^3$ | volumetrische Wärmequelle |
| $R$ | $J/(kg \cdot K)$ | spezifische Gaskonstante eines Gases |
| $R_{th}$ | $K/W$ | thermischer Widerstand |
| $r$ | | Anzahl der fundamentalen Dimensionen |
| $Ra$ | | Rayleighzahl |
| $Re$ | | Reynoldszahl |
| $Ri$ | | Richardsonzahl |
| $s$ | $m$ | Wandstärke der geneigten Rohrleitung |
| $\vec{s}$ | $m$ | Richtung |
| $T$ | $K$ | Temperatur |
| $t$ | $s$ | Zeit |
| $\vec{u} = (u_x, u_y, u_z)$ | $m/s$ | Geschwindigkeitsvektor |
| $u_i = (u_x, u_y, u_z)$ | $m/s$ | Geschwindigkeit im Sinne der EINSTEINschen Summationskonvention, Laufindex $i = (x, y, z)$ |
| $V$ | $m^3$ | Volumen |
| $v$ | $m^3/kg$ | spezifisches Volumen |
| $Wv$ | | Wärmeleitvergleich |
| $\vec{x} = (x, y, z)$ | $m$ | Ortsvektor |
| $x_i = (x, y, z)$ | $m$ | Ort im Sinne der EINSTEINschen Summationskonvention, Laufindex $i = (x, y, z)$ |
| $y^+$ | | dimensionsloser Wandabstand |
| $Z$ | | Realgasfaktor |

## Griechische Symbole

| Symbol | Einheit | Bezeichnung |
|---|---|---|
| $\alpha$ | $W/(m^2 \cdot K)$ | Wärmeübergangskoeffizient |
| $\tilde{\alpha}$ | | Absorptionsgrad |
| $\beta$ | $1/K$ | thermischer Ausdehnungskoeffizient |

| | | |
|---|---|---|
| $\gamma$ | $^\circ$ | Winkel oder Neigungswinkel |
| $\tilde{\varepsilon}$ | | allgemeiner Emissionskoeffizient |
| $\tilde{\varepsilon}_{\tilde{\lambda}}$ | | spektraler Emissionskoeffizient |
| $\epsilon$ | $m^2/s^3$ | Dissipationsrate |
| $\theta_D$ | | DEBYEsche Temperatur |
| $\kappa$ | $m^2/s^2$ | turbulente kinetische Energie |
| $\lambda$ | $W/(m \cdot K)$ | thermische Leitfähigkeit |
| $\tilde{\lambda}_f$ | $m$ | emittierte Wellenlänge |
| $\mu$ | $Pa \cdot s$ | dynamische Viskosität |
| $\nu$ | $m^2/s$ | kinematische Viskosität |
| $\xi$ | | allgemeine Stoffeigenschaft |
| $\Pi_\kappa$ | $kg/m\,s^3$ | Turbulenzproduktion |
| $\rho$ | $kg/m^3$ | Dichte |
| $\tilde{\rho}$ | | Reflexionsgrad |
| $\sigma_S$ | $W/(m^2 \cdot K^4)$ | STEFAN-BOLTZMANN-Konstante |
| $\tau$ | $N/m^2$ | Schubspannung |
| $\tilde{\tau}$ | | Transmissionsgrad |
| $\Phi$ | | allgemeine Feldgröße |
| $\phi_{ij}$ | | Einstrahlzahl zwischen i und j |
| $\Psi$ | | Multiplikationsfaktor für Stoffeigenschaftsfunktion |
| $\omega$ | $1/s$ | turbulente Wirbelstärke |
| $\omega_D$ | | DEBYEsche Abscheidefrequenz |

# Indizes

| Symbol | Bezeichnung |
|---|---|
| $A$ | Auftriebsgröße |
| $B$ | Bezugsgröße für Ähnlichkeitsbetrachtungen |
| $D$ | bezogen auf den inneren Durchmesser $D$ |
| $Fluid$ | Anteil des Fluids |
| $g$ | Gewichtsgröße |
| $ges$ | gesamt |
| $i$ | beliebiger Laufindex |
| $if$ | Anteil Anteil über die Scherschicht |
| $in$ | hinein |
| $j$ | beliebiger Laufindex |
| $k$ | kaltes Ende |
| $Konv$ | konvektiver Anteil |

| | |
|---|---|
| $L$ | bezogen auf die Länge $L$ |
| $Leit$ | thermischer Leitanteil |
| $max$ | maximale Größe |
| $min$ | minimale Größe |
| $opt$ | optimale Größe |
| $out$ | heraus |
| $sw$ | Seitenwand |
| $Solid$ | Anteil des Festkörpers |
| $t$ | turbulente Größe |
| $Ub$ | Umlenkbereich |
| $w$ | warmes Ende |
| $W$ | Wand |

# Operatoren und Bezeichner

| Symbol | Bezeichnung |
|---|---|
| $\overline{\Phi}$ | Mittelung eines Terms |
| $\Phi'$ | Schwankungswert eines Terms |
| $\|\Phi\|$ | Betrag eines Terms |
| $\vec{\Phi}$ | vektorielle Größe |
| $\nabla\Phi$ | Nabla-Operator angewendet auf den Term |
| $\Delta\Phi$ | Differenzgröße eines Terms |

# 1 Einleitung

## 1.1 Problemstellung

Effizienz und Wirtschaftlichkeit erlangen in der heutigen Zeit gerade im Hinblick auf energietechnische Anlagen eine geradezu dramatische Priorität. Vor dem Hintergrund knapper werdender fossiler Energieträger und dem damit verbundenen Umdenken hin zu regenerativen Energiequellen ist die Gesellschaft gezwungen, in vielen Bereichen des täglichen Lebens Veränderungen zu akzeptieren. Die Kunst des Ingenieurwirkens in der heutigen Zeit besteht vor allem darin, diese neuen Entwicklungen voranzutreiben und den damit verbundenen Herausforderungen gerecht werden.
In der Kryotechnik besitzt die Effizienz von Anlagen ohnehin schon immer eine herausragende Priorität. Um bereits eine kleine Menge Kälteleistung auf kryogenem Temperaturniveau bereitzustellen, müssen auch unter idealen Bedingungen des reversiblen Prozesses vergleichsweise große Mengen an Energie aufgewendet werden.
Durch die vorhandene Temperaturdifferenz zwischen der warmen Umgebung und dem kalten Inneren der Anlage ist ein ständiger Wärmeeintrag von außen physikalisch unvermeidlich. Zur Kompensation dieses Wärmeeintrags muss wiederum „kostbare" Kälteleistung aufgewendet werden. Bei kontinuierlich betriebenen Kälteprozessen spiegelt sich ein unverhältnismäßig hoher Wärmeeintragsverlust in einem erhöhten Energieaufwand der Anlage wider. Bei kryogenen Speichersystemen ohne technische Kälteerzeugung liegt ein etwas anderer Sachverhalt vor. Diese müssen zum Ausgleich des kontinuierlichen Wärmeeintrags gespeicherte Kälte bereitstellen. Das führt entweder zu einer größeren Verdampfungsrate oder zu einem schnelleren Aufwärmen des gespeicherten Kryogens. Die Speicherdauer nimmt ab.
Der Anspruch an ein nahezu ideal isoliertes System wird daraus ersichtlich. Mit Hilfe von aufwendigen Methoden wie z.B. der Vakuum-Mehrschicht-Isolation (MLI) sowie durch die Anwendung von schlecht wärmeleitenden Materialien in Verbindung mit einem intelligenten Design kann der Wärmeeintrag von außen jedoch auf ein akzeptables Maß reduziert werden. Er beträgt auch bei großen Temperaturdifferenzen von etwa $300\,K$ üblicherweise – bezogen auf kleinere Anlagen oder Speicher – nur wenige Watt.
Einen beträchtlichen Anteil an diesem Wärmeeintrag haben eingebaute Rohrleitungen. Sie sind am warmen und am kalten Ende thermisch verankert und sind dem gespeicherten Fluid im Inneren unmittelbar ausgesetzt. Die reine Wärmeleitung entlang der Fluidsäule und der Rohrwand sowie der auftretende Strahlungswärmestrom sind die physikalisch unvermeidbaren Anteile des Wärmetransports vom warmen zum kalten Ende. Dieser Zustand des minimalen Wärmeeintrags existiert jedoch nur theoretisch bei vertikaler Ausrichtung der Rohrleitung mit warmem Ende nach oben und dem kalten Ende nach unten zeigend. Es baut sich durch die Gravitation eine überwiegend ruhige, thermische Schichtung (Stratifikation) im Fluid auf. Der gesamte übertragene Wärmetransport ist

(a) Flüssigwasserstofftank aus dem Jahr 2004, BMW Group, aus BRUNNER [1].

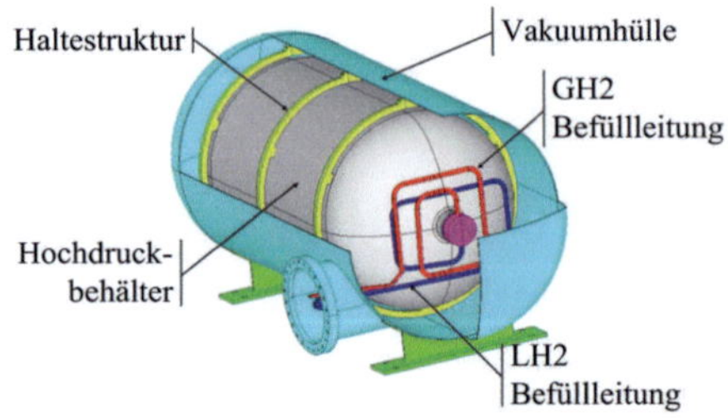


(b) Wasserstoff-Kryodrucktank, Kooperation des Lawrence Livermore National Lab und der BMW Group, übersetzt aus ACEVES et al. [2].

**Abbildung 1.1:** Darstellung von Speichertanks für kryogenen Wasserstoff zur Anwendung im Kraftfahrzeug. Innen zu erkennen ist die Vielzahl von eingebrachten Rohrleitungen, die häufig nicht in der konventionellen, vertikalen Anordnung – warmes Ende oben, kaltes Ende unten – verbaut werden können.

in diesem Zustand nur abhängig von den Fluid- und Festkörpereigenschaften, der Geometrie und der Temperaturdifferenz. Typische Werte für den Wärmetransport liegen im Bereich weniger hundert Milliwatt. Im konventionellen Kryostatbau wird daher konsequent darauf geachtet, dass genau diese günstige Anordnung der Rohrleitungen vorliegt. An dieser Stelle könnte die Diskussion um den Wärmeeintrag durch Rohrleitungen in Kryostaten eigentlich als beendet gelten. Er ist – physikalisch begründet – unvermeidlich, lässt sich aber durch einfache Konstruktionsregeln annähernd auf ein Minimum reduzieren. Zudem lässt sich der Wärmeeintrag durch reine Wärmeleitung und Strahlung gut mit „Papier und Bleistift“ abschätzen. Die Diskussion entsteht jedoch, wenn aus verschiedenen Gründen von der eben beschriebenen idealen Anordnung der Rohrleitung abgewichen werden muss.

Ein Paradebeispiel entgegen der konventionellen Bauart stellen kryogene Speichertanks für Automobile dar. Diese werden zur Speicherung von tiefkaltem Wasserstoff verwendet, der später in einem Verbrennungsmotor oder in einer Brennstoffzelle zum Antrieb des Fahrzeugs genutzt werden kann. Zwei Beispiele sind dazu in den Abbildungen 1.1 (a) und (b) zu sehen. Diese Speichertanks müssen den Anforderungen an einen wohldurchdachten Kryostaten genauso gerecht werden, obwohl sie in einem äußerst anspruchsvollen Umfeld eingesetzt werden. Hinzu kommt, dass die neuesten Entwicklungen der automobilen Speicher für Wasserstoff auf einer Kombination von kryogener Speicherung und Hochdruck – dem sogenannten Kryodruckspeicher ($CcH_2$) – beruhen. Es kommen dadurch zusätzliche Anforderungen im Hinblick auf die Druckfestigkeit des Innenbehälters auch unter kryogenen Temperaturen hinzu.

Aus thermodynamischer Sicht wirken die Betriebsanforderungen an einen solchen Speicherbehälter für automobile Anwendung für den Außenstehenden zunächst paradox. Im Parkzyklus dürfen nur wenige Watt Wärmeeintrag zugelassen werden, um unnötiges Abblasen von Wasserstoff zu vermeiden und eine möglichst lange Standzeit des Speichertanks zu gewährleisten. Im Fahrbetrieb dagegen müssen unter ungünstigen Umständen

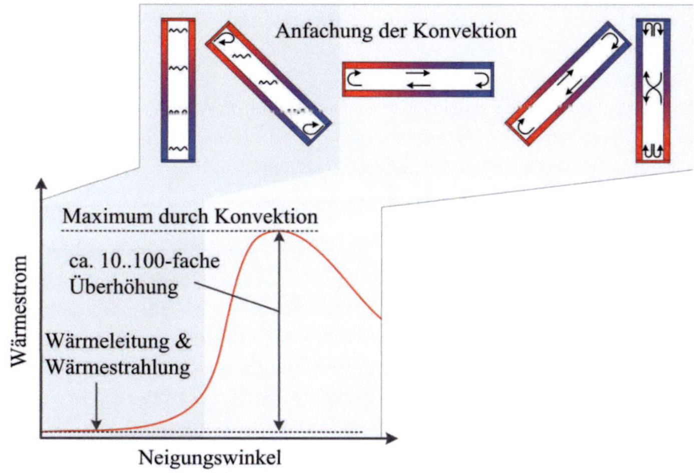


**Abbildung 1.2:** Qualitative Darstellung des gesamten transportierten Wärmestroms durch eine Rohrleitung in Abhängigkeit vom Neigungswinkel; darüber angeordnet sind diskrete Zustände der Rohrleitungsneigung, links beginnend mit der idealen vertikalen Anordnung – oben warm unten kalt – bis hin zur ungünstigen Anordnung – unten warm oben kalt.

sogar mehrere Kilowatt Wärme eingetragen werden, um den Wasserstoff zügig auszutreiben und dem Motor in ausreichender Menge zur Verfügung zu stellen.
Diese technisch umfassend durchdachten Systeme müssen sich zusätzlich in das gewohnte Design eines modernen Kraftfahrzeugs einfügen lassen. Dazu werden die Speichertanks typischerweise liegend angeordnet. Dies führt zwangsläufig dazu, dass in größerem Maße vom konventionellen Kryostatbau abgewichen werden muss.
Für die eingebauten Rohrleitungen ist eine rein vertikale Einbauanordnung mit warmem Ende oben und kaltem Ende unten meist schon aus Platzgründen unmöglich. Die eingangs beschriebenen Vorteile aus Sicht des Wärmeeintrags, die mit dieser Anordnung verbunden sind, können deshalb in typischen Speicherbehältern für automobile Anwendung nicht ohne Weiteres genutzt werden. Häufig muss – zumindest sektionsweise – auch eine Anordnung der Rohrleitungen akzeptiert werden, bei der das warme Ende auf gleicher Höhe oder unterhalb des kalten Endes angeordnet ist. Im Fluid können sich dadurch freie Konvektionsströmungen aufbauen, die den Wärmetransport signifikant beeinflussen können. Dieser Vorgang wird schematisch für eine gerade Rohrleitung mit zylindrischer Grundform in der Abbildung 1.2 dargestellt. Angegeben ist der qualitative Verlauf des transportierten Wärmestroms in Funktion vom Neigungswinkel der Rohrleitung. Dieser lässt sich wie folgt beschreiben:
Eine Neigung der Rohrleitung in Richtung horizontale Anordnung bewirkt von den Rohrleitungsenden beginnend leichte Konvektionsbewegungen, die den Wärmetransport zunächst nur leicht erhöhen. Bei weiterer Neigung über die horizontale Lage hinaus bildet sich ein kontinuierlicher Fluidumlauf aus, der das warme und das kalte Rohrleitungsende verbindet. Diese Anordnung entspricht formal dem freien Konvektionsvorgang in einer geneigten, zylindrischen Kavität und damit einem einphasigen Thermosiphon. Der

Wärmetransport durch freie Konvektion steigt stark an und entwickelt eine eigene Charakteristik in Funktion vom Neigungswinkel.
Es können aus den bisherigen Erfahrungen Absolutwerte erreicht werden, die den minimalen Wärmeeintrag durch reine Wärmeleitung und Wärmestrahlung je nach Randbedingungen um ein bis zwei Größenordnungen übersteigen. Insbesondere bei komprimierten Fluiden mit hoher volumetrischer Wärmekapazität – dem Produkt aus Dichte und spezifischer Wärmekapazität – ist die zu erwartende Erhöhung des transportierten Wärmestroms geradezu dramatisch.
Im konkreten Beispiel des automobilen Speichertanks für Wasserstoff kann bei vertikaler Anordnung für eine typische Rohrleitung mit den Dimensionen $8x1{,}5x250\,mm$ von einem minimalen Wärmetransport durch Wärmeleitung und Wärmestrahlung von kleiner $200\,mW$ ausgegangen werden. Bei ungünstiger Anordnung – unten warm oben kalt – kann der übertragene Wärmestrom durch den hinzukommenden konvektiven Anteil des Hochdruck-Wasserstoffs auf über $6\,W$ ansteigen. Dies bedeutet im Umkehrschluss, eine einzige ungünstig angeordnete Rohrleitung kann das komplette Budget des erlaubten Wärmeeintrags für einen Kryodruckspeicher im Automobil bereits überschreiten, ohne dass andere Wärmeeinträge, z.B. durch Trägerstrukturen, auch nur betrachtet wurden.
Der dramatisch erhöhte Wärmeeintrag durch ungünstig angeordnete Rohrleitungen besitzt also in vielerlei Hinsicht besondere praktische Bedeutung – gerade vor dem Hintergrund neuartiger Anwendungsfelder für Kryostate.
Freie Konvektion als unerwünschter Effekt in geneigten Rohrleitungen ist im konventionellen Kryostatbau natürlich bekannt, sie ist dort jedoch nur selten relevant. Fundierte Untersuchungen sind bisher nicht oder nur unzureichend angestellt worden. Es bleiben in diesem Zusammenhang zahlreiche ungeklärte wissenschaftliche Fragen, die in dieser Arbeit behandelt werden sollen:

1. Wie stellt sich der Wärmetransport durch zusätzliche, innere Konvektionsvorgänge in einer geneigten Rohrleitung dar und welcher genauen Charakteristik unterliegt dieser Effekt?

2. Wie groß ist der zu erwartende Wärmestrom?

3. Welche Faktoren beeinflussen den Wärmetransport durch innere Konvektion maßgeblich?

4. Gibt es Methoden, wie die inneren Konvektionsbewegungen – trotz ungünstiger Einbaulage – eingedämmt oder sogar unterbunden werden können?

5. Kann der zu erwartende Wärmestrom durch eine typische Rohrleitung unter gegebenen Randbedingungen einfach abgeschätzt werden?

## 1.2 Zielsetzung und Gliederung der Arbeit

Mit der vorliegenden Arbeit wird das Ziel verfolgt, den Wärmetransport durch geneigte Rohrleitungen unter verschiedenen Neigungswinkeln näher zu untersuchen. In besonderem Maße steht dabei die Affinität zu kryogenen Speichersystemen im Vordergrund. Dort ist im konkreten Fall besonders das Auftreten von freier Konvektion in Rohrleitungen unerwünscht, weil dadurch zusätzliche, vergleichsweise große Wärmeeinträge entstehen können.
Zunächst wird die grundlegende Fragestellung diskutiert, unter welchen Bedingungen und in welchem Maße freie Konvektion in geneigten Rohrleitungen überhaupt auftritt und welche Faktoren großen Einfluss besitzen. Hierbei steht im Fokus, wie sich der zu erwartende Wärmestrom durch eine Rohrleitung unter gegebenen Randbedingungen aus Sicht des Ingenieurs beschreiben und abschätzen lässt. Des Weiteren sollen Maßnahmen untersucht werden, die den konvektiven Wärmetransport auch unter ungünstigen Randbedingungen möglichst gering halten.

Die Arbeit ist folgendermaßen gegliedert:
In Kapitel 1 wird das Problem umrissen und im Rahmen einer Literaturrecherche der allgemeine Stand von Wissenschaft und Technik dazu dargelegt.
Kapitel 2 behandelt wesentliche Grundlagen, die zum Verständnis der Thematik notwendig sind. Die Inhalte zu den Grundlagen basieren dabei überwiegend auf einer früheren Zusammenstellung des Verfassers [3].
Kapitel 3 stellt die numerischen und experimentellen Untersuchungen an geneigten Rohrleitungen dar und gibt die wichtigsten Ergebnisse der vorliegenden Arbeit an.

## 1.3 Einordnung in die Literatur – Stand der Technik

Natürliche Konvektion und der damit verbundene Wärmetransport sind in der Literatur in vielerlei Hinsicht diskutiert worden. Die technische Relevanz der konvektiven Wärmeübertragung hat seit geraumer Zeit eine immense Zahl von Veröffentlichungen hervorgebracht. Dabei stehen sowohl grundlegende Untersuchungen als auch die Anwendung der Erkenntnisse in der Technik im Vordergrund. In **Lehrbüchern oder Kompendien** sind eine Vielzahl von Korrelationen zu unterschiedlichsten Problemen mit überwiegend einfachen Grundgeometrien zusammengestellt. Bei INCROPERA [4] und im VDI-Wärmeatlas [5] finden sich technisch relevante Korrelationen zur Berechnung des dimensionslosen Wärmeübergangs sowohl um bzw. an definierten Geometrien als auch innerhalb geschlossener Kavitäten. Im Lehrbuch von MÜLLER UND ERHARDT [6] werden die Standardfälle der freien Konvektion insofern sehr theoretisch behandelt, als dass auch analytisch verfügbare Lösungen hergeleitet und diskutiert werden. Eine tiefgründige theoretische Zusammenfassung zur freien Konvektion der hier interessierenden geneigten, zylindrischen Kavitäten bietet ROHSENOW [7] in seinem Lehrbuch zur Wärmeübertragung. Er definiert grundsätzliche Größen und Einflussfaktoren und differenziert verschiedene Sonderfälle. Wenn auch nur mit wenigen quantitativen Ergebnissen versehen, gibt diese Zusammenfassung theoretischer Überlegungen einen generellen Überblick über die Thematik mit besonderem Bezug auf die Kopplung von Konvektion, Strahlung und Wärmeleitung. Das Themengebiet der geschlossenen Kavitäten wird bei OSTRACH [8] tiefgehend diskutiert. In Bezug auf die Anordnung der Geometrien sind jedoch der vertikale und der horizontale Sonderfall thematisch dominierend.

Das Problem der natürlichen Konvektion in **vertikalen Kavitäten**, welche von unten beheizt und von oben gekühlt werden, stellt seit den ersten Untersuchungen von BENARD [9] einen großen Interessensbereich der Forschung dar. Die Beschreibung der Wärmeübertragungsvorgänge im stark instationären Effekten unterliegenden Strömungsregime der RAYLEIGH-BENARD-Konvektion ist Inhalt vieler wissenschaftlicher Veröffentlichungen bis in die neueste Zeit. EDWARDS UND CATTON [10] geben mittels der Powerintegralmethode eine analytische Korrelation für den dimensionslosen Wärmeübergang an. HESLOT et al. [11] führten Experimente in einer vertikalen, zylindrischen Kavität aus, welche Helium unter kryogenen Temperaturbedingungen beinhaltete. Durch die günstigen Stoffeigenschaften ließen sich besonders hohe Rayleighzahlen erreichen. HESLOT et al. [11] untersuchten dabei den Übergang zwischen laminarer und turbulenter Strömung in der Konvektionszelle. CHAVANNE et al. [12, 13] erweitern die Untersuchungen zum dimensionslosen Wärmeübergang unter Verwendung von Helium unter kryogenen Randbedingungen. Durch eine Vergrößerung des Aspektverhältnisses Höhe zu Durchmesser der Kavität konnte der Rayleighzahlbereich dabei noch einmal deutlich erweitert werden. Sowohl für zylindrische als auch für rechteckige Grundformen der Kavität verwenden LIN UND ARMFIELD [14] die direkte numerische Simulation (DNS), um das instationäre Strömungsverhalten numerisch unabhängig von Modellannahmen und experimentellen Eigenheiten zu charakterisieren. Bereits postulierte Skalierungsmethoden zur Beschreibung der Temperatur- und Geschwindigkeitsverteilungen können durch ihre numerischen Simulationen bestätigt werden.

Bereits seit Mitte des 20. Jahrhunderts beschäftigen sich einige Veröffentlichungen mit der Frage nach einphasigen Konvektionsströmungen in zylindrischen Kavitäten – einseitig oder beidseitig geschlossen. Die Studien sind überwiegend an die Frage nach der Nutzung vertikaler und geneigter **Thermosiphone** mit einphasigem Fluid gekoppelt. Der wesentliche Unterschied zur geneigten Rohrleitung besteht darin, dass die beheizte bzw. gekühlte Fläche auf dem Rohrmantel und nicht an den gegenüberliegenden Rohrenden liegt. LIGHTHILL [15] dokumentierte dazu die ersten theoretischen Gedanken zu freien Konvektionsströmungen und der gekoppelten Wärmeübertragung in vertikalen, seitlich beheizten Rohren mit geschlossenem Boden. Er beschrieb bereits die sich einstellende Konvektionsströmung als abhängig vom Strömungszustand – laminar oder turbulent. Anhand einer modifizierten Grashofzahl basierend auf dem Durchmesser des Rohres wurde der Strömungsumschlag festgestellt. Ebenfalls schlug LIGHTHILL [15] bereits die Erweiterung der Grashofzahl um das geometrische Aspektverhältnis Länge zu Durchmesser der zylindrischen Kavität vor, um den dimensionslosen Wärmeübergang korrelativ zu beschreiben. Ursprünglich geht dieses Vorgehen jedoch bereits auf die Studien von ELENBAAS [16] zurück. MARTIN UND COHEN [17] erweiterten die angestellten Untersuchungen von LIGHTHILL durch Experimente und bestätigten seine früheren Thesen. Ein wesentliches Ergebnis war die Aussage, wonach der Wärmeübergang im laminaren Strömungsregime deutlich effektiver als im turbulenten Strömungsregime erfolgt. Die turbulente Interaktion von aufsteigendem, erwärmten Fluid mit absinkendem kalten Fluid beeinträchtigt die übertragene Wärmemenge offenbar maßgeblich. Die Veröffentlichung von JAPISKE et al. [18, 19] dokumentiert experimentelle Erkenntnisse im Hinblick auf den geschlossenen, einphasigen Thermosiphon – auch unter verschiedenen Anstellwinkeln. Die Untersuchungen zeigen zunächst, dass im allgemeinen Vergleich der einseitig geöffnete Thermosiphon im Hinblick auf die übertragbare Wärme vorteilhafter ist. Die Neigung eines geschlossenen Thermosiphons zeigte eine signifikante Verbesserung der internen Strömungsverhältnisse im Vergleich zur vertikalen Anordnung. Weitere experimentelle Untersuchungen zu einseitig geöffneten und gleichzeitig geneigten Thermosiphonen führten BEHNIA et al. [20] durch. Sie nutzen Farbe und Tracerpartikel zum Sichtbarmachen der Strömung. Später erweiterten GAA et al. [21] die experimentellen Methoden zur lokalen Geschwindigkeitsanalyse und setzten die Laser-Doppler-Anemometrie (vgl. dazu Kapitel 2.4.2) ein. Die Arbeiten von LOCK [22, 23, 24, 25] erweiterten das Gebiet im Hinblick auf die Anwendung von Thermosiphonen in Natur und Technik – etwa zur thermischen Kopplung verschiedener Erdschichten zur Fundamentsicherung. Die Zusammenfassung zu den bisherigen Ergebnissen des einphasigen und mehrphasigen Thermosiphons sind im Kompendium zu allen Schriften von LOCK [26] dargelegt. Es bietet einen sehr ausführlichen Gesamtüberblick über nahezu alle Forschungsaktivitäten und -anwendungen bis 1992.

DAVIS [27] untersuchte numerisch die freie Konvektionsbewegung in einem zweidimensionalen **horizontalen Spalt**. Die vertikalen Seitenwände wurden hierbei beheizt bzw. gekühlt. DAVIS [27] beschreibt die berechneten Temperatur- und Geschwindigkeitsfelder zunächst für eine rechteckige Grundform. OZOE et al. [28, 29, 30] führten diese ersten Untersuchungen thematisch weiter. Sie validierten eigene numerische Berechnungen an zweidimensionalen Kavitäten anhand von Experimenten. Die diskutierten Aspektverhältnisse Höhe zu Länge fokussieren jedoch auf rechteckige bzw. stark überhöhte Geometrien. OZOE et al. [28, 29, 30] beschreiben in ihren Studien zudem eine starke Abhängigkeit des Wärmeübergangs von der Neigung der Kavität. Es wird damit auch der Bezug zwischen horizontalen und vertikalen Kavitäten (RAYLEIGH-BENARD-Konvektion) hergestellt. HAMADY et al. [31] geben eine Korrelation für den dimensionslosen Wärmeübergang in Abhängigkeit von der Rayleighzahl und dem Neigungswinkel an. Der Geltungsbereich ist jedoch auf eine quadratische Grundform der Kavität begrenzt. Ein Vergleich der Strömungsverhältnisse von horizontalen, rechteckigen zu zylindrischen Kavitäten wurde von KIMURA UND BEJAN [32] angestellt. Rechteckige Kavitäten mit beheizten bzw. gekühlten Seitenwänden unter großem Aspektverhältnis Länge zu Höhe untersuchten CORMACK et al. [33, 34] und IMBERGER [35]. In zunächst analytischen Studien geben sie eine asymptotische Lösung für den dimensionslosen Wärmeübergang durch eine unendlich lange Kavität an. Anhand von numerischen Studien wurden für definierte Grashof- und Prandtlzahlen Vergleichsrechnungen durchgeführt, die mit experimentellen Untersuchungen von IMBERGER [35] verglichen wurden. Die analytisch gewonnene Korrelation in horizontaler Ausrichtung wird durch eine experimentell validierte Korrelation im höheren Grashofzahlbereich ergänzt.

Neben der Untersuchung von zweidimensionalen Kavitäten als Beispiel für hinreichend breite dreidimensionale Quader wurden auch **Kavitäten mit zylindrischer Grundform** untersucht. HONG [36] untersuchte eine Anordnung, in der eine horizontale Rohrleitung mit einem Ende offen in ein heißes Reservoir hineinragt, am anderen Ende aber verschlossen ist. HONG [36] berücksichtigte dabei im numerischen Modell unter Vereinfachungen auch die axiale Wandwärmeleitung. Seine Ergebnisse zeigen, dass sich signifikante Temperaturgradienten sowohl in axialer als auch in radialer Richtung in der Rohrleitung einstellen. BEJAN UND TIEN [37] veröffentlichten für eine horizontale Rohrleitung eine analytische Studie zur Lösung der Temperatur- und Geschwindigkeitsfelder im Mittelbereich in hinreichender Entfernung von den Umlenkbereichen an der warmen und kalten Endfläche. Sie beschreiben unter Berücksichtigung der Wandwärmeleitung den Effekt der Kopplung von Geschwindigkeits- und Temperaturfeld – sowohl im Fluid als auch in der Interaktion mit der Rohrwand. BEJAN UND TIEN [37] geben analytische Lösungen verschiedener Ordnungen für die Geschwindigkeits- und Temperaturfelder sowie den übertragenen Nettowärmestrom an. Es wird zudem nachdrücklich auf die signifikante Abhängigkeit des transportierten Wärmestroms von der Wandwärmeleitfähigkeit hingewiesen. KIMURA UND BEJAN [32, 38] untersuchten daraufhin erstmalig sowohl experimentell als auch numerisch eine horizontale, zylindrische Kavität in der Form einer üblichen Rohrleitung. Unter Verwendung von Wasser als Fluid konnten erste Messungen zur Temperatur- und Geschwindigkeitsverteilung an diskreten Punkten gewonnen werden. Die angestellten numerischen Untersuchungen dienen dem Vergleich mit den Ergebnissen von BEJAN UND TIEN [37]. In den experimentellen Studien von SCHIROKY UND ROSENBERGER [39, 40] wurde erstmals die Methode der Laser-Doppler-Anemometrie verwendet, um experimentellen Einblick in die Strömungsvorgänge einer horizontalen Rohrleitung zu erhalten. Ebenso nutzten SCHIROKY UND ROSENBERGER [39, 40] komprimierte Gase zur Erzeugung höherer Rayleighzahlbereiche in ihren Untersuchungen. Die experimentellen Ergebnisse von SCHIROKY UND ROSENBERGER [39, 40] und die analytischen Lösungen von BEJAN UND TIEN [37] dienten für BONTOUX et al. [41] als Datengrundlage für die ersten numerischen Untersuchungen an geneigten, zylindrischen Kavitäten. Sie diskutieren dabei die Änderung der Geschwindigkeitsprofile in Abhängigkeit von Neigung und Rayleighzahl. SCHNEIDER UND STRAUB [42] untersuchten numerisch die natürlichen Konvektionsvorgänge in einer horizontalen Rohrleitung unter veränderten Gravitationsbedingungen – im speziellen Fall unter Mikrogravitation an Bord von Raumfahrzeugen. Später führten SCHNEIDER UND STRAUB [43] sowohl numerische als auch experimentelle Untersuchungen an einer zylindrischen Kavität mit beheizter bzw. gekühlter Endplatte aus. Die Kavität wurde über den vollen Winkelbereich geneigt und der Wärmeübergang ermittelt. SCHNEIDER UND STRAUB [43] geben eine der wenigen vorhandenen Korrelationen an, die trotz eingeschränktem Aspektverhältnis und ohne Berücksichtigung der Wandwärmeleitung eine Berechnung des dimensionslosen Wärmeübergangs in Abhängigkeit von Rayleighzahl, Aspektverhältnis und Neigungswinkel zulässt.

Erste Erweiterungen des Problems von freier Konvektion in geneigten Rohrleitungen im **Hinblick auf die Kryotechnik** wurden von THUMMES et al. [44] veröffentlicht. In einem niederfrequenten Pulsrohrkühler (Pulse-Tube-Cryocooler) wurde dabei die Abhängigkeit der Kühlleistung vom Neigungswinkel des Pulsrohres untersucht und ein starker Einbruch aufgrund von vermutlich einsetzenden freien Konvektionsbewegungen im Inneren dokumentiert. Trotz der vorhandenen Pulsrohrströmung aufgrund des Kühlerbetriebes besitzt die Überlagerung durch eine freie Konvektionsströmung große Dominanz und verschlechtert somit die thermische Trennung von warmem und kaltem Teil des Pulsrohres. THUMMES et al. [44] maßen für definierte Randbedingungen den parasitären Wärmestrom durch freie Konvektion und dokumentierten die Messwerte. Diese wurden mit einer Zusammenstellung von Literaturkorrelationen von FUJII UND IMURA [45], HOLLANDS et al. [46, 47] und GLOBE UND DROPKIN [48] verglichen. Die Ergebnisse stimmten jedoch nur bedingt überein. Sowohl qualitativ als auch quantitativ zeigte dieser Korrelationssatz nach THUMMES et al. [44] Unzulänglichkeiten. Er stellt jedoch ebenfalls eine der wenigen dokumentierten Korrelationen für den dimensionslosen Wärmeübergang für die geneigte, zylindrische Kavität dar. ROSS UND JOHNSON [49] diskutierten die Problematik in hochfrequenten Pulsrohrkühlern und kommen zu ähnlichen Ergebnissen wie THUMMES et al. [44] hinsichtlich des auftretenden Wärmestroms. Im Experiment von SHIRAISHI et al. [50] konnten die verantwortlichen Sekundärströmungen im geneigten Pulsrohr visualisiert werden. Methoden zur Minimierung der freien Konvektionsvorgänge und dem damit verbundenen Wärmeübergang wurden diesbezüglich von SCURLOCK UND BEDUZ [51] erwähnt. Als mögliche Maßnahmen wurden unter anderem die Formänderung des Pulsrohres hinsichtlich Querschnitt und Aspektverhältnis vorgeschlagen. Messdaten oder numerische Berechnungen unterlegen die getroffenen Vorschläge jedoch nicht. KASTURIENGAN et al. [52] diskutierten den Einsatz von verdrillten Netzen zur Unterbindung von Konvektionsbewegungen in Pulsrohren. Es konnte gezeigt werden, dass die parasitären Wärmeströme durch freie Konvektion stark durch solche Rohreinsätze minimiert werden konnten. Gleichzeitig verringerte sich aber die maximale Kühlleistung bzw. die minimal erreichbare Temperatur des Pulsrohrkühlers signifikant. Die Experimente von THUMMES et al. [44] wurden von HE et al. [53, 54] aufgegriffen und numerisch nachgerechnet. Dabei verwendeten sie erstmals reale Stoffdaten in Abhängigkeit von Druck und Temperatur im Fluid. Die erlangten Temperatur- und Geschwindigkeitsfelder in einer Pulsrohr-ähnlichen Geometrie wurden neigungswinkelabhängig untersucht. Die berechneten Wärmeströme durch freie Konvektion im Fluid können die Messungen von THUMMES et al. [44] qualitativ gut wiedergeben. In weiterführenden Studien untersuchten HE et al. [55] die Pulsrohr-ähnliche Geometrie unter vertikaler Anordnung und vergleichen die Ergebnisse mit den Studien von EDWARDS UND CATTON [10]. Zusätzlich untersuchten HE et al. [56] noch den Einfluss der Wandwärmeleitung auf den übertragenen Wärmestrom. Im Ergebnis werden Schlüsse hinsichtlich sinnvoller Materialauswahl für die Rohrwand getroffen, um die Kühlleistung des Pulsrohrkühlers möglichst günstig zu gestalten. HIEKE et al. [57] untersuchten die Bedeutung der Wärmeeintragserhöhung in kryogene Speicherbehälter durch freie Konvektion in geneigten Rohrleitungen mit Hilfe von numerischen Simulationen. Die betrachtete Rohrleitung ist an der warmen Endfläche geschlossen und am kalten Ende geöffnet. Die thermischen Eigenschaften der Rohrwand wurden ebenfalls berücksichtigt. HIEKE et al. [57] dokumentierten eine signifikante Erhöhung des Gesamtwärmestromes im Vergleich zur reinen Wärmeleitung. Der übertragene Wärmestrom zwischen warmer Endfläche und kalter Öffnung wird in Abhängigkeit von der Neigung diskutiert.

Im Hinblick auf die Frage, inwiefern der **Strahlungswärmestrom** vom warmen zum kalten Ende durch eine Kavität relevant ist, beschäftigten sich einige Studien mit ähnlichen Problematiken. HOLLANDS et al. [47] untersuchten die Strahlung in Kopplung mit reiner Wärmeleitung durch Kavitäten mit Honigwabenform. Zwischen den beiden unterschiedlich temperierten Endflächen existiert dabei ein Strahlungswärmestrom, dessen Größe und Einfluss auf die Seitenwände gemessen und in Form eines iterativen Berechnungsmodells nachgerechnet wird. Der Einfluss zwischen reiner Wärmeleitung und reiner Strahlung kann durch Verschiebung des Temperaturprofils in der Wand nachgewiesen werden. Er ist jedoch, bedingt durch das kleine Aspektverhältnis der Geometrie, vergleichsweise gering und bestätigt die Annahme von ROHSENOW [7], wonach eine Entkopplung von Strahlung und Konvektion bzw. Wärmeleitung unter bestimmten Bedingungen möglich ist. TIEN UND YUEN [58] erweiterten das Modell von HOLLANDS et al. [47] auf eine größere geometrische Formvielfalt. HIEKE et al. [57] vermuteten in ihren Studien die Vernachlässigbarkeit des Strahlungswärmestroms. Eine Berechnung des Strahlungswärmestroms zwischen zwei parallelen Kreisflächen mit definiertem Abstand zueinander kann mit Hilfe einer analytischen Lösung aus dem VDI-Wärmeatlas [5] durchgeführt werden.

Aus den Detailuntersuchungen der einzelnen Literaturstellen ist es ausgesprochen schwierig, einen Überblick zu erhalten. Offensichtlich existiert eine große Anzahl von relevanten aber nicht immer hinreichend zutreffenden Literaturstellen. Aus diesem Grund ist der Versuch unternommen worden, alle bekannten Artikel zum Thema in gewisser Weise zu schematisieren. Das Ergebnis ist in Tabelle 1.1 dargestellt. Dort werden die Literaturstellen in verschiedene, dem Verfasser relevant erscheinende Kriterien zum Wärmestrom durch geneigte Rohrleitungen eingeordnet. Zusätzlich erfolgt eine Bewertung, ob die entsprechende Literaturstelle eher der klassischen Strömungsmechanik zuzuordnen ist, oder aber bereits speziell auf das Themengebiet der Kryotechnik eingeht. Für das Themengebiet der Kryotechnik wurde zusätzlich noch einmal eine Unterteilung in prinzipielle, etwas tiefer gehende sowie sehr detaillierte Ausführungen getroffen.
Es wird deutlich, dass dieses Thema bereits eine gewisse Anzahl von Autoren – auch in Bezug auf die Kryotechnik – beschäftigt hat. Gerade jedoch im Hinblick auf notwendige, zu klärende Detailfragen ist praktisch keine Literaturquelle wirklich aussagekräftig. Die angestrebten Untersuchungen dieser Arbeit zur freien Konvektion in geneigten Rohrleitungen erweitern den aktuellen Stand der Literatur damit um viele wichtige Aspekte.

**Tabelle 1.1:** Bewertungsmatrix zur aktuellen Einordnung des Effektes der freien Konvektion in geneigten Rohrleitungen in die Literatur. Die Bewertung bezieht sich auf die Affinität der Literaturstelle zur klassischen Strömungsmechanik oder zur Kryotechnik.

| | Strömungsmechanik | Kryotechnik | | |
|---|---|---|---|---|
| | allgemein | prinzipiell | mittel | detailliert |
| Beschreibung des Effektes | [7] [8] [15] [26] [33] | [53] [54] | | [44] [57] |
| Technische Relevanz | [26] | [48] | [44] [57] | |
| Zylindrische Grundform | [7] [11] [12] [13] [15] [17] [18] [19] [20] [21] [26] [33] [34] | [11] [12] [13] [35] [36] [37] [38] [39] [40] [41] [42] [48] [49] | [44] [53] [54] [56] [57] | |
| Aspektverhältnis | [8] [15] [17] [18] [19] [20] [21] [26] [32] [33] [34] [35] [36] [37] [38] [39] [40] [41] [42] | [44] [48] [49] [53] [54] [55] | [57] | |
| Neigungswinkel | [7] [17] [18] [19] [20] [21] [26] [28] [29] [30] [31] [41] [43] | [48] [49] | [44] [53] [54] [56] [57] | |
| Rohrwandeinfluss | [36] [37] | [57] | [56] | |
| Realgasdaten | [11] [12] [13] | [11] [12] [13] [48] [49] | [44] [53] [54] [55] [57] | |
| Hochdruck | [11] [12] [13] [39] [40] | [2] [44] | | |
| Wärmestrahlung | [5] [7] [47] [58] | [57] | [5] | |
| Numerische Betrachtung | [14] [26] [28] [29] [32] [34] [36] [41] [42] [43] | [55] | [53] [54] [56] [57] | |
| Experimentelle Betrachtung | [11] [12] [13] [17] [18] [19] [20] [21] [26] [30] [35] [37] [38] [39] [40] [43] | [48] [49] | [44] | |
| Wärmetransportkorrelation | [10] [15] [16] [31] [33] [37] [43] | [43] | [44] | |
| Effektvermeidung | | [51] [52] | | |

Insbesondere geneigte Rohrleitungen mit einem großen Aspektverhältnis Länge zu Durchmesser sind unter Berücksichtigung des thermischen Wandeinflusses bisher nur wenig diskutiert. Entsprechende Vergleiche zwischen lokalen Geschwindigkeits- bzw. Temperaturmessungen und numerischen Rechnungen sind wenig bis gar nicht dokumentiert – gerade vor dem Hintergrund vergleichsweise großer Rayleighzahlen. Ebenso ist den geänderten Stoffdaten von Festkörpern und Fluiden unter kryogenen Randbedingungen bisher nur wenig Bedeutung zugekommen. Eine systematische Betrachtung bezüglich möglicher Stoffparameter bei technisch relevanten Anwendungen ist themenbezogen in der Literatur noch nicht diskutiert worden. Experimentelle Ergebnisse zum erhöhten Wärmeeintrag in kryogene Speichersysteme bedingt durch ungünstige Einbaulagen geneigter Rohrleitungen sind bisher noch in keiner Veröffentlichung dokumentiert. Es liegen daher – soweit bekannt – keinerlei systematische Messreihen zum Wärmetransport in Abhängigkeit vom Neigungswinkel und den Fluideigenschaften vor. Die wenigen vorhandenen Messdaten aus dem Gebiet der Pulsrohrkühler sind aufgrund ihrer Systemrandbedingungen aus Sicht des Verfassers nur bedingt repräsentativ. Es ergibt sich damit ein großer Bedarf zur Erweiterung des bestehenden Wissens – besonders im Hinblick auf die technische Anwendung im Fachgebiet der Kryotechnik.

# 2 Thermofluiddynamische Grundlagen und Stoffdaten

## 2.1 Wärmeübertragungsmechanismen

### 2.1.1 Wärmeleitung

Jeder Stoff besitzt unabhängig vom Aggregatzustand durch seine innere Struktur die Fähigkeit, Wärme durch interatomaren bzw. intermolekularen Impulsaustausch zu transportieren. Sind zusätzlich freie Ladungsträger vorhanden, kann dieser Effekt durch Ladungsträgerdiffusion noch verstärkt werden.
Voraussetzung für die Wärmeleitung ist die Existenz eines Temperaturgradienten über dem Stoff. Das FOURIERsche Erfahrungsgesetz beschreibt den Wärmeleitungsprozess durch

$$\vec{q} = -\vec{\lambda} \cdot \nabla T. \tag{2.1}$$

Die resultierende Wärmestromdichte $\vec{q}$ ist damit in dieser Betrachtungsweise nur vom Temperaturgradienten und der thermischen Leitfähigkeit $\lambda$ abhängig.
Die thermische Leitfähigkeit ist typischerweise eine isotrope Stoffgröße. Sie kann aber, beispielsweise bedingt durch Materialverbunde oder bei sehr geringen Schichtdicken, anisotrope Eigenschaften annehmen.
Die partielle Differentialgleichung zur allgemeinen Beschreibung des resultierenden Temperaturfeldes in einem Stoff kann aus der instationären Energiegleichung hergeleitet werden. Anders ausgedrückt stellt sie eine Unterform selbiger dar, die nur Wärmeleitterme beinhaltet. Unter Vernachlässigung von inneren Wärmequellen ergibt sich daraus

$$\frac{\partial T}{\partial t} = \frac{\lambda}{\rho \cdot c_p} \left( \frac{\partial^2 T}{\partial x^2} + \frac{\partial^2 T}{\partial y^2} + \frac{\partial^2 T}{\partial z^2} \right). \tag{2.2}$$

Der Term $\frac{\lambda}{\rho \cdot c_p}$ kann hierbei als eine Fortschreitegeschwindigkeit der Temperaturfront im Medium interpretiert werden. Er wird daher auch als thermische Diffusivität $a$ bezeichnet. Für Festkörper ist die thermische Diffusivität eine wichtige Stoffeigenschaft, die gerade bei instationären Betrachtungen große Bedeutung besitzt.
Unter stationären Bedingungen verschwindet der zeitabhängige Term auf der linken Seite. Das Temperaturfeld ist in diesem Fall von den Stoffgrößen Dichte $\rho$ und spezifischer Wärmekapazität $c_p$ unabhängig – konform zum FOURIERsche Erfahrungsgesetz.
Die thermische Leitfähigkeit kann über dem Querschnitt und der entsprechenden Dicke

auch als ein thermischer Widerstand interpretiert werden. Es liegt dann eine direkte Analogie zu OHMschen Widerständen vor. Geltende Gesetzmäßigkeiten können übertragen werden. Die Definition des thermischen Widerstandes ist gegeben mit

$$R_{th} = \frac{l}{\lambda \cdot A}. \tag{2.3}$$

Ein resultierendes Netzwerk bestehend aus Reihen- oder Parallelschaltung von thermischen Widerständen kann mit

$$R_{th}|_{Reihe} = \sum_i R_{th_i} \qquad \frac{1}{(R_{th}|_{Parallel})} = \frac{1}{\sum_i R_{th_i}} \tag{2.4}$$

berechnet werden.
Der so ermittelte thermische Widerstand $R_{th}$ kann zur Berechnung des absoluten Wärmestroms $\dot{Q}_{Leit}$ benutzt werden.

$$\dot{Q}_{Leit} = {R_{th}}^{-1} \cdot (T_w - T_k) \tag{2.5}$$

Neben dem thermischen Widerstand hat sich die Beschreibung mit einem Wärmeübergangskoeffizienten $\alpha = \frac{\lambda}{l}$ durchgesetzt. Auf dessen Basis ist ein direkter Vergleich der Wärmeleitung durch eine definierte Geometrie mit anderen Wärmeübertragungsmechanismen möglich.

$$\dot{Q}_{Leit} = \frac{\lambda}{l} \cdot A \cdot (T_w - T_k) \tag{2.6}$$

### 2.1.2 Konvektion

Konvektion beschreibt den Wärmetransport durch die Bewegung von wärmebeladenen Fluidteilchen. Die Beschleunigung zur Bewegung des Fluids kann dabei extern aufgeprägt sein oder durch systemimmanente Kräfte hervorgerufen werden. Es wird daher zwischen erzwungener und freier Konvektion unterschieden. Eine Überlagerung beider Konvektionsarten beschreibt die gemischte Konvektion.
Zur Beschreibung eines beliebigen Konvektionsproblems müssen im allgemeinen Fall die NAVIER-STOKES-Gleichungen in Verbindung mit der Energiegleichung gelöst werden. Je nach Eigenschaften des damit zu beschreibenden Strömungsfeldes ist dieser Satz von Gleichungen unterschiedlich komplex. Im Folgenden soll der inkompressible Fall betrachtet werden. Der Satz von partiellen Differentialgleichungen besteht in diesem Fall aus der Kontinuitätsgleichung

$$\frac{\partial \rho}{\partial t} + \rho \left( \frac{\partial u_x}{\partial x} + \frac{\partial u_y}{\partial y} + \frac{\partial u_z}{\partial z} \right) = 0, \tag{2.7}$$

den drei Komponenten der Impulsgleichung

$$\begin{aligned}
\rho \left( \frac{\partial u_x}{\partial t} + u_x \frac{\partial u_x}{\partial x} + u_y \frac{\partial u_x}{\partial y} + u_z \frac{\partial u_x}{\partial z} \right) &= -\frac{\partial p}{\partial x} + \mu \left( \frac{\partial^2 u_x}{\partial x^2} + \frac{\partial^2 u_x}{\partial y^2} + \frac{\partial^2 u_x}{\partial z^2} \right) + f_x, \\
\rho \left( \frac{\partial u_y}{\partial t} + u_x \frac{\partial u_y}{\partial x} + u_y \frac{\partial u_y}{\partial y} + u_z \frac{\partial u_y}{\partial z} \right) &= -\frac{\partial p}{\partial y} + \mu \left( \frac{\partial^2 u_y}{\partial x^2} + \frac{\partial^2 u_y}{\partial y^2} + \frac{\partial^2 u_y}{\partial z^2} \right) + f_y, \\
\rho \left( \frac{\partial u_z}{\partial t} + u_x \frac{\partial u_z}{\partial x} + u_y \frac{\partial u_z}{\partial y} + u_z \frac{\partial u_z}{\partial z} \right) &= -\frac{\partial p}{\partial z} + \mu \left( \frac{\partial^2 u_z}{\partial x^2} + \frac{\partial^2 u_z}{\partial y^2} + \frac{\partial^2 u_z}{\partial z^2} \right) + f_z,
\end{aligned} \tag{2.8}$$

und der Energiegleichung

$$\rho\, c_p \left( \frac{\partial T}{\partial t} + u_x \frac{\partial T}{\partial x} + u_y \frac{\partial T}{\partial y} + u_z \frac{\partial T}{\partial z} \right) = \lambda \left( \frac{\partial^2 T}{\partial x^2} + \frac{\partial^2 T}{\partial y^2} + \frac{\partial^2 T}{\partial z^2} \right) + \tilde{\dot{q}}. \tag{2.9}$$

Die Kontinuitätsgleichung beschreibt dabei die Erhaltung der Masse am betrachteten Punkt.
Die vektorielle Impulsgleichung beschreibt die Erhaltung des Impulses. In der hier dargestellten differentiellen Form des Impulssatzes sind die eingehenden Terme als verschiedene Kräfte am betrachteten Punkt zu interpretieren. Dazu zählen vorrangig die am Fluidteilchen angreifenden Druck- und Scherkräfte. Zusätzlich können aber auch Volumenkräfte $f_{x,y,z}$ in Erscheinung treten. Im Zusammenhang mit der freien Konvektion wären dies entsprechende Auftriebskräfte $(\rho - \rho_B)\, g$ durch das Gravitationspotential in Verbindung mit temperaturbedingten Dichteunterschieden.
Die Energiegleichung beschreibt die Erhaltung der Energie am Ort – vorrangig im Sinne von stattfindenden Konvektions- und Wärmeleitungsvorgängen. Zusätzlich können innere Wärmequellen $\tilde{\dot{q}}$ zum Beispiel durch aktives Heizen oder chemische Reaktionen mitbetrachtet werden. Die Energiegleichung lässt sich durch verschiedene Zusatzterme ergänzen oder auch weiter vereinfachen. Typischerweise sind aber Konvektion und Wärmeleitung die vorrangigen Prozesse in der Energieerhaltung im hier diskutierten Kontext. Wendet man die Energiegleichung auf einen Festkörper an, bei dem die konvektiven Flüsse ebenfalls wegfallen, ergibt sich die bereits diskutierte Temperaturleitgleichung (2.2).
Im Grunde wäre damit für jede Problemstellung eine gekoppelte Lösung der strömungsmechanischen Grundgleichungen und der Energieerhaltung notwendig. Die Lösung ist aber nur in Ausnahmefällen analytisch möglich und wird deshalb meist numerisch durchgeführt. Hinzu kommen dann häufig weitere Modellierungen beispielsweise für Turbulenzphänomene oder Stoffdaten. Dieses Vorgehen bedeutet in der Regel hohen mathematischen bzw. numerischen Aufwand. Eine Beschreibung des üblichen Ablaufs solcher numerischer Rechnungen ist im Kapitel 2.3 dargestellt.

In der ingenieurtechnischen Praxis können Wärmeübergänge bei Konvektionsproblemen jedoch nicht immer mit Hilfe einer kompletten Lösung der Grundgleichungen berechnet werden. Vielmehr interessieren einfache Zusammenhänge, die den integralen Wärmetransport in einer definierten Anordnung beschreiben. In Analogie zur Wärmeleitung (vgl. Gleichung (2.6)) soll der integrale Wärmetransport mit einem problemspezifischen Wärmeübergangskoeffizienten $\alpha$ in Abhängigkeit von der existierenden Temperaturdifferenz $\Delta T$ und einer Bezugsfläche $A$ nach der Gleichung

$$\dot{Q} = \alpha \cdot A \cdot (T_w - T_k) \tag{2.10}$$

berechnet werden können. Dabei wird üblicherweise stillschweigend eine Überlagerung von Wärmeleitung und Konvektion hingenommen. Die Wärmeleitung stellt in diesem Zusammenhang nur das Minimum des möglichen Wärmetransports dar.

Die Ähnlichkeitstheorie bietet eine Möglichkeit, Konvektionsprobleme anhand bereits gelöster, ähnlicher Vergleichsfälle zu berechnen. Voraussetzung dafür ist die Kenntnis der dimensionslosen Nusseltzahl $Nu$. Diese charakterisiert das Verhältnis zwischen tatsächlich übertragenem Wärmestrom zur reinen Wärmeleitung. Sie ist die Ähnlichkeitskennzahl, die den Zusammenhang zwischen dem spezifischen Wärmeübergangskoeffizienten $\alpha$ und dem dimensionslosen Vergleichsfall herstellt.

$$Nu = \frac{\dot{Q}_{ges}}{\dot{Q}_{Leit}} = \frac{\alpha \cdot l_B}{\lambda} \tag{2.11}$$

Die Nusseltzahl muss dazu mit funktionalen Zusammenhängen – typischerweise bestehend aus weiteren, charakterisierenden Ähnlichkeitskennzahlen – berechnet werden. Der Weg vom dimensionsbehafteten, spezifischen Konvektionsproblem zu den jeweils charakterisierenden Ähnlichkeitskennzahlen fordert die Kenntnis aller Einfluss nehmenden Parameter. Die Kenntnis dieser Parameter stellt eine große Herausforderung dar. Es haben sich aber im Laufe der Zeit durch Dimensionsanalysen oder erweiterte Betrachtungen an den entdimensionalisierten Formen der Gleichungen (2.7), (2.8) und (2.9) eine große Anzahl solcher charakterisierenden Ähnlichkeitskennzahlen herausgebildet, die für klassische Wärmeübertragungsprobleme in Betracht gezogen werden. In Bezug auf die Konvektion sind dies im Wesentlichen fünf Kennzahlen.
Die Reynoldszahl $Re$ beschreibt das Verhältnis von Trägheits- zu Zähigkeitskräften.

$$Re = \frac{u_B \cdot l_B}{\nu} \tag{2.12}$$

Sie ist charakterisierend für das Strömungsfeld in Bezug auf die Turbulenzeigenschaften. Ihr zugrunde liegt eine typische Bezugsgeschwindigkeit $u_B$ sowie eine Bezugslänge $l_B$. Die Reynoldszahl besitzt damit gerade bei erzwungener Konvektion besondere Relevanz, da sie proportional zur Stärke der konvektiven Flüsse und den auftretenden Scherspannungen an Oberflächen ist.
Das Verhältnis der Diffusionsparameter für Impuls und Temperatur wird durch die Prandtlzahl $Pr$ beschrieben. Sie charakterisiert die Kopplung zwischen Strömungs- und Temperaturfeld und besteht rein aus Stoffeigenschaften des Fluids.

$$Pr = \frac{\nu \cdot \rho \cdot c_p}{\lambda} \tag{2.13}$$

Die Grashofzahl $Gr$ beschreibt das Verhältnis von Auftriebskräften zu viskosen Kräften und charakterisiert die „Stärke“ der freien Konvektion. Sie ist in der ursprünglichen Form nur von Stoffeigenschaften, einer konstanten Bezugsdichte $\rho_B$ und der Bezugslänge $l_B$ abhängig. Unter Anwendung der häufig üblichen Boussinesq-Approximation $\frac{(\rho - \rho_B)}{\rho_B} = \beta \cdot \Delta T$ kann die Grashofzahl aber auch in Abhängigkeit von der treibenden Temperaturdifferenz dargestellt werden.

$$Gr = \frac{(\rho - \rho_B)}{\rho_B} \frac{g \cdot l_B^3 \cdot \rho^2}{\mu^2} = \frac{g \cdot \beta \cdot \Delta T \cdot l_B^3 \cdot \rho^2}{\mu^2} \tag{2.14}$$

Bei Verwendung der Grashofzahl wird davon ausgegangen, dass die Konvektion vorwiegend durch Reibungskräfte im Fluid gebremst wird. In Fällen, in denen neben den Reibungskräften im Fluid auch der Temperaturausgleich eine signifikante Rolle bei der „Verminderung“ der Konvektion besitzt, kann die Grashofzahl unter Zuhilfenahme der Prandtlzahl in die Rayleighzahl $Ra$ überführt werden.

$$Ra = Gr \cdot Pr = \frac{g \cdot \beta \cdot l_B^3 \cdot \Delta T}{\mu} \cdot \frac{\rho^2 \cdot c_p}{\lambda} \tag{2.15}$$

Die Rayleighzahl wird daher bevorzugt für freie Konvektion in geschlossenen Kavitäten verwendet, in denen die internen Wärmeleitungsvorgänge die Auftriebseffekte maßgeblich beeinflussen.
Bei der Bewertung des Konvektionsvorgangs, ob überwiegend erzwungene oder freie Konvektion vorliegt, hilft die Richardsonzahl $Ri$. Sie beschreibt das Verhältnis zwischen potentieller und kinetischer Energie.

$$Ri = \frac{g \cdot l_B}{u_B^2} \tag{2.16}$$

Für $Ri < 0{,}1$ ist vorrangig von erzwungener Konvektion auszugehen, bei $Ri > 10$ vorrangig von freier Konvektion. Im Bereich dazwischen spricht man von gemischter Konvektion und die Anteile beider Konvektionsarten sind entsprechend zu berücksichtigen.

Neben den hier aufgeführten Ähnlichkeitskennzahlen gibt es noch eine Vielzahl weiterer, die entweder durch separate Betrachtungen oder durch Kombination bereits bekannter Kennzahlen gewonnen werden. Für einfache Konvektionsprobleme haben sich im Laufe der Zeit die folgenden funktionalen Beschreibungen der Nusseltzahl für die einzelnen Konvektionsarten standardisiert:

| | |
|---|---|
| Freie Konvektion: | $Nu = C_1 \cdot Gr^{C_2} \cdot Pr^{C_3}$ |
| | $Nu = C_1 \cdot Ra^{C_2}$ |
| Erzwungene Konvektion: | $Nu = C_1 \cdot Re^{C_2} \cdot Pr^{C_3}$ |
| Gemischte Konvektion: | $Nu = C_1 \cdot Ri^{C_2} \cdot Pr^{C_3}$ |

Die Konstanten $C_i$ beschreiben dabei Ansatzfunktionen oder im einfachsten Fall Skalare, die mit Hilfe von experimentellen Werten oder numerischen Berechnungen ermittelt werden.

In der Literatur ist eine Vielzahl von freien und erzwungenen Konvektionsproblemen in dimensionsloser Form mit empirischen Gleichungen beschrieben. Bei der Auswahl eines gültigen Konvektionsfalles muss typischerweise zwischen laminarer, transienter und turbulenter Strömung unterschieden werden. Letztere bewirkt eine Veränderung der Wandschubspannung und besitzt daher großen Einfluss auf die Intensität des Wärmetransports zwischen Oberfläche und Fluid. Die für den transienten Bereich charakteristische, kritische Ähnlichkeitskennzahl muss für jeden Konvektionsfall individuell bestimmt werden. Für grundlegende Fälle gibt es dazu recht umfassende Studien. Ein Vertreter mit vielen Vergleichsfällen ist der VDI-Wärmeatlas [5]. An der entsprechenden Literaturstelle ist für das Konvektionsproblem typischerweise noch ein Gültigkeitsbereich vermerkt, im welchem die Korrelation zur Berechnung der Nusseltzahl verwendet werden darf.

Sollen die charakterisierenden Ähnlichkeitskennzahlen eines neuartigen Konvektionsproblems hergeleitet werden, bietet sich die Dimensionsanalyse nach dem Prinzip von BUCKINGHAM an. Dabei werden alle Einfluss nehmenden Parameter der Anzahl $n$ hinsichtlich ihrer fundamentalen Dimensionen $r$ im SI Einheitensystem analysiert und in einer Dimensionsmatrix zusammengefasst. Das entstehende, homogene und lineare Gleichungssystem für die Exponenten der Einfluss nehmenden Parameter kann entsprechend gelöst werden. Im Ergebnis entstehen $n-r$ unabhängige Ähnlichkeitskennzahlen. Diese können dann genutzt werden, um die Nusseltzahl für das neuartige Konvektionsproblem funktional zu beschreiben. Das Prinzip von BUCKINGHAM bietet besonders bei komplexen Konvektionsproblemen eine effektive Methode zur Ermittlung der entsprechenden Ähnlichkeitskennzahlen. Als weiterführende Literatur sei auf das Lehrbuch von KUHLMANN [59] verwiesen.

### 2.1.3 Wärmestrahlung

Jeder Körper mit einer Temperatur $T > 0\,K$ strahlt elektromagnetische Wellen und damit Wärme ab. Im Gegensatz zu Wärmeleitungs- und Konvektionsvorgängen ist der Energietransport durch Strahlung nicht an ein Trägermedium gekoppelt, da thermisch angeregte, elektromagnetische Wellen auch durch ein Vakuum fortschreiten. Die grundlegende Größe, welche die Abstrahlung von einem Körper charakterisiert, ist die spektrale Energiestromdichte $\hat{\dot{e}}_{\tilde{\lambda},S}$. Sie wird nach dem PLANCKschen Gesetz mit

$$\hat{\dot{e}}_{\tilde{\lambda},S}\left(\tilde{\lambda}_f, T\right) = \frac{C_1}{\tilde{\lambda}_f^5\left(e^{\frac{C_2}{\tilde{\lambda}_f \cdot T}} - 1\right)} \tag{2.17}$$

berechnet. Die spektrale Energiestromdichte eines Körpers ist von seiner Temperatur $T$ und der emittierten Wellenlänge $\tilde{\lambda}_f$ abhängig. Die beiden aufgeführten Konstanten $C_1 = 3{,}74177 \cdot 10^{-16} W\,m^2$ und $C_2 = 1{,}4338 \cdot 10^{-2} m\,K$ repräsentieren die 1. und 2. PLANCKsche Konstante. Die so entstehenden Kurvenscharen der Gleichung (2.17) zeigen für jede Temperatur ein Maximum der spektralen Energiestromdichte, welches sich temperaturabhängig verschiebt. Folglich existiert immer genau eine Wellenlänge maximaler spektraler Energiestromdichte $\tilde{\lambda}_{f,opt}$ für jede Temperatur $T$. Das Produkt aus Temperatur und optimaler zugehöriger Wellenlänge $\tilde{\lambda}_{f,opt}$ ist dabei konstant und wird durch das WIENsche Gesetz

$$\tilde{\lambda}_{f,opt} \cdot T = 2{,}898 \cdot 10^{-3} m\,K \tag{2.18}$$

beschrieben.

Durch Integration des PLANCKschen Gesetzes über den gesamten Wellenlängenbereich kann die absolute Energiestromdichte $\hat{\dot{e}}_S$ nach dem Gesetz von STEFAN und BOLTZMANN

$$\hat{\dot{e}}_S(T) = \sigma_S \cdot T^4 = C_s \left(\frac{T}{100}\right)^4 \tag{2.19}$$

ermittelt werden. Die STEFAN-BOLTZMANN-Konstante $\sigma_S = 5{,}670 \cdot 10^{-8} \frac{W}{m^2 K^4}$ wird alternativ häufig in einer abgewandelten Form als Strahlungskonstante $C_s = 5{,}67 \frac{W}{m^2 K^4}$ dargestellt.

Die idealisierende Annahme, dass ein Körper über das gesamte Wellenlängenspektrum mit voller Energiestromdichte emittiert, trifft nur für den schwarzen Strahler zu. Das Emissionsverhalten von realen Strahlern unterscheidet sich zum Teil erheblich von dem des schwarzen Strahlers. Durch seine idealen Strahlungseigenschaften stellt der schwarze Strahler jedoch die Bezugsbasis für alle realen Strahler dar.

Der graue Strahler ist ein mögliches Modell zur Beschreibung realer Strahler. Dabei werden seine spektrale und seine absolute Energiestromdichte proportional zum idealen schwarzen Strahler ins Verhältnis gesetzt. Die geltenden Proportionalitätsfaktoren sind als der spektrale Emissionskoeffizient $\tilde{\varepsilon}_{\tilde{\lambda}}$ beziehungsweise als der allgemeine Emissionskoeffizient $\tilde{\varepsilon}$ definiert.

$$\tilde{\varepsilon}_{\tilde{\lambda}} = \frac{\hat{\dot{e}}_{\tilde{\lambda}}}{\hat{\dot{e}}_{\tilde{\lambda},S}}, \quad \tilde{\varepsilon} = \frac{\hat{\dot{e}}}{\hat{\dot{e}}_S}. \tag{2.20}$$

Das Strahlungsverhalten realer Strahler ist zusätzlich durch verschiedene Oberflächen- und Materialeffekte geprägt. Diese sind je nach Medium sowie Form und Beschaffenheit der Körperoberflächen sehr individuell. Eine angestrahlte Oberfläche kann Strahlung absorbieren, reflektieren und transmittieren. Der gesamte ankommende Energiestrom $\dot{E}$ muss sich zur Erfüllung der Energiebilanz entsprechend anteilig

$$\dot{E} = \tilde{\alpha} \cdot \dot{E} + \tilde{\rho} \cdot \dot{E} + \tilde{\tau} \cdot \dot{E} \tag{2.21}$$

zusammensetzen. Die Anteile werden dazu jeweils mit dem Absorptionsgrad $\tilde{\alpha}$, dem Reflexionsgrad $\tilde{\rho}$ und dem Transmissionsgrad $\tilde{\tau}$ berechnet. Ihre Summe muss folglich immer eins ergeben.

Die Beziehung zwischen emittierter und absorbierter Strahlung an Oberflächen wird durch das KIRCHHOFFsche Gesetz (vgl. MODEST [60]) beschrieben. Demnach ist, unter der Voraussetzung des Strahlungsgleichgewichts, der Emissionsgrad $\tilde{\varepsilon}$ gleich dem Absorptionsgrad $\tilde{\alpha}$.

Zudem besitzen reale Strahler im Vergleich zum idealen schwarzen Strahler im Allgemeinen eine richtungsabhängige Abstrahlcharakteristik in Bezug auf ihre Oberflächennormale. Diese richtungsabhängige Abstrahlcharakteristik ist für jedes Material unterschiedlich und zusätzlich abhängig von der Wellenlänge und der Oberflächenbeschaffenheit. Die Strahlungsintensität und somit auch der partiell abgestrahlte Energiestrom unterliegen also einer Vielzahl von Einflussfaktoren. Eine allgemeingültige Aussage zur richtungsabhängigen Abstrahlcharakteristik ist somit nur schwer möglich.

In der Ingenieurpraxis wird jedoch ein mittlerer Emissionsgrad in Anlehnung an Gleichung (2.20) definiert, der eine isotrope – also richtungsunabhängige – Abstrahlcharakteristik unterstellt und die Oberflächenbeschaffenheit für typische, technisch relevante Anwendungsfälle repräsentiert. Im Verlauf dieser Arbeit werden ausschließlich gemittelte Emissionskoeffizienten verwendet, die das gemittelte Strahlungsverhalten einer Oberfläche approximieren sollen. Die Benennung wird mit $\tilde{\varepsilon}$ und einem entsprechenden Index zur Festlegung der Oberfläche vereinbart. Durch entsprechende Messungen liegt bereits eine große Zahl an solchen gemittelten Emissionskoeffizienten für verschiedene Materialien und zugehörige Oberflächen vor. Dabei sei die Sammlung im VDI-Wärmeatlas [5] exemplarisch erwähnt.

Technisch interessant ist zumeist aber nicht die einzelne Größe des Energiestroms, die ein Körper abstrahlen kann. Vielmehr stellt sich die Frage, wie groß der Energiestrom zwischen zwei diskreten Oberflächen unterschiedlicher Temperaturen ist. Der Strahlungsaustauschkoeffizient $C_{ij}$ beschreibt das Verhältnis zwischen dem von Fläche $i$ zu Fläche $j$ übertragenen Strahlungsenergiestrom zum maximal in den umgebenden Raum ausgesendeten Energiestrom der Fläche $i$. Die Berechnung von $C_{ij}$ erfordert die Kenntnis der

Einstrahlzahl $\phi_{ij}$ nach

$$\phi_{ij} = \frac{1}{A_i} \int\limits_{A_i} \int\limits_{A_j} \frac{\cos\gamma_i \cdot \cos\gamma_j}{\pi \cdot l^2} dA_j dA_i \tag{2.22}$$

mit den beiden Winkeln zu den Flächennormalen $\gamma_i$ und $\gamma_j$ und dem Abstand der Flächen $l$. Die geometrische Interpretation der Gleichung beschreibt also das Flächenverhältnis zwischen der angestrahlten Fläche $A_j$ und dem um Fläche $A_i$ aufgespannten Halbraum, der die Fläche $A_j$ gerade noch einschließt. Die Lösung dieser Gleichung für eine beliebige Geometrie ist sehr anspruchsvoll und wird heutzutage zumeist numerisch durchgeführt. Für eine gewisse Anzahl von Standardkonfigurationen von einfachen geometrischen Formen gibt es analytische Lösungen.

Der Strahlungsaustausch zwischen zwei Flächen kann unter Verwendung der Reziprozitätsbedingung

$$\phi_{ij} \cdot A_i = \phi_{ji} \cdot A_j \tag{2.23}$$

als ein effektiver Nettowärmestrom berechnet werden, welcher die Summe aus aufgenommener und abgegebener Strahlungsenergie an jeder der beiden Flächen ergibt. Bezug nehmend auf das Gesetz von STEFAN und BOLTZMANN (2.19) kann damit der effektiv übertragene Wärmestrom $\dot{Q}_{ij}$ zwischen den Flächen $A_i$ und $A_j$ mit den zugehörigen, mittleren Emissionskoeffizienten $\tilde{\varepsilon}_i$ und $\tilde{\varepsilon}_j$ sowie den Temperaturen $T_i$ und $T_j$ nach

$$\dot{Q}_{ij} = A_i \frac{C_s}{\frac{1}{\tilde{\varepsilon}_i} - 1 + \frac{1}{\phi_{ij}} + \left(\frac{1}{\tilde{\varepsilon}_j} - 1\right)\frac{A_i}{A_j}} \left(\frac{T_i^4 - T_j^4}{100^4}\right) \tag{2.24}$$

ermittelt werden.

In Analogie zu Wärmeleitung und Konvektion ist es ebenfalls möglich, einen Wärmeübergangskoeffizienten für Strahlung zwischen einer warmen und einer kalten Fläche nach

$$\alpha_{Str} = \frac{1}{T_w - T_k} \frac{C_s}{\frac{1}{\tilde{\varepsilon}_w} - 1 + \frac{1}{\phi_{wk}} + \left(\frac{1}{\tilde{\varepsilon}_k} - 1\right)\frac{A_w}{A_k}} \left(\frac{T_w^4 - T_k^4}{100^4}\right) \tag{2.25}$$

abzuleiten.

## 2.2 Besonderheiten der Stoffdaten unter kryogenen Bedingungen

### 2.2.1 Fluide

Unter kryogenen Fluiden werden im Allgemeinen Substanzen klassifiziert, die im Temperaturbereich $T < 120\,K$ unter Normaldruck $p \approx 1\,bar$ noch immer im gasförmigen bzw. überkritischen Zustand vorliegen. Diese Bedingungen erfüllen nur wenige Fluide. Alle anderen Stoffe sind unter kryogenen Umgebungsbedingungen typischerweise bereits ausgefroren. In Tabelle 2.1 sind einige kryogene Fluide nach ihrer kritischen Temperatur gelistet. Für Berechnungen von Strömungen und gekoppelter Wärmeübertragung ist die Kenntnis der Fluideigenschaften in Abhängigkeit von Druck und Temperatur unbedingt notwendig. Mit Hilfe von individuellen Phasendiagrammen können für jeden Stoff der Aggregatzustand und die zugehörigen Eigenschaften eindeutig bestimmt werden. In Abbildung 2.1 ist ein allgemeines Zustandsdiagramm für einen beliebigen Stoff dargestellt. Die mathematische Schwierigkeit besteht darin, alle Zustände in Form von geeigneten Gleichungen zu beschreiben. Dazu gibt es verschiedene Ansätze, die sich in Genauigkeit und Komplexität jedoch stark unterscheiden.
Für Stoffdatenberechnungen in hinreichender Entfernung vom kritischen Punkt kann die Idealgasgleichung in vielen Fällen erfolgreich angewendet werden.

$$p = \rho \cdot R_s \cdot T \tag{2.26}$$

Das Zustandsverhalten von Fluiden unter kryogenen Bedingungen ist jedoch nur selten durch die Idealgasgleichung beschreibbar. Die Stoffdatenzusammenhänge müssen deshalb durch komplexere Modelle abgebildet werden.
Eine weitere Möglichkeit bietet die Zustandsgleichung nach VAN-DER-WAALS. Diese beinhaltet einen Term zur Beschreibung der Wechselwirkung von Fluidteilchen untereinander. Nach der Beziehung

$$p = \frac{R_s \cdot T}{(v - k_1)} - \frac{k_2}{v^2} \tag{2.27}$$

**Tabelle 2.1:** Kritische Drücke und Temperaturen kryogener Fluide, nach REFPROP [61].

| Name | $p_{krit}$ [bar] | $T_{krit}$ [K] |
|---|---:|---:|
| Helium | 2,3 | 5,2 |
| Wasserstoff (n) | 12,9 | 33,1 |
| Neon | 26,8 | 44,5 |
| Stickstoff | 33,9 | 126,2 |
| Argon | 48,6 | 150,7 |
| Sauerstoff | 50,4 | 154,6 |
| Methan | 45,9 | 190,6 |
| Krypton | 55,3 | 209,5 |

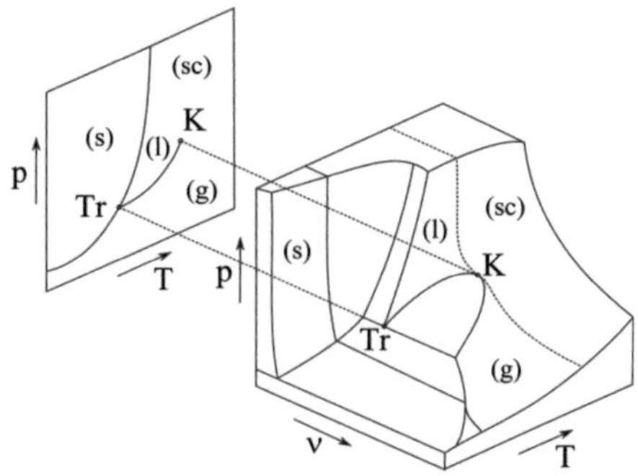


**Abbildung 2.1:** Zustandsdiagramm für reale Stoffe mit gasförmiger (g), flüssiger (l), fester (s) und überkritischer (sc) Phase; Kennzeichnung: K-kritischer Punkt, Tr-Tripelpunkt.

und unter Kenntnis der stoffspezifischen Konstanten $k_1$ und $k_2$ kann das Realgasverhalten über einen größeren Zustandsbereich mit höherer Genauigkeit ausgedrückt werden. In unmittelbarer Nähe zum kritischen Punkt versagt jedoch auch das VAN-DER-WAALS-Modell.
Eine weitere Beschreibungsmöglichkeit bietet der Virialansatz. Diesem liegt die Modellierung des Realgasfaktors $Z$ zugrunde. Dieser beschreibt die relative Abweichung des Realgasverhaltens vom Idealgasansatz in Anlehnung an Gleichung (2.26). Der Realgasfaktor wird mit Hilfe eines Reihenansatzes mathematisch wie folgt formuliert:

$$\frac{p \cdot v}{R_s \cdot T} = Z = 1 + k_{v1}\,(T)\,\frac{1}{v} + k_{v2}\,(T)\,\frac{1}{v^2} + \ldots \tag{2.28}$$

Die Konstanten $k_{v1}$ und $k_{v2}$ repräsentieren den zweiten und dritten Virialkoeffizienten. Je nach Genauigkeitsanforderungen kann diese Reihenentwicklung für $Z$ beliebig lang fortgesetzt werden, um mit gemessenen Realgasdaten möglichst exakt zu korrelieren – sogar bis in unmittelbare Nähe zum kritischen Punkt.
Aus den Ansätzen nach VAN-DER-WAALS und den Virialgleichungen entstanden eine Vielzahl von artverwandten Modellen und Weiterentwicklungen. Dazu zählen moderne Zustandsgleichung wie z. B. von BENEDICT-WEBB-RUBIN, WAGNER-HELMHOLTZ, YOUNGLOVE oder PENG-ROBINSON. Diese sind in digitalen Stoffwertbibliotheken wie z. B. REFPROP [61] hinterlegt und gewährleisten einen umfassenden Zugriff auf die Stoffdaten der Fluide.
Eine erste Schwierigkeit besteht also darin, exakte Stoffdaten für Fluide im jeweils betrachteten Temperatur- und Druckbereich zu erhalten und diese auch entsprechend zu beschreiben. Eine zweite Schwierigkeit ist, aus den Stoffdaten abzuleiten, welche Besonderheiten sich im Kontext dieser Arbeit auf das Strömungsverhalten und die freie Konvektion ergeben. Die Diagramme 2.2 (a-d) zeigen relevante Stoffdaten der tabellierten kryogenen Fluide oberhalb ihrer kritischen Temperatur bis 300 $K$ bei drei Druckstufen 1, 10 und 200 $bar$. Als Datenbasis wurde die Stoffwertbibliothek REFPROP [61] verwendet. Gut zu erkennen sind darin die eben diskutierten Nichtlinearitäten der einzelnen Stoffeigenschaften über der Temperatur. Trotz logarithmischer Darstellung ergeben die Kurvenzüge in unmittelbarer Nähe zur kritischen Temperatur eine jeweils individuelle Charakteristik. Die eingenommene Bandbreite der jeweiligen Stoffdaten ist damit ver-

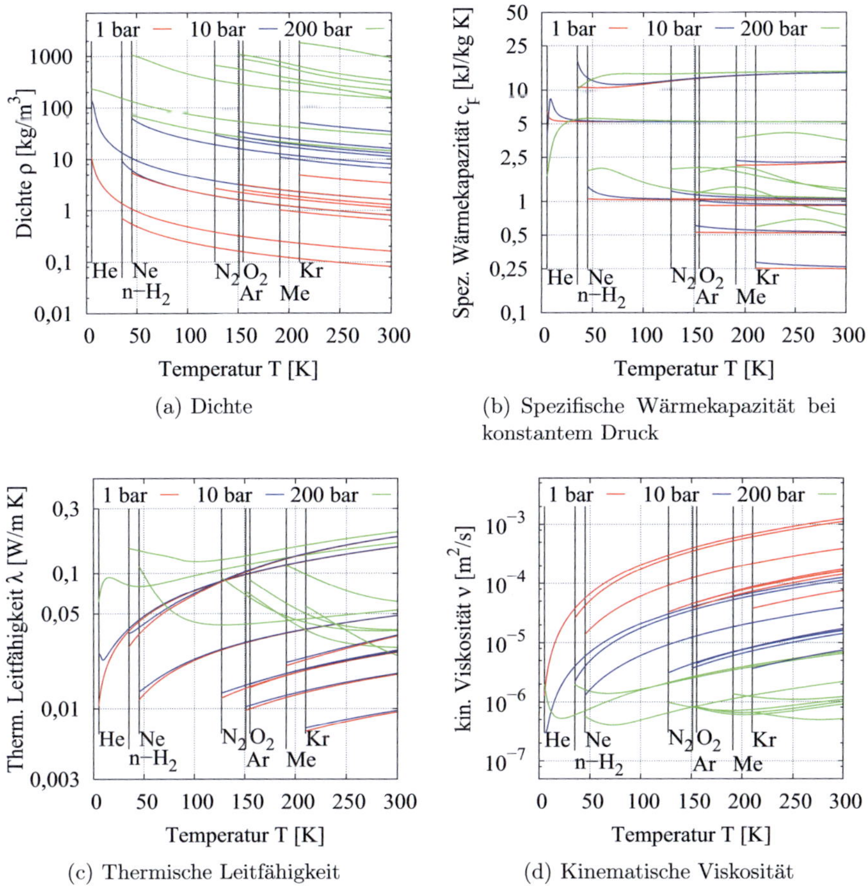


(a) Dichte

(b) Spezifische Wärmekapazität bei konstantem Druck

(c) Thermische Leitfähigkeit

(d) Kinematische Viskosität

**Abbildung 2.2:** Darstellung der relevanten Stoffeigenschaften für typische kryogene Fluide oberhalb ihrer kritischen Temperatur bis 300 $K$ unter den Drücken 1 $bar$ (rot), 10 $bar$ (blau) und 200 $bar$ (grün). Die Stoffabkürzungen stehen jeweils rechts unterhalb der Isothermen für die kritische Temperatur. Ausgehend von diesen stoffspezifischen Isothermen verlaufen die Isobaren der betrachteten Stoffeigenschaft.

gleichsweise groß. Im Detail zeigen sich folgende Größenordnungen für die jeweiligen Stoffwerte:

- Dichte $\rho \approx 0{,}1 - 2000 \frac{kg}{m^3}$
- Spezifische Wärmekapazität $c_p \approx 250 - 25000 \frac{J}{kg \cdot K}$
- Thermische Leitfähigkeit $\lambda \approx 5 - 200 \frac{mW}{m \cdot K}$
- Kinematische Viskosität $\nu \approx 5 \cdot 10^{-7} - 1 \cdot 10^{-3} \frac{m^2}{s}$

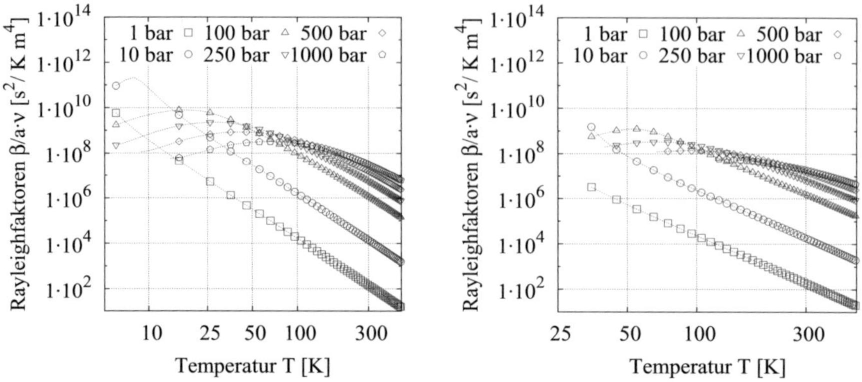


(a) Helium (b) Wasserstoff

**Abbildung 2.3:** Doppelt logarithmische Darstellung der Rayleighfaktoren über der Temperatur bei verschiedenen Druckstufen für die Fluide Helium und Wasserstoff oberhalb der kritischen Temperatur.

Welchen Einfluss dieses Stoffwertverhalten auf das Strömungs- und Wärmeübertragungsverhalten hat, lässt sich wiederum sehr gut im Hinblick auf die relevanten dimensionslosen Kennzahlen ableiten.

Für die Reynoldszahl – stellvertretend für die Strömungseigenschaften – geht nach Gleichung (2.12) nur die kinematische Viskosität ein. Der Verlauf ist anhand von Diagramm 2.2 (d) gut nachzuvollziehen. Eine Erhöhung des Drucks führt zu einem starken Anstieg der Reynoldszahl, weil die Viskosität im kryogenen Temperaturbereich überproportional absinkt. Fluide verhalten sich dort trotz hoher Dichte sehr gering viskos. Dieses Verhalten ist mit den Erfahrungen zu Gasen im Umgebungstemperaturbereich zuweilen schwer zu vereinbaren.

Für die Rayleighzahl – stellvertretend für die freie Konvektion – müssen nach Gleichung (2.15) alle beinhalteten Stoffdaten in Kombination betrachtet werden. Es sollen dazu die Rayleighfaktoren $\frac{\beta \cdot \rho \cdot c_p}{\nu \cdot \lambda}$ herangezogen werden. Trägt man diese Faktoren z. B. für Helium und Wasserstoff über der Temperatur für mehrere Druckstufen auf, so ergeben sich die Diagramme 2.3 (a) und (b). Dabei zeigen sich ebenfalls sehr interessante Aspekte. Bei Unterstellung von Idealgasverhalten, wie es in der Wärmeübertragung unter Umgebungsbedingungen meist getan wird, erhöht sich die konvektive Wärmeübertragung nach Gleichung (2.15) im Kapitel 2.1 mit der Dichte im System – und damit gleichbedeutend mit dem Druck. In beiden Diagrammen wäre dies der Bereich „sehr weit rechts“ bei etwa $300\,K$. Für den kryogenen Temperaturbereich ist dieses Verhalten nicht zu beobachten. Dort nehmen die Rayleighfaktoren für Helium im Bereich $\approx 25\,K$ und für Wasserstoff bei $\approx 75\,K$ für $100\,bar$ den Maximalwert ein. Um diesen Punkt überlagern sich die Linien der gleichen Rayleighfaktoren mitunter sogar. Dies bedeutet im Hinblick auf die geneigte Rohrleitung, dass nicht pauschal davon ausgegangen werden kann, dass eine Druckerhöhung auch zu einer Erhöhung des zu erwartenden konvektiven Wärmestroms führt. Vielmehr ist im Einzelfall zu prüfen, wie sich das jeweilige Fluid unter den gegebenen Randbedingungen verhält.

Eine zusätzliche Besonderheit im Hinblick auf die Stoffdaten im kryogenen Temperaturbereich besteht für Wasserstoff. Dieser ändert temperaturabhängig seinen Kernspin. Paralleler Kernspin charakterisiert den Orthowasserstoff ($o-H_2$) und antiparalleler Kernspin den Parawasserstoff ($p-H_2$). Diese Änderung ist aber keineswegs eine Eigenheit von Wasserstoff, sondern für viele andere Stoffe auch bekannt. Sie tritt jedoch nur für Wasserstoff im typischerweise betrachteten Temperaturbereich signifikant in Erscheinung. Die Umwandlung zwischen beiden Zuständen erfolgt diskret. Jeder Temperatur kann nach hinreichender Autoumwandlungszeit ein definierter Anteil an Ortho- und Parawasserstoff zugeordnet werden. Dieses definierte, temperaturabhängige Gemisch wird als Gleichgewichtswasserstoff ($e-H_2$) bezeichnet. Bei Umgebungstemperatur und -druck beträgt das Verhältnis ungefähr 75% $o-H_2$ und 25% $p-H_2$. Diese spezielle Mischung heißt Normalwasserstoff. Ortho- und Parawasserstoff liegen quantenmechanisch gesehen auf unterschiedlichen Energieniveaus (vgl. Bonhoeffer [62] oder Essler [63]). Die Umwandlung ist demnach von Ortho- zu Parawasserstoff exotherm und von Para- zu Orthowasserstoff endotherm. Formal unterscheiden sich beide Zustände in ihren Stoffeigenschaften. Insbesondere die spezifische Wärmekapazität $c_p$ und die thermische Leitfähigkeit $\lambda$ ändern sich vergleichsweise stark. Dies lässt zunächst vermuten, dass die Zusammensetzung des Wasserstoffs einen signifikanten Einfluss auf die freie Konvektion hat. Da aber für die Berechnung der Rayleighzahl nur das Verhältnis von $c_p/\lambda$ bzw. die Prandtlzahl eine Rolle spielt und diese bei Ortho- und Parawasserstoff näherungsweise gleich ist, spielt für die Betrachtung der freien Konvektion die Zusammensetzung des Wasserstoffs nur eine untergeordnete Rolle.

### 2.2.2 Konstruktionswerkstoffe

Festkörper zeigen, ebenso wie die diskutierten Fluide, beim Übergang in den kryogenen Temperaturbereich starke Änderungen der Stoffeigenschaften. Zur Beschreibung des Wärmeübertragungsverhaltens sind nach den Betrachtungen aus Kapitel 2.1 besonders die Dichte, die spezifische Wärmekapazität und die thermische Leitfähigkeit von Interesse. Das jeweilige Verhalten soll hier kurz diskutiert werden. In der Abbildung 2.4 sind dazu zwei Diagramme zur thermischen Leitfähigkeit und der spezifischen Wärmekapazität von typischen Konstruktionsmaterialien über der Temperatur dargestellt.
Zusätzlich ändern sich beim Übergang in den kryogenen Temperaturbereich typischerweise auch die Festigkeitseigenschaften wie Bruchdehnung, Streckgrenze und Zugfestigkeit. Diese sind bei der Auslegung von druckstabilen Rohrleitungskonstruktionen ebenfalls zu beachten, sie sollen hier aber nicht diskutiert werden.

Die Dichteänderung von üblichen Materialien – etwa durch Kontraktions- und Gitterumwandlungseffekte – ist im kryogenen Temperaturbereich recht gering. Die Dichte soll im Rahmen dieser Arbeit in erster Näherung als konstant angenommen werden.
Die spezifische Wärmekapazität als Maß für die Temperaturänderung bei Zu- oder Abfuhr einer definierten Wärmemenge zeigt ein temperaturabhängiges, nichtlineares Verhalten. Grob gesagt, nimmt die spezifische Wärmekapazität $c$ beim Übergang in den kryogenen Temperaturbereich in der Relation $c \propto T^3$ ab – teilweise um mehr als zwei

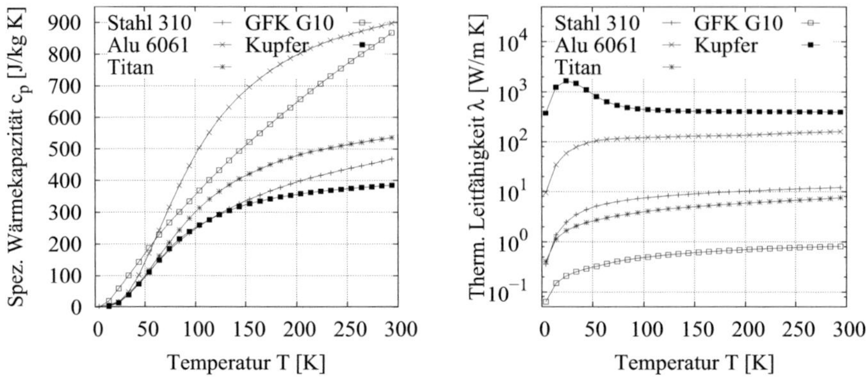


(a) Spezifische Wärmekapazität (b) Thermische Leitfähigkeit

**Abbildung 2.4:** Darstellung der relevanten Stoffeigenschaften für einige Konstruktionsmaterialien verschiedener Gruppen über den kryogenen Temperaturbereich.

Größenordnungen. Charakterisiert wird dieses Verhalten zum einen durch die Gitterschwingungen im Kristall und zum anderen durch die Bewegung von freien Elektronen, sofern vorhanden. Gerade bei vergleichsweise hohen Temperaturen überwiegt der Anteil der Gitterschwingungen. Eine mögliche Beschreibung des Anteils der Gitterschwingungen ist durch das DEBYE-Modell gegeben. Die Phononen als Quasiteilchen zur Beschreibung dieser quantenmechanischen Gitterschwingungen besitzen dabei verschiedene Freiheitsgrade im Kristallgitter. Das zugehörige Frequenzband der Oszillation besitzt nach dem Modell von DEBYE eine obere Grenzfrequenz, die DEBYE-Abschneidefrequenz $\omega_D$ sowie eine theoretische untere Grenzfrequenz von $\omega_{min} = 0$ am absoluten Nullpunkt bei $0\,K$. Theoretisch nimmt die spezifische Wärmekapazität demnach in Annährung an $0\,K$ also bis auf den Wert $0\,J/kg \cdot K$ ab. Im Temperaturbereich nahe $0\,K$ gewinnen jedoch andere Phänomene an Einfluss, die durch das DEBYE-Modell nicht hinreichend beschrieben werden. Die DEBYE-Abschneidefrequenz $\omega_D$ kann in eine proportionale Grenztemperatur, die DEBYE-Temperatur $\theta_D$ mit der Beziehung

$$\theta_D = \frac{\hbar \cdot \omega_D}{k_B} \tag{2.29}$$

umgerechnet werden. $\hbar$ kennzeichnet das PLANCKsche Wirkungsquantum und $k_B$ die BOLTZMANN-Konstante. Nach DEBYE ist die spezifische Wärmekapazität damit im Temperaturbereich $T < \theta_D$ nach

$$c = \frac{12 \cdot \pi^4 \cdot N \cdot k_B}{5} \cdot \frac{T^3}{\theta_D^3} \tag{2.30}$$

in guter Näherung modellierbar. Unter den Modellvoraussetzungen zeigt sich damit das prognostizierte Verhalten der kubischen Abhängigkeit von spezifischer Wärmekapazität und der Temperatur. Die DEBYE-Temperatur ist eine materialspezifische Größe und liegt im Allgemeinen deutlich oberhalb des kryogenen Temperaturbereiches (z. B. Alu

$\theta_D = 428\,K$; Eisen $\theta_D = 464\,K$). Es handelt sich jedoch formal nur um eine „Rechengröße“ ohne makroskopisch sichtbare Effekte am Material selbst. Oberhalb der DEBYE-Temperatur strebt $c$ dem Maximalwert von $3 \cdot N \cdot k_B$ zu. $N$ beschreibt dabei die Anzahl der maximalen Freiheitsgrade.

Die thermische Leitfähigkeit zeigt ebenfalls ein stark nichtlineares Verhalten beim Übergang zu kryogenen Temperaturen. Analog zur spezifischen Wärmekapazität sind für die Wärmeleitung durch einen Festkörper vorwiegend zwei Mechanismen ausschlaggebend – wiederum die Phononenbewegung als Ausdruck für die Gitterschwingungen und die Bewegung von Ladungsträgern, wie z. B. freie Elektronen. In Materialien, die keine freien Ladungsträger besitzen, besteht eine gewisse Analogie zum zuvor diskutierten Verhalten der spezifischen Wärmekapazität. Unterhalb der DEBYE-Temperatur des Festkörpers sinkt die thermische Leitfähigkeit vergleichsweise stark ab. Besitzt ein Material jedoch eine nahezu „perfekte“ Gitterstruktur, wirkt sich dies hin zu tiefen Temperaturen bei Phasengleichheit der Oszillationen geradezu dramatisch auf die Verbesserung der Wärmeleitung aus. Dies erklärt an vielen Stellen den nochmaligen Anstieg der thermischen Leitfähigkeit bei manchen Materialien – beispielsweise bei einem reinen Diamanten.

Bewegen sich zudem freie Ladungsträger durch den Festkörper, nimmt deren Einfluss an der Wärmeleitung bei tieferen Temperaturen ebenfalls zu. Sie können sich durch die eingeschränkte Phononenbewegung deutlich besser durch die Struktur bewegen und werden lediglich an Störstellen wie etwa Fremdeinlagerungen gestreut. Dies begründet, warum hochlegierte Metalle eine deutlich geringere Wärmeleitfähigkeit bei kryogenen Temperaturen besitzen als etwa Reinmetalle.

Die Summe der drei Mechanismen Phononenbewegung, frei bewegliche Ladungsträger mit Störstellenstreuung und die „Perfektion“ der Festkörperstruktur begründen die unterschiedlichen Verläufe der thermischen Leitfähigkeit beim Übergang zu kryogenen Temperaturen. Je nach Einfluss des jeweiligen Mechanismus ergibt sich ein homogenes Absinken (z. B. hochlegierte Edelstähle) oder eine weitere Maximalwertausbildung bei niedrigen Temperaturen (z. B. Kupfer).

## 2.3 Numerische Methoden der Berechnung

### 2.3.1 Softwareanwendung und Simulationsprozedur

Die Lösung der strömungsmechanischen Grundgleichungen in Verbindung mit variablen Stoffdaten zur Beschreibung des Wärmeübergangs in geneigten Rohrleitungen ist analytisch nach gegenwärtigem Stand der Technik nicht oder nur in äußerst eingeschränkten Betrachtungsfällen möglich. Das System von partiellen Differentialgleichungen muss daher numerisch auf einem gegebenen Berechnungsgitter gelöst werden.
Für die Lösung stehen verschiedene, öffentlich zugängliche oder proprietäre Strömungslöser zur Verfügung. Im Verlauf dieser Arbeit wurde eine große Anzahl von numerischen Berechnungen mit dem kommerziellen Strömungslöser Ansys CFX – implementiert in die Ansys Workbench – in der Version 13.0 durchgeführt. Dieser Code basiert auf der Finite-Volumen-Methode (FVM). Dabei werden die Flüsse der einzelnen Feldgrößen im Strömungsfeld über die Oberflächen von diskreten Volumenelementen bilanziert. Das partielle Differentialgleichungssystem wird nach Linearisierung gekoppelt für das gesamte Feld numerisch gelöst. Die dabei auftretende zeitliche Entwicklung der Flüsse und Eigenschaften wird durch ein Upwind-Verfahren numerisch berechnet.
Die implementierten Routinen zur Lösung des komplexen partiellen Differentialgleichungssystems sollen in dieser Arbeit nur am Rande diskutiert werden. Für eine tiefgründigere Beschreibung sei auf die allgemeine Fachliteratur, etwa Ferziger und Peric [64] und vorrangig auf die Benutzerhandbücher von Ansys CFX [65], hingewiesen.
Die generelle Prozedur zur Lösung einer Berechnungsaufgabe mit Ansys CFX lässt sich folgendermaßen darstellen:

1. Erstellen einer zugrunde liegenden Berechnungsgeometrie mittels einer eigenständigen CAD Umgebung oder dem Ansys Design Modeler

2. Erzeugung eines Berechnungsgitters in Ansys ICEM oder dem Ansys Meshing Tool mit Definition von wandnahen Gitterverfeinerungen und lokalen Kontaktinterfaces.

3. Übergabe des Berechnungsgitters in den Pre-Prozessor Ansys Pre, Definition der Rand- und Startbedingungen sowie der anzuwendenden Modellierungs- und Simulationsbedingungen

4. Iteratives Lösen der Simulationsaufgabe im Ansys Solver, gegebenenfalls unter Zuhilfenahme von bereits vorliegenden Initialisierungsfiles aus vorangegangenen Rechnungen, Überwachung des Lösungsprozesses insbesondere im Hinblick auf das Konvergenzverhalten der Residuen und der Bilanzen der Feldgrößen über dem Berechnungsgebiet

5. Auswertung des Simulationsergebnisses und Herausschreiben spezifischer Lösungen der einzelnen Feldgrößen mit Ansys Post

### 2.3.2 Gittergenerierung

Zur numerischen Berechnung der strömungsmechanischen Grundgleichungen mit Hilfe der Finiten Volumenmethode (FVM) muss das Berechnungsgebiet in diskrete Volumina zerlegt werden. Dazu stehen grundsätzlich zwei Verfahren, die strukturierte und die unstrukturierte Gittergenerierung zur Verfügung.
Die Erstellung von strukturierten Gittern beruht auf der „geordneten“ Verteilung von Knoten über ein Berechnungsgebiet, wobei eine funktionale Beschreibung des geometrischen Ortes eines jeden Knotens vorliegt. Mittels Formfunktionen werden die Knoten auf Basis von Blockstrukturen auf die gegebene Geometrie projiziert. Der größte Vorteil der strukturierten Vernetzung liegt dabei in der großen Gestaltungsfreiheit für den Nutzer. Die resultierenden Volumenelemente können beliebig angeordnet werden, so dass die postulierten Flüsse im späteren Berechnungsprozess möglichst orthogonal auf die Elementoberflächen auftreffen. Dies minimiert den numerischen Fehler und kann die Genauigkeit der Rechnung erhöhen. Nachteil der strukturierten Gittergenerierung ist, dass komplizierte Geometrien üblicherweise nur unter großen Mühen und hohem Zeitaufwand erstellt werden können. Der Speicherbedarf durch die funktionale Beschreibbarkeit der Gitterstruktur ist dagegen vergleichsweise gering.
Die Erstellung von unstrukturierten Gittern erfreut sich besonders seit der Verbreitung von kommerziellen Strömungslösern großer Beliebtheit. Dabei werden nahezu beliebig geformte Geometrien nach mehreren zur Verfügung stehenden Algorithmen in der Regel automatisch mit Knoten und Volumenelementen „verfüllt“. Patch-basierte Algorithmen generieren dabei ausgehend von vorhandenen Oberflächengittern Volumenelemente in den Geometrieraum hinein bis zum Zusammentreffen mit gegenüberliegenden Elementen. Bei Patch-unabhängigen Algorithmen wird die gesamte Geometrie in ein hüllendes Element eingeschlossen. Dieses wird im Folgenden so lange fragmentiert, bis die entsprechenden Volumenelemente die Grenzen der Geometrie hinreichend genau abbilden oder letztlich auf die reale Geometrie projiziert werden. Der Vorteil der unstrukturierten Gittergenerierung liegt damit in der einfachen und stark automatisierbaren Generierung von nahezu beliebigen Geometrien. In der Regel ist jedoch die erreichbare Qualität als integrales Maß für Aspektverhältnis, Winkelgrößen und Größenverhältnis von benachbarten Elementen im Vergleich zu strukturierten Gittern geringer.
Die Verwendung von strukturierten Gittern ist gegenwärtig im Allgemeinen akademischen Rechnungen vorbehalten. Industrieller Standard sind moderne unstrukturierte Generierungsalgorithmen. Kommerzielle Strömungslöser bieten daher in der Regel keine Möglichkeit mehr, strukturierte Gitter direkt zu verarbeiten. Meist liegt dem Einleseprozess eine Konvertierung in ein unstrukturiertes Format zugrunde.
Eine tiefgründige Beschreibung von marktüblichen Gittergenerierungsalgorithmen sowie eine detaillierte Erörterung der Vor- und Nachteile von strukturierter und unstrukturierter Gittergenerierung kann bei FERZIGER und PERIC [64] nachgelesen werden.
Ansys CFX kann nur Gitterdateien einlesen, die analog zur unstrukturierten Vorgehensweise für jeden Gitterpunkt eine zugehörige Geometrieinformation enthalten. Dabei ist zunächst unerheblich, ob das Gitter mit einem strukturierten oder unstrukturierten Verfahren erstellt wurde. Im Rahmen dieser Arbeit wurde der kommerzielle Gittergenerator Ansys ICEM sowie das in die Ansys Workbench integrierte Meshing Tool in der Version 13.0 verwendet. Die erstellten Berechnungsgitter sind in ihrer Geometrie stets

einfach gehalten und wurden daher teilweise mit blockstrukturierten Verfahren vernetzt. Somit bleibt, trotz Konvertierung in ein unstrukturiertes Format für Ansys CFX die Möglichkeit, Knoten und Elemente nach Belieben über die Berechnungsgeometrie zu verteilen. Der wandnahe Bereich wurde mit einer hinreichenden Anzahl von Elementen in der viskosen Unterschicht ausgestattet, um eine direkte Grenzschichtauflösung durch den Strömungslöser zu gewährleisten.
Die erstellten Berechnungsgitter wurden jeweils in verschiedenen Konvergenzstudien auf ihre Feinheit im Hinblick auf eine gitterunabhängige Lösung der numerischen Berechnung untersucht. Dabei steht der Kompromiss zwischen hinreichend großer Anzahl an Berechnungselementen und damit einhergehend das exponentielle Anwachsen der Berechnungszeit im Mittelpunkt. Die verwendeten Berechnungsgitter genügen damit den Anforderungen an die gewünschte Aussagekraft der numerischen Ergebnisse.
Jeweilige Besonderheiten bei der Gittergenerierung und Details sind in den entsprechenden Kapiteln separat angegeben.

### 2.3.3 Einbindung von Stoffdaten

Die verwendeten Stoffdaten für Fluide und Festkörper wurden aus kommerziell verfügbaren Stoffdatenbanken entnommen. Für Fluide sind die Daten aus REFPROP [61] entnommen, für Festkörper liegt die Datenbank CRYOCOMP [66] zugrunde. Die temperatur- und druckabhängigen Stoffdaten können in Ansys CFX über verschiedene Wege eingebunden werden.
Die erste und einfachste Möglichkeit ist die Verwendung vorgegebener Stoffdaten basierend auf Approximationen wie REDLICH-KWONG oder PENG-ROBINSON. Diese sind jedoch zuweilen nicht bis in den kryogenen Temperaturbereich zugelassen.
Eine zweite Möglichkeit bietet die CEL – CFX Expression Language an. Dort können eindimensionale Abhängigkeiten von Stoffdaten in Form von eingebundenen Stoffwerttabellen oder -funktionen hinterlegt und später abgerufen werden. Einzige Einschränkung ist, dass diese Abhängigkeit nur zu Druck oder Temperatur, niemals aber zu beiden, bestehen kann. Im Fall der geneigten Rohrleitung ist dies jedoch durch den sehr geringen inneren Druckunterschied keine problematische Bedingung.
Die dritte und wohl eleganteste Möglichkeit besteht im Hinterlegen von definierten „Real Gas Property Tabellen" – kurz RGP-Tabellen. Diese sind auf Basis kommerzieller Stoffdatenbanken für einen gewissen Gültigkeitsbereich erstellt und entsprechen einem proprietär definierten Format. Konvertierungsprogramme stehen seitens Ansys zur Verfügung, sind aber gegenwärtig noch wenig nutzerfreundlich.
Im Rahmen der hier durchgeführten Simulationen sind überwiegend eigens hinterlegte Stoffdatentabellen in die CEL eingebunden worden. In Zusammenarbeit mit Ansys konnten aber gerade für die verwendeten Fluide Helium, Wasserstoff und Pentafluorethan auch RGP-Tabellen generiert und genutzt werden. Ein wirklicher Vorteil ergibt sich bei keiner der beiden Varianten. Die Flexibilität der RGP-Tabellen ist zwar etwas größer, kleinere Änderungen im Stoffdatenbereich bedürfen aber typischerweise einer Neugenerierung.

### 2.3.4 Strömungs- und Turbulenzmodellierung

Ein sehr komplexes Gebiet bei der numerischen Berechnung von Strömungen ist die Behandlung von Turbulenzphänomenen. Die NAVIER-STOKES-Gleichungen sind in ihrer ursprünglichen Form in der Lage, alle auftretenden Turbulenzphänomene darzustellen – ohne jegliche Modellierung. Die numerische Lösung dieses Differentialgleichungssystems erfordert jedoch eine gerade so feine zeitliche und örtliche Auflösung, dass alle auftretenden Turbulenzeffekte von der Entstehung über die Verbreitung bis hin zur Dissipation im Mikroskalenbereich um die KOLMOGOROV-Länge abgebildet werden können. Dieses Verfahren der direkten numerischen Simulation (DNS) ist gerade für größere Reynoldszahlen rechentechnisch enorm aufwendig und daher üblicherweise nur akademischen Testfallrechnungen vorbehalten. Erst in neuester Zeit können diese rechentechnischen Aufwendungen durch moderne Großrechner und massive Parallelisierung zumindest ansatzweise bewältigt werden. Aus der Historie heraus werden Turbulenzphänomene in der numerischen Strömungssimulation jedoch üblicherweise modelliert.

Nach dem Ansatz von REYNOLDS zur Modellierung von Turbulenz lässt sich jede Feldgröße $\Phi_i$ im Strömungsfeld in die Summe aus einem zeitlichen Mittelwert $\bar{\Phi}_i$ und einem Schwankungswert $\Phi_i'$ zerlegen.

$$\Phi_i = \bar{\Phi}_i + \Phi_i'. \tag{2.31}$$

Setzt man diesen Zerlegungsansatz in die NAVIER-STOKES-Gleichungen ein und führt eine zeitliche Mittelung durch, so entstehen neben den bereits vorhandenen, zeitlich gemittelten Unbekannten Druck $p$, Dichte $\rho$ und Geschwindigkeiten $\vec{u}$ sechs weitere Unbekannte in Form von Mischtermen. Diese beinhalten jeweils zeitlich zu mittelnde Geschwindigkeitsschwankungen $\overline{u_i'u_j'}$. Die so umgeformten Gleichungen werden als RANS (REYNOLDS-averaged NAVIER-STOKES) Gleichungen bezeichnet. Durch die formale Ähnlichkeit dieser Mischterme mit „imaginären" Schubspannungen bezeichnte man diese in der Literatur auch als Reynoldsspannungen. Die Modellierung dieser Reynoldsspannungen in Form von neuen algebraischen Beziehungen zur Lösung des Differentialgleichungssystems bezeichnet die Fachliteratur als das „Schließungsproblem" der Turbulenz.

Mit der Lösung des Schließungsproblems beschäftigt sich die Turbulenzforschung bereits seit geraumer Zeit. Dementsprechend haben sich viele Methoden und Ansätze herausgebildet, mit denen das Problem modelliert werden kann.

Für den industriellen Berechnungsstandard haben sich vorrangig die statistischen Zwei-Gleichungsmodelle durchgesetzt. Sie unterstellen dem Strömungsfeld immer einen isotropen Turbulenzcharakter. Dies bedeutet, dass statistisch betrachtet die zeitlich gemittelten Geschwindigkeitsschwankungen $\overline{u_i'u_j'}$ in alle Raumrichtungen im Strömungsfeld gleich und zusätzlich unabhängig von der Richtung sind. Nach der Analogie von BOUSSINESQ ergibt sich zusätzlich zur Schubspannung $\tau$ aufgrund der dynamischen Viskosität $\mu$ eine scheinbare Schubspannungserhöhung $\tau_t$ durch die Turbulenzeffekte, die mit Hilfe einer turbulenten Scheinviskosität $\mu_t$ beschrieben werden kann.

$$\tau = \mu \frac{\partial u_i}{\partial x_j} \qquad \tau_t = -\rho\overline{u_i'u_j'} = \mu_t \frac{\partial u_i}{\partial x_j} \tag{2.32}$$

Auf dieser Grundlage wird die Berechnung der sechs Unbekannten $\overline{u_i'u_j'}$ auf nur eine Unbekannte reduziert. Die stoffabhängige, dynamische Viskosität $\mu$ nimmt also bei zunehmender Turbulenzintensität um eine scheinbare, turbulente Viskosität $\mu_t$ zu. Diese

kann die dynamische Viskosität $\mu$ um ein Vielfaches überhöhen.
Die turbulente Viskosität ist proportional zur turbulenten kinetischen Energie $\kappa$ und zur Dissipationsrate $\epsilon$ im Strömungsfeld. Beide geben formal eine Transportgleichung im Strömungsfeld mit Produktions-, Diffusions- und Dissipationsanteil wieder.

$$\mu_t \propto \rho \frac{\kappa^2}{\epsilon} \tag{2.33}$$

Die Modellierung erfolgt im Rahmen der Zwei-Gleichungsmodelle durch zwei weitere partielle Differentialgleichungen für die turbulente kinetische Energie $\kappa$ und die Dissipationsrate $\epsilon$.

$$\underbrace{\rho\left(\frac{\partial \kappa}{\partial t}+\frac{\partial\left(u_i \kappa\right)}{\partial x_i}\right)}_{\text{lokaler und konvektiver Transport}} = \underbrace{\frac{\partial}{\partial x_i}\left(\left(\mu+\mu_t\right)\frac{\partial \kappa}{\partial x_i}\right)}_{\text{Diffusion}} + \underbrace{\Pi_k}_{\text{Produktion}} - \underbrace{\rho\epsilon}_{\text{Dissipation}}$$

$$\underbrace{\rho\left(\frac{\partial \epsilon}{\partial t}+\frac{\partial\left(u_i \epsilon\right)}{\partial x_i}\right)}_{\text{lokaler und konvektiver Transport}} = \underbrace{\frac{\partial}{\partial x_i}\left(\left(\mu+\mu_t\right)\frac{\partial \epsilon}{\partial x_i}\right)}_{\text{Diffusion}} + \frac{\epsilon}{\kappa}\left(C_1 \underbrace{\Pi_k}_{\text{Produktion}} - C_2 \underbrace{\rho\epsilon}_{\text{Dissipation}}\right) \tag{2.34}$$

Die Transportgleichungen der Dissipationsrate $\epsilon$ und der turbulenten kinetischen Energie $\kappa$ können zusätzlich in eine Transportgleichung der turbulenten Wirbelstärke $\omega$ überführt werden.

$$\omega \propto \frac{\kappa}{\epsilon} \tag{2.35}$$

Je nach Formulierung ordnen sich die entstehenden Modelle in die Familie der $\kappa-\epsilon$ oder $\kappa-\omega$ Turbulenzmodelle ein. Beide Modellfamilien werden in ihren Transportgleichungen mit empirisch bestimmten Proportionalitätsfaktoren (üblicherweise Konstanten) versehen, die an realen Testfällen kalibriert worden sind.
Es ergeben sich aus den getroffenen Vereinfachungen und Formulierungen spezifische Vor- und Nachteile beider Modellfamilien. Auch sind generelle Modellschwächen der Zwei-Gleichungsmodelle durch umfassende Studien bekannt. Empfehlungen für die Anwendung und Hinweise sind für Ansys CFX von VIESER et al. [67] erhältlich oder können in allgemeiner Form auch in den Testfällen zu ERCOFTAC [68] nachgelesen werden. Generelle Abhandlungen zur Turbulenzmodellierung, auch höherwertiger Modelle, sind bei POPE [69] oder WILCOX [70] zu finden.
Für die Berechnung der Turbulenzphänomene in dieser Arbeit wird auf das SST-Modell nach MENTER [71] zurückgegriffen. Es stellt eine Kombination aus $\kappa-\epsilon$ und $\kappa-\omega$ Turbulenzmodell dar und vereint die Vorteile beider Modelle. In Wandnähe wird vorrangig das $\kappa-\omega$ Modell benutzt, mit zunehmendem Abstand gewinnt das $\kappa-\epsilon$ Modell an Einfluss. Die stetige Überlagerung beider Modelle wird durch eine Blending-Funktion gewährleistet.
Ein besonderer Vorteil des SST-Modells ist die Möglichkeit zur Anwendung der direkten Grenzschichtauflösung. Dies bedeutet, dass der wandnahe Bereich explizit durch eine hinreichende Anzahl von Gitterpunkten aufgelöst wird – ein Vorteil, der nur durch $\omega$-formulierte Zwei-Gleichungsmodelle erfolgreich genutzt werden kann.
Mit Hilfe des dimensionslosen Wandabstandes $y^+ = \sqrt{\frac{\tau}{\rho}} \cdot \frac{y}{\nu}$ kann der wandnahe Bereich einer turbulenten Strömung in drei Schichten unterteilt werden:

- $0 < y^+ < 5$ viskose Unterschicht mit laminarer Strömungscharakteristik
- $5 < y^+ < 60$ Transitionsbereich zwischen laminarer und turbulenter Strömungscharakteristik
- $60 < y^+$ vollturbulente Strömungscharakteristik

CFX errechnet auf den eingelesenen Gittern den $y^+$-Wert und schaltet bei Verwendung des SST-Modells automatisch bei hinreichender Anzahl von Gitterpunkten in der viskosen Unterschicht auf direkte Auflösung der Grenzschicht. Dies hat besonders bei der Berechnung von Wärmeübergangsvorgängen nahe der Wände große Vorteile. Durch den Einfluss der Wandschubspannung auf den Wärmeübergang werden die Geschwindigkeitsgradienten orthogonal zur Wand exakter berechnet und müssen nicht zusätzlich modelliert werden. Alternativ dazu bietet CFX bei unzureichender Gitterpunktanzahl die Verwendung von skalierbaren Wandfunktionen an. Diese approximieren unter Verwendung von Korrekturtermen formal ein logarithmisches Wandgesetz zur Berechnung der Geschwindigkeitsverläufe nahe der Wand. Nachteil dieser Methodik ist, dass der abweichende Geschwindigkeitsverlauf, etwa bei starken Druckgradienten oder Ablöseerscheinungen, häufig nur unzureichend wiedergegeben wird. Ein möglicher Fehler pflanzt sich damit besonders dramatisch in der Wandschubspannung und ihrem Einfluss auf den Wärmeübergang fort.

### 2.3.5 Strahlungsmodellierung

Ein ebenso komplexes Gebiet wie die Turbulenzmodellierung ist die numerische Behandlung der Wärmeübertragung durch Strahlung. Die in Kapitel 2.1 dargestellten Grundlagen haben gezeigt, dass der Prozess der Wärmestrahlung von vielen Einflussfaktoren abhängt, die üblicherweise auf nichtlinearen Zusammenhängen beruhen.
Grundlage für das Strahlungsproblem ist die numerische Lösung der partiellen Differentialgleichung für den Strahlungstransport. Die allgemeine Darstellung der Strahlungstransportgleichung umfasst alle genannten Effekte der Wärmestrahlung aus Kapitel 2.1 und ist aus diesem Grunde sehr komplex. Üblicherweise werden Modellannahmen formuliert, die das Problem in seiner Komplexität modellbezogen vereinfachen. Zusätzlicher Vorteil bei der Behandlung von Strahlung im Vergleich zur Strömungsberechnung besteht darin, dass die zu erwartenden Zeitskalen bis zum Gleichgewichtszustand vergleichsweise klein sind. Üblicherweise ist es hinreichend exakt, nur die jeweils stationäre Lösung der Strahlungstransportgleichung zu suchen, auch in Verbindung mit instationären Strömungsberechnungen.
In verfügbaren Programmsystemen sind zur Lösung üblicherweise unterschiedlich komplexe Strahlungsmodelle implementiert, die der Nutzer je nach seinen Anforderungen auswählen kann. Im Wesentlichen unterscheiden sich die verfügbaren Modelle in folgenden Punkten:

- Komplexität des Emissions-, Transmissions- und Reflexionsverhaltens an Rändern und internen Festkörpern im Berechnungsgebiet
- Behandlung der inneren Fluidphasen und deren Emissions-, Transmissions- und Reflexionsverhalten

- Energiebilanzierungsmethode im Strahlungsgebiet

In dieser Arbeit wurde auf das in Ansys CFX implementierte Discrete Transfer Model (DTM) mit Surface-to-Surface Option zurückgegriffen. Es löst die spezielle Strahlungstransportgleichung unter den eben genannten Annahmen diskret für jedes Oberflächenelement.

$$\frac{d\,\hat{e}\,(\vec{x},\vec{s})}{ds} = -\tilde{\varepsilon}\cdot\hat{e}\,(\vec{x},\vec{s}) + \tilde{\varepsilon}\cdot\hat{e}_s\left(\tilde{\lambda}_f, T\right) \tag{2.36}$$

Dabei wird eine definierte Anzahl energiebeladener Strahlen von jedem Oberflächenelement vom Ort $\vec{x}$ aus in den umliegenden Raum entlang des Weges $\vec{s}$ gesendet. Über die numerische Ermittlung des Strahlungsaustauschkoeffizienten kann damit der Energietransport zwischen allen Oberflächenelementen errechnet werden. Über die Energiebilanzierung werden absorbierte und emittierte Strahlungsenergieanteile ins Gleichgewicht gebracht. Durch die Surface-to-Surface Option im Modell wird eine Interaktion mit 'durchstrahltem' Fluid ignoriert. Diese Vereinfachung kann gelten, da alle kryogenen Fluide im betrachteten Temperatur- und Druckbereich optisch nahezu transparent sind und nur ein vergleichsweise minimales Absorbtionsverhalten über diskrete Wellenlängenbereiche aufzeigen.

Weiterführende Hinweise und Modellerläuterungen können im Benutzerhandbuch von Ansys CFX [65] nachgelesen werden. Die theoretischen Grundlagen und Herleitungen der Strahlungstransportgleichung in vollständiger Form sind z.B. bei MODEST [60] dargelegt.

## 2.4 Experimentelle Methoden

### 2.4.1 Modellexperiment und mögliche Modellfluide

**Theoretischer Hintergrund** Die Durchführung von strömungsmechanischen Experimenten gestaltet sich in der Praxis mitunter äußerst schwierig, wenn die benötigten Dimensionen oder Randbedingungen des Modells kaum mehr zu bewerkstelligen sind. Hinzu kann die Herausforderung kommen, dass die benötigte Messtechnik unter den angestrebten Randbedingungen nicht mehr einsatzfähig ist. Im Hinblick auf die kryogenen Randbedingungen und die vergleichsweise kleinen Dimensionen einer geneigten Rohrleitung unterliegen die Experimente zur Bestimmung lokaler Geschwindigkeiten genau diesen besprochenen Herausforderungen.
Um diese Problematik zumindest teilweise umgehen zu können, bedient man sich Modellexperimenten. Diese bilden ein entsprechendes Original bezüglich charakteristischer Kennzahlen ab und sind ihm demzufolge hinreichend ähnlich. Die zu untersuchenden Größen im Strömungsfeld können damit direkt gemessen und auf das Original übertragen werden.
Aus den Betrachtungen in Kapitel 2.1 können die benötigten charakteristischen Kennzahlen abgeleitet werden.

**Modellfluidauswahl** Die im Rahmen dieser Arbeit durchgeführten Modellexperimente wurden dazu verwendet, um in einem geneigten Rohr Messungen zu lokalen Geschwindigkeiten durchzuführen. Durch die extremen Temperatur- und Druckbedingungen, die z.B. in einem Kryodruckspeichertank für Wasserstoff im Betrieb – und damit auch in den angrenzenden Rohrleitungen – auftreten, ist eine direkte Messung ohne Modellexperiment nur unter unverhältnismäßig hohem Aufwand möglich.
Das Anwendungsspektrum des Kryodrucktanks erstreckt sich etwa von einem Druck von $350\,bar$ und einer Temperatur von etwa $50\,K$ kurz nach dem Betankungsvorgang bis auf einen Druck von etwa $30\,bar$ bei einer höheren Temperatur von etwa $200\,K$. Aus diesen Randbedingungen werden drei Betriebszustände definiert, welche ein großes Anwendungsspektrum abdecken und einen Vergleich mit möglichen Modellfluiden zulassen. Diese Betriebszustände sind in Tabelle 2.2 aufgeführt. Zur Erfüllung der relevanten Ähnlichkeitskennzahlen können zum einen die Stoffwerte des Modellfluides ($\rho$, $\lambda$, $c_p$, $\nu$, $\beta$) oder zum anderen die geometrischen und thermischen Randbedingungen ($\Delta T$, $l_B$) entsprechend angepasst werden. Vorrangig sollen jedoch die Stoffwerte bei der Recherche

**Tabelle 2.2:** Auflistung der betrachteten Betriebszustände für Kryodruckwasserstoff.

| Betriebspunkt | $T$ $[K]$ | $p$ $[bar]$ |
|---|---|---|
| 1 | 50 – 150 | 350 |
| 2 | 150 – 250 | 200 |
| 3 | 200 – 300 | 30 |

zugrunde liegen. Eine Anpassung der geometrischen Randbedingungen ist später möglich um eine Feinabstimmung vorzunehmen. Im Folgenden sind die Abstimmungsgrößen bzw. Ähnlichkeitskennzahlen gemeinsam mit den relevanten Stoffwerten aufgelistet.

- Hydrostatischer Druck: Dichte $\rho$
- Reynoldszahl: kinematische Viskosität $\nu$
- Rayleighzahl: thermischer Volumenausdehnungskoeffizient $\beta$, Dichte $\rho$, spezifische Wärmekapazität $c_p$, kinematische Viskosität $\nu$, Wärmeleitfähigkeit $\lambda$

Der Vergleich der kinematischen Viskosität erfolgt demnach direkt zwischen Wasserstoff und Modellfluid. Die weiteren Stoffdaten der Rayleighzahl werden zu den Rayleighfaktoren $\frac{\beta \cdot \rho \cdot c_p}{\nu \cdot \lambda}$ zusammengefasst und im Verbund verglichen.
Im Rahmen der Untersuchungen zur Eignung verschiedener Modellfluide kommen insbesondere schwere Fluor-Kohlenwasserstoff-Verbindungen (FKW bzw. FCKW) in Frage. Durch die Anwendung dieser Stoffe als Kältemittel sind die Stoffeigenschaften für viele Vertreter umfassend vorhanden und digitalisiert. Auf Basis des Stoffwertprogramms REFPROP [61] wurde eine umfangreiche Analyse durchgeführt. Dabei haben sich drei Kältemittel als besonders geeignet herausgestellt:

- **R125:** Reinstoff bestehend aus 100% Pentafluorethan
- **R422A:** Stoffgemisch bestehend aus 85% Pentafluorethan (R125), 11,5% Tetrafluorethan (R134A) und 3,4% Isobutan (R600A)
- **R116:** Reinstoff bestehend aus 100% Hexafluoroethan

In den Abbildungen 2.5 sind die Diagramme der betrachteten Stoffeigenschaften im Vergleich zwischen Parawasserstoff in den diskutierten Betriebszuständen und den drei geeigneten Kältemitteln R125, R422A sowie R116 dargestellt. Die Ordinaten zeigen jeweils die Temperaturspreizung. Im Fall der Kältemittel wurde besonders darauf Wert gelegt, dass die Temperaturspreizung im Bereich leicht oberhalb der Umgebungstemperatur liegt. Auch die zugehörigen Drücke der Kältemittel liegen, abhängig vom korrespondierenden Wasserstoffdruck, in moderaten Bereichen zwischen $1\,bar$ und $10\,bar$. Die untersuchten Kältemittel befinden sich damit alle im gasförmigen, unterkritischen Zustandsgebiet.
Das Ergebnis der Analyse zeigt, dass alle betrachteten Fluideigenschaften hinreichend gut aufeinander abgestimmt werden können. Lediglich die Rayleighfaktoren von Parawasserstoff zeigen für den Betriebszustand $50\,K$, $350\,bar$ eine Formabweichung gegenüber den Kurven der Kältemittel. Diese Formabweichung ist mit den vergleichsweise ungewöhnlichen Stoffeigenschaften des Parawasserstoffes im Temperaturbereich um $80\,K$ zu begründen. Im Grunde können jedoch alle drei Kältemittel als Modellfluid in Frage kommen. Diese günstigen Betriebsbedingungen im moderaten Druck- und Temperaturbereich erleichtern einen späteren Modellversuchsaufbau erheblich.
In den Modellexperimenten, welche im Rahmen dieser Arbeit durchgeführt wurden, kam das Kältemittel R125 zum Einsatz. Es bietet gegenüber den beiden anderen untersuchten Kältemitteln umwelt- und sicherheitsrelevante Vorteile. Es ist nicht brennbar und besitzt das geringste – wenngleich ein immer noch sehr hohes – Treibhauspotential. Ebenso vorteilhaft gestaltet sich der Preis. Da R125 in verschiedenen Kältemittelgemischen zum Einsatz kommt, ist es vergleichsweise preiswert und problemlos zu beziehen. Der Beschaffungspreis lag zur Zeit der Experimentvorbereitung bei etwa 16 €/kg.

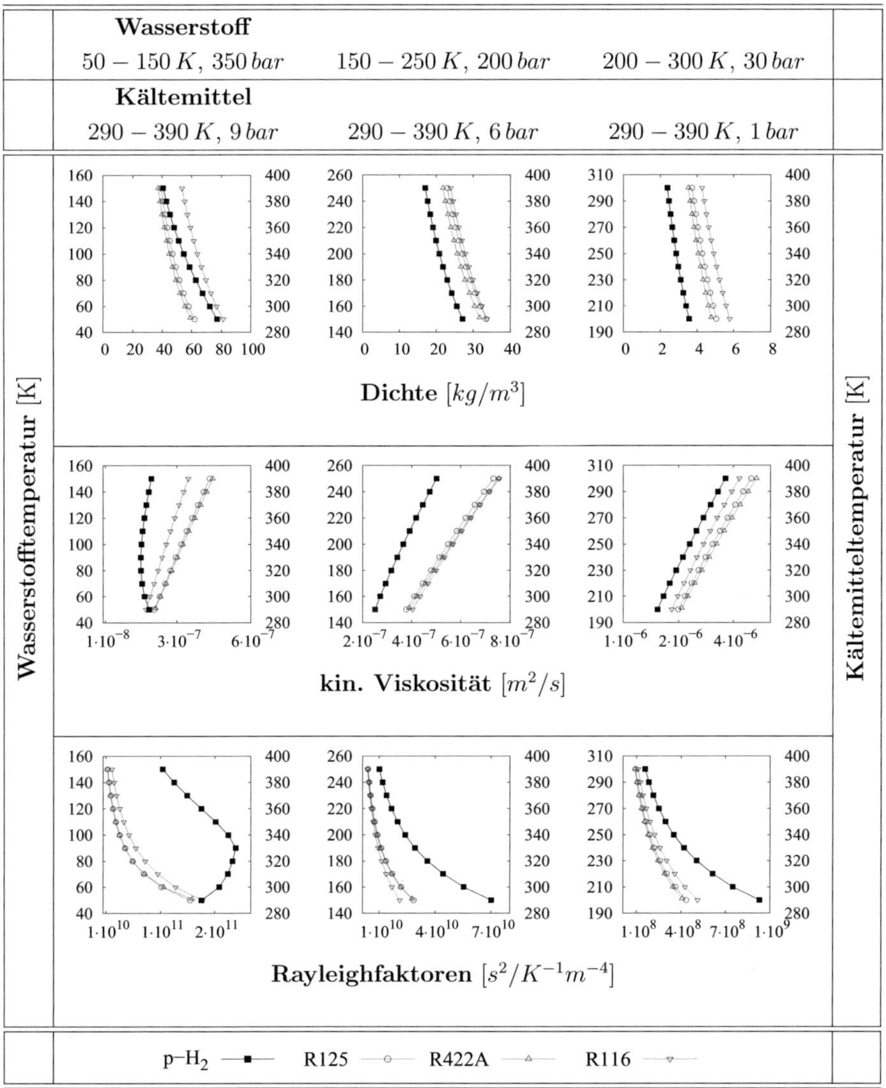


**Abbildung 2.5:** Vergleich wichtiger Stoffeigenschaften zwischen Wasserstoff ($p\!-\!H_2$) in den betrachteten Betriebszuständen $p = 350\,bar$, $T = 50-100\,K$, $p = 200\,bar$, $T = 150-250\,K$ sowie $p = 30\,bar$, $T = 200{-}300\,K$. Die linke Ordinate stellt die Temperatur des Wasserstoffs im zugehörigen Betriebsfall dar, die rechte Ordinate gibt analog dazu die Temperatur der betrachteten Kältemittel an. Die Bedeutung der Abszisse ist unter jeder Diagrammgruppe angegeben.

### 2.4.2 Laser-Doppler-Anemometrie

Die äußerst homogenen optischen Eigenschaften von Laserstrahlen sind eine wesentliche Grundlage für die weite Verbreitung von Lasermessmethoden – auch in der Strömungsmechanik. Die Laser-Doppler-Anemometrie (LDA) ist ein mögliches Verfahren zur Messung der lokalen Geschwindigkeit in einem Strömungsfeld. Die Theorie zu diesem Verfahren ist nicht zuletzt aufgrund seiner weiten Verbreitung an Forschungsinstituten in einer Vielzahl von Publikationen, etwa bei DURST et al. [72], sehr ausführlich dokumentiert. Daher soll hier nur auf jene Gedanken zum Verfahren eingegangen werden, die das grundlegende Verständnis fördern und den Bezug zur verwendeten Apparatur herstellen.
Bei Messungen mit dem LDA wird nicht die lokale Strömungsgeschwindigkeit des betrachteten Fluides gemessen, sondern jene eines in die Strömung eingebrachten Tracers. Diese Tracerpartikel sind je nach Anwendungsfall Festkörper oder Flüssigkeitströpfchen und sollen sich möglichst identisch zu den lokalen Bewegungen des zu messenden Fluides verhalten. Eine direkte Interaktion zwischen der Messapparatur und dem Fluid besteht generell nicht, daher spricht man auch von einem nicht-intrusiven Messverfahren.
Um die Geschwindigkeit eines Tracerpartikels mittels LDA zu messen, werden zwei Laserstrahlen mit definierter Wellenlänge geometrisch bestimmt zum Schnitt gebracht (siehe Abbildung 2.6). Das entstehende optische Schnittvolumen beider Strahlen hat die Form eines Ellipsoiden, welches gleichzeitig das Messvolumen beschreibt. Innerhalb des Messvolumens entsteht durch die Überlagerung der beiden Laserstrahlen ein Interferenzstreifenmuster. Der Abstand dieser Interferenzstreifen – und damit auch ihre Scheinfrequenz – ist funktional abhängig von der Wellenlänge der Laserstrahlen und zum Schnittwinkel beider. Tritt nun ein Tracerpartikel mit einer definierten Geschwindigkeit durch das Interferenzstreifenmuster, so wird ein Teil des Laserlichtes reflektiert. Dieses reflektierte Licht beinhaltet eine Frequenzinformation bestehend aus der bekannten Scheinfrequenz des Interferenzstreifenmusters und einem Doppler-Frequenzanteil durch die Eigenbewegung des Tracerpartikels. Diese Frequenzinformation kann sehr genau ausgewertet werden und gibt Aufschluss über die Geschwindigkeitskomponente des Tracerpartikels in Richtung des Interferenzstreifenmusters – praktisch eine eindimensionale Geschwindigkeitsmessung. Sollen mehrere Geschwindigkeitskomponenten (2D oder 3D) des Tracerpartikels bestimmt werden, so sind zum beschriebenen Aufbau auch entsprechend weitere Laserkomponenten in unterschiedlichem Frequenzbereich vorzuhalten. Die mehrdimensionale Messung selbst erfolgt analog dem eindimensionalen Fall. Der optische Abgleich der Messvolumina aller zu messenden Komponenten aufeinander sowie der messtechnische Aufwand zur gekoppelten Auswertung erhöhen die Anforderungen im Detail um ein Vielfaches.
Die Güte durchzuführender Messungen hängt maßgeblich von den verwendeten Tracerpartikeln ab. Besonders das hinreichende Folgeverhalten zum Fluid und auftretende Sedimentierung während des Experimentes sind zu betrachtende Unsicherheiten. Auf Basis einer Vielzahl von Experimenten und theoretischen Analysen hat sich eine breite Palette zur Verfügung stehender Tracerpartikel herausgebildet, die üblicherweise einen Großteil der relevanten LDA-Experimente hinreichend gut abdecken können. Die Suche nach den idealen Tracerpartikeln für den konkreten Anwendungsfall ist jedoch immer noch Inhalt vieler wissenschaftlicher Publikationen und tritt besonders dann in den Vordergrund,

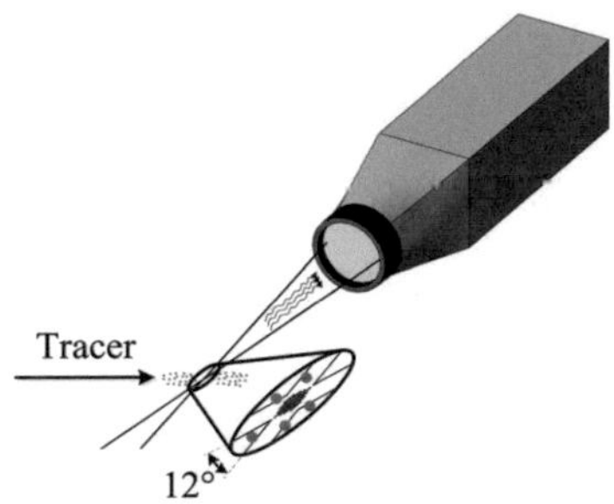


**Abbildung 2.6:** Laser-Doppler-Anemometrie (LDA) als mögliches Messverfahren zur Bestimmung der Geschwindigkeit von Tracerpartikeln in Fluiden, Konfiguration entsprechend DANTEC Flow Explorer.

wenn von den intensiv untersuchten Fluiden – etwa Luft oder Wasser – abgewichen werden muss. Über die Verwendung von geeigneten Tracerpartikeln in Kältemitteln, etwa Pentafluorethan (R125), welches in dieser Arbeit zum Einsatz kam, ist in der Literatur wenig dokumentiert. Lediglich KÖRNER et al. [73] beschreiben die Verwendung von komprimiertem Schwefelhexafluorid ($SF_6$) als geeignetes Modellfluid für LDA-Messungen in skalierten Raumluftströmungen. Dieser Anwendungsfall zeigt eine gewisse Parallelität zu den hier durchgeführten Untersuchungen, da Schwefelhexafluorid im Hinblick auf die Stoffdaten dem hier verwendeten R125 sehr ähnlich ist. Die verwendeten Tracerpartikel bestehen bei KÖRNER et al. [73] aus feinsten Öltröpfchen. Die Verdampfung von Öltröpfchen in der geneigten Rohrleitung stellte jedoch für die LDA-Untersuchungen in dieser Arbeit keine Alternative dar. Daher bestand ein wesentlicher Anteil der Voruntersuchungen zu den LDA-Messungen darin, geeignete Tracerpartikel zu finden. Die besten Ergebnisse wurden mit aerosolen Schwefelsäure-Wassertröpfchen erzielt. Die Schwefelsäure ist hierfür in geringen Mengen in einem porösen Granulat angelagert. Sie wird durch vorbeiströmenden Wasserdampf aus dem Granulat ausgetragen und bildet das Gemisch. Es genügen kleinste Mengen Wasser um bereits eine genügend große Menge des Aerosols zu generieren. Im Fall der Verwendung von R125 war bereits die Restfeuchtigkeit aus dem Gasreservoir ausreichend. Die Herstellung des Aerosols kann recht einfach mit kommerziell verfügbaren Strömungsprüfröhrchen der Firma Dräger realisiert werden. Über einen speziellen Ladezyklus werden die Tracerpartikel direkt während der Zufuhr des komprimierte Kältemittels in die geneigte Rohrleitung generiert.

Die Messfehler des LDA bedingt durch die Signalverarbeitung sind üblicherweise fast vernachlässigbar ($<$ 0,1% vom Messwert). Die Hauptfehler des Verfahrens liegen daher meist in der geometrischen Anordnung und optischen Ausrichtung der Messapparatur selbst. Etwa optische Brechungen durch inhomogene Glaswände und damit verbundene scheinbare Verschiebungen der geometrischen Anordnung führen häufig zu deutlich höheren Fehlergrenzen des Verfahrens.

Die in dieser Arbeit untersuchte Konfiguration stellt durch die Komplexität der optischen Strahlführung durch zwei konzentrische Glasröhren große Anforderungen an den optischen Abgleich. Es wird daher ein recht konservativer Messfehler für die Geschwindigkeit von 5% vom Messwert für alle hier durchgeführten LDA-Messungen angenommen und in den entsprechenden Diagrammen angegeben.

# 3 Wärmetransportvorgänge in geneigten Rohrleitungen

## 3.1 Modelldefinitionen und Einschränkungen

Im Vorfeld der angestrebten numerischen und experimentellen Untersuchungen sollen zunächst wichtige Definitionen getroffen werden, die das hier verwendete Modell der geneigten Rohrleitung genauer spezifizieren und allgemein gültige Modelleinschränkungen darlegen.
Die geneigte Rohrleitung ist beidseitig geschlossen und hinsichtlich der geometrischen Dimensionen wie folgt definiert. In der Abbildung 3.1 sind diese Größen an der Rohrleitung angetragen.

- Länge $L$ von Rohrwand und innen liegendem Fluid
- innerer Durchmesser $D$ der Rohrwand und gleichzeitig äußerer Durchmesser des Fluids
- Rohrwandstärke $s$
- äußerer Durchmesser der Rohrwand $D + 2 \cdot s$
- Neigungswinkel $\gamma$

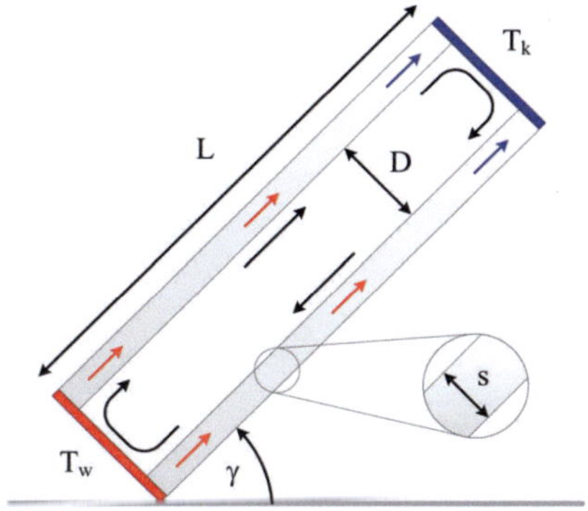


**Abbildung 3.1:** Schematische Darstellung einer geneigten Rohrleitung (hier stark verkürzt) mit Angabe der relevanten geometrischen und thermodynamischen Definitionen.

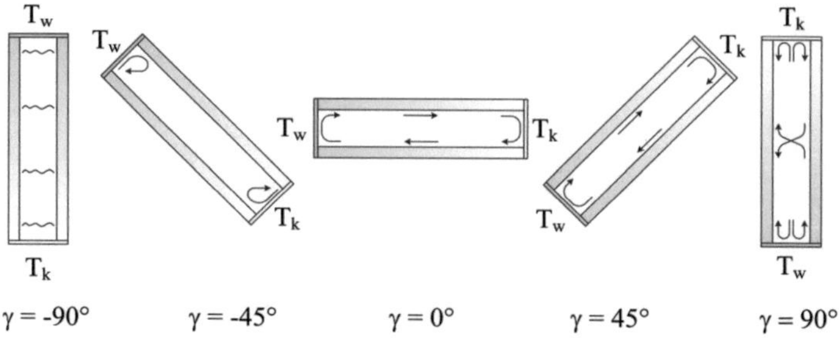


**Abbildung 3.2:** Repräsentative Neigungswinkel $\gamma$ der Rohrleitung.

Für die Dimensionen der Rohrleitungen wird in der Arbeit im Allgemeinen die Nomenklatur $(D{+}2s)\,x\,(s)\,x\,(L)$ verwendet. Ein Beispiel wäre die Angabe $12x1x500\,mm$ für eine Rohrleitung mit $12\,mm$ Außendurchmesser, $10\,mm$ Innendurchmesser und einer Länge von $500\,mm$. Der Neigungswinkel besitzt in horizontaler Lage der Rohrleitung den Wert $\gamma = 0°$ und erhöht sich im mathematisch positivem Sinn. In der Abbildung 3.2 sind einige diskrete Winkel und die zugehörige Position der Rohrleitung angegeben.

Die Geometrie der Rohrleitung kann unter Berücksichigung der Strömungsverhältnisse im Inneren als halbsymmetrisch angesehen werden. Diese nützliche Eigenschaft wird bei den numerischen Simulationen berücksichtigt.

Die Wände der Rohrleitung werden als ideal glatt und homogen angenommen. Beide Enden der Rohrleitung sind geschlossen.

An der warmen Endfläche liegt eine konstante Wandtemperatur von $T_w$ vor, an der kalten Endfläche demzufolge eine ebenso konstante Wandtemperatur $T_k$. In den numerischen Simulationen ist diese Randbedingung direkt vorgegeben. In den Experimenten stellt sie – wie später gezeigt werden kann – eine gute Modellannahme dar.

Die äußere Rohrwand unterliegt in üblichen kryogenen Aufbauten einem Wärmeeintrag vornehmlich durch Strahlungswärme und Restgaswärmeleitung durch das Isolationsvakuum. Sie soll trotzdem zunächst als adiabate Wand angenommen werden. In den jeweiligen Experimenten stellt die Annahme der adiabaten Wand eine hinreichend genaue Vereinfachung dar. Lediglich in Einzelfällen wird von dieser Annahme abgewichen und mit einer definierten Wärmeabgabe gerechnet. Im jeweiligen Kapitel ist dann ein entsprechender Hinweis vermerkt.

## 3.2 Abschätzung zu erwartender Reynolds- sowie Rayleighzahlen

Ein wichtiges Thema im Vorfeld der Detailuntersuchungen ist die Charakterisierung des Konvektionsproblems anhand von Reynolds- und Rayleighzahl. Beide Ähnlichkeitskennzahlen geben Hinweise auf die zu erwartende Strömungs- und Wärmeübertragungscharakteristik im laminaren oder turbulenten Bereich und ermöglichen eine Vergleichbarkeit mit anderen, ähnlichen Strömungsproblemen. Zur Bildung der Kennzahlen sind die folgenden Eigenschaften notwendigerweise festzulegen: Geometrische Dimensionen, Stoffdaten und die treibende Temperaturdifferenz.

Übliche Rohrleitungen, die im Zusammenhang mit der hier diskutierten Problemstellung stehen, besitzen innere Durchmesser im Bereich von etwa 5..20 $mm$ und eine Länge zwischen 250..1000 $mm$.

Die Stoffdaten sind abhängig vom verwendeten Fluid und stark mit der treibenden Temperaturdifferenz verbunden. In Kapitel 2.2.1 ist dieser Punkt ausführlich diskutiert worden. Zur Abschätzung soll hier Helium bei einem Druck von $p = 100\,bar$ und bei einer Bezugstemperatur von $T = 100\,K$ als Grundlage dienen.

In den Abbildungen 3.3 ist die Reynoldszahl nach Gleichung (2.12) unter den gegebenen Randbedingungen auf zwei verschiedene Weisen berechnet worden. In Abbildung 3.3 (a) liegt als charakteristische Länge der innere Durchmesser $D$ zugrunde, in Abbildung 3.3 (b) die Länge $L$ der Rohrleitung. Beide Varianten der Definition sind möglich, wobei die Bildung der Reynoldszahl mit dem Durchmesser in der Literatur üblicher ist.

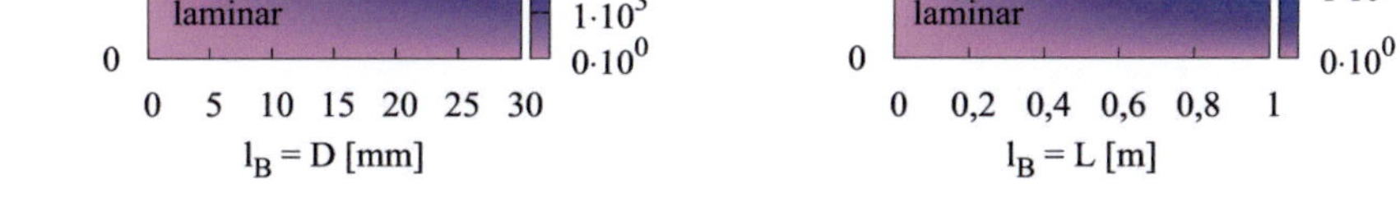


(a) Reynoldszahl $Re_D$ bezogen auf den Durchmesser $D$, Vergleichsfall durchströmte Rohrleitung.

(b) Reynoldszahl $Re_L$ bezogen auf die Länge $L$, Vergleichsfall angeströmte ebene Platte.

**Abbildung 3.3:** Darstellung der Reynoldszahl $Re$ in Abhängigkeit von der Bezugsgeschwindigkeit $u_B$ und der charakteristischen Länge $l_B$ als Durchmesser $D$ bzw. Länge $L$ der Rohrleitung; grün dargestellt ist der Bereich zwischen laminarer und turbulenter Strömung. Die zugrunde liegenden Stoffdaten beruhen auf Helium bei einem Druck von 100 $bar$ und einer Temperatur von 100 $K$.

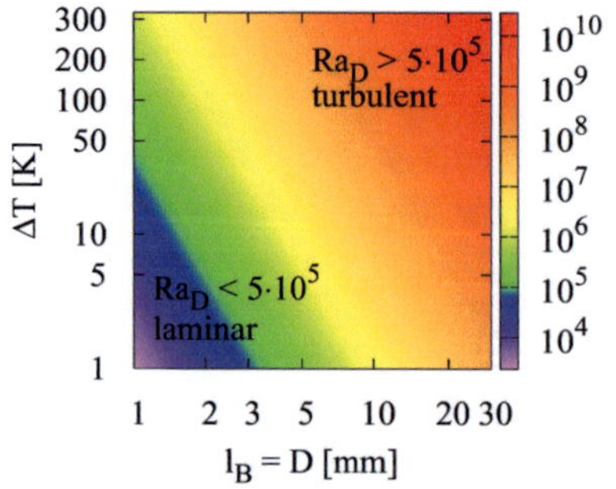


(a) Rayleighzahl $Ra_D$ bezogen auf den Durchmesser $D$, Vergleichsfall freie Konvektion in einer geschlossenen Kavität.

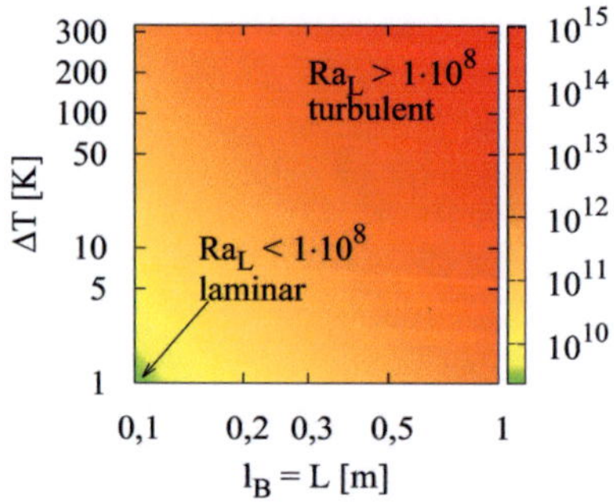


(b) Rayleighzahl $Ra_L$ bezogen auf die Länge $L$, Vergleichsfall freie Konvektion in einer geschlossenen Kavität.

**Abbildung 3.4:** Darstellung der Rayleighzahl $Ra$ in Abhängigkeit von der Temperaturdifferenz $\Delta T$ und der charakteristischen Länge $l_B$ als Durchmesser $D$ bzw. Länge $L$ der Rohrleitung; grün dargestellt ist der Bereich zwischen laminarer und turbulenter Strömung. Die zugrunde liegenden Stoffdaten beruhen auf Helium bei einem Druck von $100\,bar$ und einer Temperatur von $100\,K$.

Die Diagramme zeigen bei Variation der Bezugsgeschwindigkeit und der charakteristischen Länge die zugehörigen Reynoldszahlen. Um diese besser bewerten zu können, ist zusätzlich in jedem Diagramm der laminar-turbulente Übergangsbereich für einen ausgewählten Vergleichsfall grün gekennzeichnet. Nach INCROPERA [4] liegt die kritische Reynoldszahl für eine durchströmte Rohrleitung mit $l_B = D$ bei $Re_D \approx 2200$ und für eine angeströmte ebene Platte mit $l_B = L$ bei $Re_L \approx 1 \cdot 10^5$.

In erster Näherung soll für die mittlere Geschwindigkeit in der Rohrleitung ein Wert von etwa $0{,}1\,m/s$ unterstellt werden. Für den Fall der charakteristischen Länge $D$ ergeben sich damit Reynoldszahlen im Bereich zwischen 1000..2000. Für den Fall der charakteristischen Länge $L$ ergeben sich Reynoldszahlen im Bereich zwischen $5 \cdot 10^4..2 \cdot 10^5$. Unter den getroffenen Randbedingungen ist mit den bekannten Vergleichsfällen also keine eindeutige Einordnung der Strömungscharakteristik in laminar oder turbulent möglich. Die Charakteristik könnte im konkreten Fall demzufolge beide Zustände annehmen, gerade vor dem Hintergrund recht stark variierender Stoffdaten im kryogenen Temperaturbereich.

In den Abbildungen 3.4 sind die Berechnungen zur Rayleighzahl nach Gleichung (2.15) dargestellt. In Abbildung 3.4 (a) liegt wiederum als charakteristische Länge der innere Durchmesser $D$ zugrunde, in Abbildung 3.4 (b) die Länge $L$ der Rohrleitung. Auch für die Rayleighzahl lassen sich zwei ausgewählte Vergleichsfälle mit freier Konvektion ansetzen, die den Bereich des laminar-turbulenten Übergangs (grün dargestellt) näher eingrenzen. Die Suche nach geeigneten Vergleichsfällen gestaltet sich jedoch im Vergleich zur Reynoldszahl deutlich schwieriger. Die meisten Veröffentlichungen zum

laminar-turbulenten Übergang beinhalten nur Aussagen bei horizontaler oder vertikaler Anordnung einer Kavität.
Die Verwendung der Bezugslänge $l_B = D$ ist in der Literatur eher unüblich. Dies liegt überwiegend daran, dass die meisten untersuchten Kavitäten ein Aspektverhältnis von $D/L \approx 1$ zeigen. BOEHRER [74] schlägt zudem vor, den laminar-turbulenten Überschlag unter Zuhilfenahme des Terms $Ra_D \cdot \frac{D}{L}$ vorzunehmen.
Nach SCHNEIDER UND STRAUB [43] liegt die kritische Rayleighzahl für eine geneigte, geschlossene Kavität mit $l_B = D$ im Bereich von $Ra_D \approx 1 \cdot 10^5$. LOCK UND FU [75] geben die kritische Rayleighzahl dagegen mit $Ra_D \approx 1 \cdot 10^6$ an.
Für die freie Konvektion in einer geschlossenen Kavität mit $l_B = L$ werden in der Literatur recht einheitlich Werte von $Ra_L \approx 1 \cdot 10^8$ angegeben [6, 13, 76].
Unterstellen wir im konkreten Fall in der Kryotechnik übliche Temperaturdifferenz von $200..300\,K$, so ergeben sich bei üblichen Dimensionen der Rohrleitung sowohl für $l_B = D$ als auch $l_B = L$ Rayleighzahlen, die in jedem Fall turbulente Strömungseigenschaften vermuten lassen.
Eine belastbare Aussage zum winkelabhängigen laminar-turbulenten Übergang in einer geneigten Kavität ist – soweit bekannt – in keiner Literaturstelle angegeben. Die Studien von FUJII UND IMURA [45] zur freien Konvektion an einer geneigten Platte zeigen jedoch eine signifikante Abhängigkeit der kritischen Rayleighzahl vom Neigungswinkel. Der Einfluss des winkelabhängigen Auftriebs auf die Turbulenz nimmt in jedem Fall eine Schlüsselrolle ein. Die Strömungscharakteristik im Inneren der Rohrleitung wird später in Kapitel 3.4 diskutiert.

Aus den Abschätzungen zu Reynolds- und Rayleighzahlen können also folgende Aussagen geschlussfolgert werden:

- Die Reynolds- und Rayleighzahlen hängen sehr stark von den jeweils verwendeten Stoffdaten und den Bezugsgrößen ab.
- Für typische Rohrleitungen können unter den hier diskutierten Randbedingungen Reynoldszahlen von $Re_D \approx 1000..2000$ bzw. $Re_L \approx 5 \cdot 10^4..2 \cdot 10^5$ erwartet werden.
- Die zu erwartenden Rayleighzahlen liegen im Bereich von $Ra_D \approx 1 \cdot 10^6..1 \cdot 10^9$ bzw. $Ra_L \approx 1 \cdot 10^{11}..1 \cdot 10^{14}$.
- Ein Vergleich der kritischen Reynoldszahlen mit Literaturdaten deutet eher auf vollständig laminare Strömungsverhältnisse hin. Dies ist jedoch gegen die allgemeine Erfahrung aus den durchgeführten Untersuchungen. Aus diesem Grund ist die Charkterisierung anhand der Reynoldszahl nur bedingt geeignet und nicht zu empfehlen.
- Ein Vergleich der kritischen Rayleighzahlen weist dagegen auf voll turbulente Strömungsverhältnisse im Inneren der Rohrleitung hin. Die auftriebsbedingte, und damit winkelabhängige Turbulenzproduktion scheint die kritische Rayleighzahl maßgeblich zu beeinflussen. Zur Winkelabhängigkeit liegen in der Literatur – soweit bekannt – jedoch keine genauen Studien vor.

## 3.3 Generierung von Auftrieb und Auftriebspotential

### 3.3.1 Momentengleichung und Auftriebsterm

Die Grundlage der freien Konvektion sind Auftriebskräfte. Auch wenn bereits in Kapitel 2.1 einige Bemerkungen dazu getroffen wurden, so soll im Folgenden auf die speziellen Gegebenheiten in einer geneigten Rohrleitung eingegangen werden.
Ursache für freie Konvektionsbewegungen sind Dichteunterschiede im Fluid. Die Dichtegradienten können durch verschiedene Effekte hervorgerufen werden. Bei der freien Konvektion sind die Dichteunterschiede direkt mit Temperaturunterschieden verbunden. Das Fluid muss sich dazu in einem Schwerefeld befinden, die resultierenden Kräfte wirken immer in gleicher Richtung wie der Schwerkraftvektor.
Das lokale Kräftegleichgewicht an einem beliebigen Fluidteilchen unter Berücksichtigung des Auftriebsterms kann mit Hilfe der differentiellen Impulsgleichung analysiert werden. Es genügt jedoch, nur die Richtung zu betrachten, die parallel zum Schwerkraftvektor $\vec{g}$ verläuft. In Analogie zu Gleichung (2.8) ergibt sich für die y-Komponente unter Berücksichtigung des Auftriebsterms folgendes differentielles Kräftegleichgewicht:

$$\rho\left(\underbrace{\frac{\partial u_y}{\partial t}}_{A}+\underbrace{u_x\frac{\partial u_y}{\partial x}+u_y\frac{\partial u_y}{\partial y}+u_z\frac{\partial u_y}{\partial z}}_{B}\right)=\underbrace{-\frac{\partial p}{\partial y}}_{C}+\underbrace{\mu\left(\frac{\partial^2 u_y}{\partial x^2}+\frac{\partial^2 u_y}{\partial y^2}+\frac{\partial^2 u_y}{\partial z^2}\right)}_{D}+\underbrace{(\rho-\rho_B)\,g}_{E} \tag{3.1}$$

Darin muss die Summe von lokaler (A) und konvektiven Beschleunigungskraft (B) gleich der Summe von Kräften durch Druckdifferenzen (C), Scherspannungen (D) und der Schwerkraft (E) sein. An den Wänden würde zusätzlich noch die Wandkraft hinzukommen. Die Neigung der Rohrleitung ist zunächst nicht ausschlaggebend.
Die lokale Beschleunigungskraft (A), auch als Trägheitskraft zu interpretieren, kann unter stationären Bedingungen vernachlässigt werden.
Die konvektiven Beschleunigungskräfte in einer Rohrleitung (B) sind Folge der inneren Umlenkung bzw. Kanalisierung des Fluids.
Ein Druckgradient wird in der geneigten Rohrleitung normalerweise nicht von außen aufgeprägt. Der Term (C) wäre demnach vernachlässigbar.
Die Reibungskräfte der Fluidteilchen untereinander (D) und die variierenden Schwerkräfte (E) sind demzufolge die dominierenden Komponenten, welche unter stationären Bedingungen mit den konvektiven Beschleunigungskräften im Gleichgewicht stehen.
Der Schwerkraftterm soll nun im Hinblick auf die Generierung von Auftrieb näher diskutiert werden. Dazu muss zunächst eine Integration über ein Volumenelement durchgeführt werden.

$$F_g=\int\limits_V g\cdot(\rho-\rho_B)\,dV \tag{3.2}$$

Die Auftriebskraft entsteht folglich aus einer Differenzbetrachtung. Sie muss immer im Bezug zu einer Referenzdichte $\rho_B$ ermittelt werden. Diese Referenzdichte kann im Prinzip beliebig definiert sein, im Sinne der Anschaulichkeit sollte aber ein sinnvoller Wert im Fluidgebiet gewählt werden. Die Definition von $\rho_B$ entscheidet, ob und wie sich im

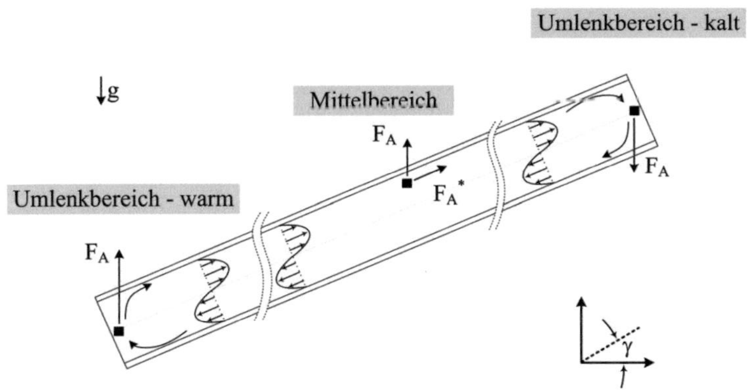


**Abbildung 3.5:** Auftriebskraft $F_A$ in einer geneigten Rohrleitung und ihre Komponente in Hauptstromrichtung $F_A^*$.

Berechnungsgebiet Auftriebs- oder Abtriebskräfte einstellen. Für $\rho = \rho_B$ wird der Schwerkraftterm zu Null. Es wirkt keine Kraft. Für $\rho > \rho_B$ wirkt eine Schwerkraft mit negativem Vorzeichen – also ein relativer Auftrieb, für $\rho < \rho_B$ entsprechend ein relativer Abtrieb. Wird diese Auswertung im gesamten Strömungsfeld durchgeführt, so ergibt sich eine Volumenkraft relativ zum Bezugspunkt mit $\rho = \rho_B$.
Entscheidend für die Bewegung des Fluids ist zwar die Kraftwirkung, aussagekräftiger für eine Bewertung ist aber, wie lange die Kraft entlang eines Wegstücks $ds$ auf das Fluidelement wirkt. Anders ausgedrückt bedeutet dies, wie viel Energie dem Fluidelement durch den Auftrieb zugeführt wird. Dazu dient die Bewertung des Potentials $P_F$ nach

$$P_F = \int_s \int_V g \cdot (\rho - \rho_B)\, dV\, ds. \tag{3.3}$$

Für die Potentialzuführung können für die geneigte Rohrleitung – bezogen auf das Referenzniveau – folgende Extremzustände charakterisiert werden:

1. Große Kraftwirkung über einem vergleichsweise kurzen Wegstück.

2. Kleine Kraftwirkung über einem vergleichsweise langen Wegstück.

Zustand 1 lässt sich dem Bereich nahe der warmen bzw. kalten Endfläche der geneigten Rohrleitung zuordnen. Zustand 2 ist dagegen eher der Mitte der Rohrleitung zuordnen. Auftrieb und das resultierende Potential entstehen an den Enden und in der Mitte der Rohrleitung also typischerweise sehr unterschiedlich. Dies wird im Folgenden einzeln diskutiert. Im Vorfeld dazu soll noch die Auftriebskraft in Abhängigkeit vom Neigungswinkel $\gamma$ nach Gleichung

$$F_A^* = F_A \cdot \sin(\gamma)\,. \tag{3.4}$$

definiert werden. In Abbildung 3.5 ist ersichtlich, dass $F_A$ exakt die Auftriebskomponente parallel zum Schwerkraftvektor ist, dagegen $F_A^*$ nur der Anteil in Hauptstromrichtung entlang der Rohrlängsachse.

### 3.3.2 Umlenkbereiche der Rohrleitung

An den Endflächen wirken lokal große Temperaturgradienten – demzufolge auch große Dichtegradienten. Die entscheidenden Orte sind zum einen die jeweilige Endfläche selbst und zum anderen aber auch die ersten Millimeter der einragenden Rohrwand. Die relative Auftriebskraft am warmen Ende und die relative Abtriebskraft am kalten Ende sind folglich vergleichsweise groß. Das maximal mögliche Wegstück, über das die Kräfte wirken können, ist jedoch stark begrenzt auf einige wenige Millimeter je nach innerem Durchmesser $D$.
In Falle einer horizontalen Rohrleitung stehen beide Endflächen senkrecht. Die Auftriebs- bzw. Abtriebskraft an den Endflächen wird in jedem Fall maximal, da der Kontakt des Fluids mit der Wand besonders lang anhält. Die ersten Millimeter der einragenden Rohrwand tragen – je nach thermischer Leitfähigkeit des Wandmaterials – ebenfalls zu einer Aufwärmung oder Abkühlung des vorbeiströmenden Fluids bei.
Bei einer Neigung der Rohrleitung schwächt sich die Auftriebskraft durch die gleichzeitige Neigung der Endflächen und dem damit schlechter werdenden Kontakt ab.
Mit Bezug auf die Stoffdaten in Kapitel 2.2.1 (vgl. Diagramm 2.2 (a)) muss die relative Auftriebskraft am warmen Ende typischerweise geringer als die relative Abtriebskraft am kalten Ende angenommen werden. Der stärkere „Motor“ der Bewegung ist damit also das kalte Ende.
Es können in Bezug auf die Endbereiche folgende Merkmale geschlussfolgert werden:

- Durch große Temperaturdifferenzen werden lokal die höchsten Auftriebs- bzw. Abtriebskräfte in der geneigten Rohrleitung generiert.
- Das maximal mögliche Wegstück, über das die Auftriebs- bzw. Abtriebskräfte wirken können, ist üblicherweise auf den inneren Durchmesser $D$ begrenzt.
- Die Auftriebs- bzw. Abtriebskräfte an den Endflächen sind bei einem Neigungswinkel $\gamma = 0°$ maximal und nehmen mit größer werdendem Neigungswinkel ab.

Die Enden einer Rohrleitung tragen also durch ihre thermische Anbindung immer zu einer Bewegung des Fluids bei. Zwar ist die zu erwartende Stärke abhängig vom Neigungswinkel, es kann jedoch immer von einer Aufrechterhaltung der Bewegung ausgegangen werden.

### 3.3.3 Mittelbereich der Rohrleitung

Auch im übrigen Volumen einer geneigten Rohrleitung wirken Auftriebs- bzw. Abtriebskräfte. Das hieraus abgeleitete Bewegungspotential kann unter bestimmten Umständen sogar recht groß werden. Wichtig ist in diesem Zusammenhang die detaillierte Betrachtung der Auftriebskraft $F_A$ und ihrer Komponente $F_A^*$.
Über dem Querschnitt der Rohrleitung muss durch die beiden gegenläufigen Fluidströme (warm-aufsteigend, kalt-absteigend) in Verbindung mit der Wandwärmeleitung ebenfalls von einer gewissen Temperaturspreizung ausgegangen werden. Diese bewirkt auch in der Mitte lokale Auftriebs- bzw. Abtriebskräfte.
Bei einer horizontalen Rohrleitung ergibt sich keine Komponente $F_A^*$. Die Kraft dient also nicht zur Beschleunigung der Strömung entlang der Rohrachse. Vielmehr wird die

Interaktion beider Fluidströme maßgeblich durch die hier wirkende Auftriebs- bzw. Abtriebskraft beeinflusst. Es ergibt sich die Trennung von warmem und kaltem Fluidstrom. In Interaktion mit der Wandwärmeleitung werden zusätzlich Sekundärströmungen im Querschnitt angefacht.
Bei zunehmender Neigung der Rohrleitung nimmt der Anteil der Komponente $F_A^*$ zu. Die Auftriebs- bzw. Abtriebskraft im Querschnitt trägt also bei Neigungswinkeln $\gamma > 0°$ auch zur Bewegung des Fluids in Hauptstromrichtung bei.
Hinsichtlich der Potentialgenerierung wirkt – wie bereits diskutiert – nur eine vergleichsweise kleine Kraft. Das Wegstück abseits der Enden kann jedoch, je nach Neigungswinkel und Rohrlänge, sehr groß werden.
Es lassen sich folglich wichtige Merkmale im Gegensatz zu den Enden der Rohrleitung ableiten:

- Auch abseits der Enden ist durch die Temperaturschichtung im Rohrquerschnitt immer eine wirksame Auftriebs- bzw. Abtriebskraft vorhanden. Sie ist jedoch in ihrer Größe üblicherweise deutlich geringer als nahe den Enden.
- Die lokal wirkende Auftriebs- bzw. Abtriebskraft hat maßgeblichen Einfluss auf die Interaktion zwischen hinauf- und hinablaufendem Fluidstrom.
- Die Kraftkomponente entlang der Rohrhauptachse kann nur unter Neigungswinkeln von $\gamma > 0°$ zur Beschleunigung des Fluids wirksam werden.

Im Mittelbereich einer Rohrleitung trägt die Auftriebs- bzw. Abtriebskraft also nur bei entsprechender Neigung zu einer Bewegung des Fluids in Hauptstromrichtung bei.

## 3.4 Strömungscharakteristik und interne Wärmetransportvorgänge

### 3.4.1 Ausgangsmodell und Bereichseinteilung

Unter der Voraussetzung, dass sich in einer geneigten Rohrleitung eine geordnete Konvektionsbewegung einstellt, kann zumindest näherungsweise eine allgemeine Charakteristik des Strömungsfeldes sowie die daran gekoppelten Wärmeübertragung dargestellt werden. In Abhängigkeit von den spezifisch geltenden Randbedingungen des Einzelfalls, z. B. Neigungswinkel oder Temperaturverhältnis, ergeben sich jedoch unterschiedlich starke Abweichungen von dieser allgemeinen Charakteristik.
Die hier diskutierten Ergebnisse entstammen numerischen Simulationen einer Rohrleitung mit der Dimension $12x1x500\,mm$ gefüllt mit Helium unter einem Druck von $200\,bar$. Die Temperatur der warmen Seite beträgt $T_w = 300\,K$, die Temperatur der kalten Seite entsprechend $T_k = 80\,K$. Der Neigungswinkel wurde im Bereich zwischen $0°..75°$ variiert.
In Abbildung 3.6 ist ein übliches und zu erwartendes Geschwindigkeitsfeld innerhalb einer geneigten Rohrleitung angegeben. Bedingt durch den Auftrieb am warmen Ende und den Abtrieb am kalten Ende bildet sich innerhalb der geschlossenen Rohrleitung ein Konvektionskreislauf aus. Das Fluid strömt an der Oberseite der Rohrleitung immer vom warmen zum kalten Ende und an der Unterseite entsprechend gegenläufig vom kalten zum warmen Ende. Es ergibt sich eine Einteilung in drei charakteristische Bereiche:

1. Der Umlenkbereich nahe dem warmen Ende,

2. der Umlenkbereich nahe dem kalten Ende

3. und der Mittelbereich mit auf- und absteigendem Fluidstrom.

In den beiden Umlenkbereichen wird der Fluidstrom jeweils stark durch die Wände beeinflusst. Dieser Umlenkprozess führt zu Verwirbelungen des Fluids. Bis sich diese Störungen der Geschwindigkeiten abgebaut haben und das Fluid wieder eine scheinbar homogene Strömung angenommen hat, also in den Mittelbereich übergegangen ist, benötigt es eine hinreichende Lauflänge. Erfahrungsgemäß beträgt diese etwa sechsmal dem inneren Durchmesser $D$ der Rohrleitung. Im Folgenden soll demnach die Länge des Umlenkbereiches auf jeder Seite mit

$$l_{Ub} \approx 6\,D \tag{3.5}$$

festgelegt werden. Die Einteilung in drei charakteristische Bereiche erfolgt in erster Linie zur besseren Diskussion der internen Strömungs- und Wärmeübertragungsvorgänge. Formal sind alle drei Bereiche miteinander gekoppelt und beeinflussen sich aus Sicht der Strömungs- und Wärmeübertragungsvorgänge massiv. Auch wenn das Geschwindigkeitsfeld in Abbildung 3.6 zunächst eine getrennte Betrachtung vermuten lässt, so wird spätestens bei der Analyse der Turbulenzgrößen im Strömungsfeld klar, dass eine Bereichseinteilung nicht mehr möglich ist.

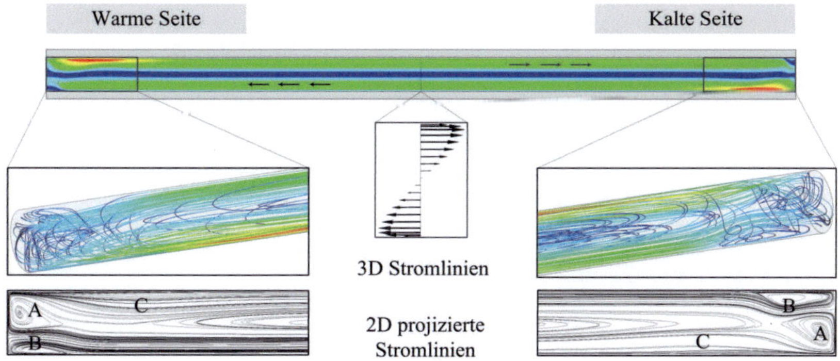


**Abbildung 3.6:** Generelle Strömungscharakteristik in einem geneigten Rohr unter einem Anstellwinkel von $\gamma = 60°$ mit ausgeprägter Konvektion im Inneren, Darstellung des Geschwindigkeitsfeldes mit Farbkodierung, hohe Geschwindigkeiten – rot, ruhende Strömung – blau, Detailansichten der Umlenkbereiche an kalter und warmer Seite mit Stromliniendarstellung in 3D sowie Projektion der Stromlinien auf die Mittelebene zur Verdeutlichung existierender Wirbelgebiete. Die Darstellung ist der Übersicht halber in Hauptstromrichtung gestaucht.

## 3.4.2 Strömung im Umlenkbereich

Um die Strömungscharakteristik im Umlenkbereich besser zu verstehen, dient wiederum Abbildung 3.6. Dort sind im Detail die Stromlinien nahe der warmen und der kalten Wand im 3D-Verlauf dargestellt. Durch die runde Form der Endflächen der Rohrleitung ergibt sich ein zunächst ungeordneter Verlauf während der Umlenkung. Die Fluidteilchen führen während des Umlenkprozesses nicht nur Bewegungen in Hauptstromrichtung durch, sondern unterliegen zusätzlich überlagerten Querbewegungen. Aus diesem Grund wurden die 3D-Stromlinien in einer zweiten Darstellung auf die Mittelebene der Rohrleitung projiziert. Diese Darstellungsweise unterdrückt die Querbewegungen und reduziert die Bewegung der Fluidteilchen auf eine 2D-Ebene in Hauptstromrichtung. Die existierenden Wirbelgebiete werden dadurch besser sichtbar.

Das Wirbelgebiet „A“ kennzeichnet sowohl am warmen als auch am kalten Ende der Rohrleitung die Hauptumlenkung der Strömung. Die Charakteristik entspricht einer unsymmetrischen Prallströmung des herankommenden Fluids. Dieses wird an der Wand unter zusätzlich wirkenden Auftrieb- bzw. Abtriebskräften umgelenkt und strömt schließlich ab. Bemerkenswert ist dabei, dass nicht – wie häufig angenommen – die volle Fläche der warmen bzw. der kalten Wand zur Umlenkung dient, sondern nur ein neigungswinkelabhängiger Anteil. Diese geänderte Flächengröße hat auch einen Einfluss auf die Effektivität der Wärmeübertragung am Ende der Rohrleitung.

Es existiert in Abhängigkeit von Wirbelgebiet „A“ folglich ein weiteres Rezirkulationsgebiet „B“. Für kleine Neigungswinkel $\gamma \approx 0°$ entspricht dieses Rezirkulationsgebiet nur einer sehr kleinen Wirbelwalze nahe der oberen Ecke bzw. unteren Ecke. Bei größer werdenden Neigungswinkeln vergrößert sich auch die mittlere Ausdehnung. Zudem zeigt dieses Rezirkulationsgebiet für die Winkelbereiche $\gamma \approx 0°$ bzw. $60°..75°$ periodisch instationäre Eigenschaften. Die Größe schwankt demnach zeitabhängig und das Wirbelzentrum wan-

dert periodisch in Hauptstromrichtung hin und her. Unter bestimmten Randbedingungen kann es sogar zu einem kurzzeitigen Ablösen des Wirbels kommen, was ein scheinbares „Verschlucken" der Strömung in der gesamten Rohrleitung zur Folge hat. Kurz nach dem Abwandern bildet sich das Wirbelgebiet jedoch neu. Beobachtete Frequenzen für dieses Verhalten liegen im Bereich von ca. $1\,Hz$.
Das Gebiet „C" entspricht formal keinem Wirbelgebiet. Es entsteht durch die Einschnürung von umgelenktem Fluid aus Wirbelgebiet „A" und der folgenden starken Beschleunigung der Strömung. Für kleine Neigungswinkel $\gamma \approx 0°$ kommt es mitunter zu lokalen Ablöseerscheinungen, die dann einen Wirbel nach sich ziehen können. Im Allgemeinen treten im Gebiet „C" die höchsten lokalen Geschwindigkeiten in der gesamten Rohrleitung auf. Diese liegen je nach geltenden Randbedingungen etwa in der Größenordnung von 0,2..0,3$\frac{m}{s}$.
Im Hinblick auf die Ähnlichkeit von warmem und kaltem Umlenkbereich ergibt sich in erster Näherung eine punktsymmetrische Abbildung der Strömungscharakteristik. In Form und Größe können sich die beiden Umlenkbereiche aber aufgrund der geänderten Stoffdaten leicht unterscheiden.

### 3.4.3 Strömung im Mittelbereich

Die Strömungscharakteristik im Mittelbereich erscheint zunächst vergleichsweise homogen. Aus der Darstellung in Abbildung 3.6 kann abgeleitet werden, dass sich eine Scherschicht zwischen oben laufendem Fluidstrom – warm nach kalt – und unten laufendem Fluidstrom – kalt nach warm – ausbildet. Die Form des Geschwindigkeitsprofils in Hauptstromrichtung ist ebenfalls in Abbildung 3.6 ersichtlich. Durch die existierenden Temperaturgradienten im Querschnitt der Rohrleitung und der Rohrwand resultieren lokale Auftriebs- bzw. Abtriebskräfte. Dadurch werden zusätzlich Sekundärströmungsbewegungen angefacht (vgl. Kapitel 3.3). Diese sind vergleichsweise gering im Geschwindigkeitsbetrag und beeinflussen die Richtung der Hauptströmung nur schwach. Projiziert

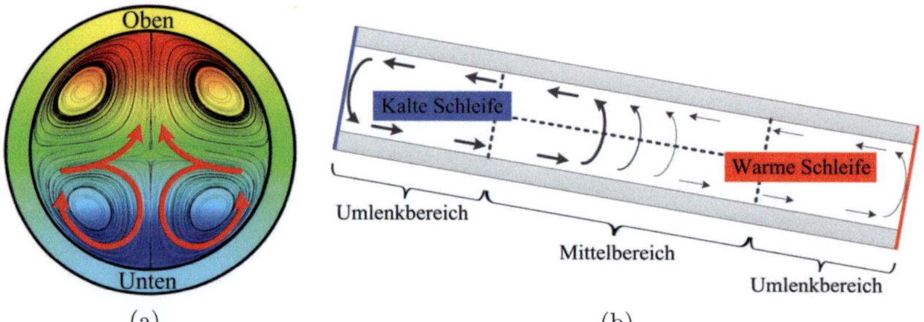


(a) (b)

**Abbildung 3.7:** Projektion der Stromlinien auf eine Querschnittsebene im Mittelbereich (a). Sichtbar werden die Sekundärströmungen und der daran gekoppelte Massetransport über die Scherschicht vom kalten (blau) zum warmen Fluidstrom (rot), daneben die resultierende Aufteilung des Massestroms durch die Rohrleitung in warme und kalte Schleife (b).

man die Stromlinien im Mittelbereich jedoch auf eine Querschnittsebene in der Mitte der Rohrleitung, wie es in Abbildung 3.7 (a) zu sehen ist, so werden die Verläufe der Sekundärströmungen sichtbar. Ähnliche Beobachtungen machten bereits KIMURA und BEJAN [32] sowie BEJAN und TIEN [37] in früheren Studien. Im warmen Fluidstrom fällt die Strömung nahe der Rohrwand leicht nach unten und wandert folglich oberhalb der Scherschicht zum Zentrum. Dort steigt das Fluid wieder auf. Im kalten Fluidstrom steigt die Strömung dagegen nahe der Rohrwand an und fällt zum Zentrum hin ab. Zusätzlich zeigen einige Stromlinien, dass Fluid vom kalten Fluidstrom über die Scherschicht in den warmen Fluidstrom transportiert wird. Unter der gern getroffenen Annahme von konstanten Stoffdaten im Berechnungsgebiet tritt dieser Massetransport formal nicht auf. Die absolute Symmetrie des Massen- und Momententransports zwischen warmem und kaltem Fluidstrom unterbindet diesen Effekt. Unter Verwendung von realen Stoffdaten (vgl. Kapitel 2.2) weicht diese Symmetrie auf.

In der Konsequenz stellt sich die Frage nach den Anteilen der einzelnen Masseströme am gesamten übertragenen Massestrom durch die Rohrleitung. Die eingangs beschriebenen numerischen Simulationen zur Erzeugung der Strömungsfelder wurden dazu auf Helium und Wasserstoff als Arbeitsfluide erweitert. Die Drücke entsprechen nun $p = 200\,bar$ und $50\,bar$.

Aus Kontinuitätsgründen entsteht über den Umlenkbereichen kein „Massestromverlust“. Wie in den Abbildungen 3.7 dargestellt wurde, sind die Masseströme durch den kalten und den warmen Umlenkbereich, bedingt durch den Massetransport über die Scher-

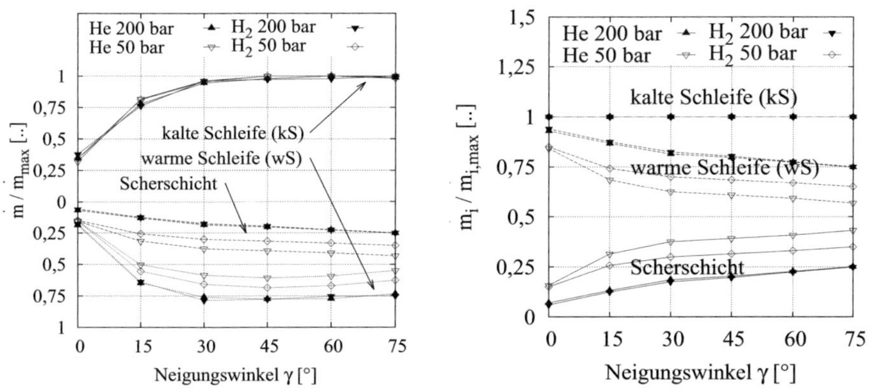


(a) Normierung des Massestroms $\dot{m}$ mit dem maximalen Massestrom $\dot{m}_{ges}$ einer jeden Druckserie.

(b) Normierung des Massestroms $\dot{m}_i$ mit dem jeweiligen Maximalwert $\dot{m}_{i,ges}$ zum aktuellen Neigungswinkel.

**Abbildung 3.8:** Übersicht zu den drei Masseströme für eine geneigte Rohrleitung $12x1x500\,mm$ gefüllt mit Helium bzw. Wasserstoff bei $p = 200\,bar$ und $p = 50\,bar$: 1 – Massestrom durch den Umlenkbereich am kalten Ende (kalte Schleife), 2 – Massestrom durch den Umlenkbereich am warmen Ende (warme Schleife) und 3 – Differenzmassestrom über die Scherschicht im Mittelbereich. Die Vergleiche unterscheiden sich in der Normierung der Masseströme.

schicht, verschieden. Für die Diskussion der Anteile zueinander sollen folgende Bezeichnungen festgelegt werden. Der Massestrom über den kalten Umlenkbereich wird im Folgenden als „kalte Schleife" bezeichnet, der Massestrom über den warmen Umlenkbereich entsprechend als „warme Schleife". Die Differenz von kalter und warmer Schleife entspricht dem Massetransport über die Scherschicht im Mittelbereich.
In den Abbildungen 3.8 (a) und (b) sind zwei Diagramme mit unterschiedlicher Normierung der Masseströme dargestellt.
Abbildung 3.8 (a) zeigt die Masseströme normiert auf den jeweils größten Betrag einer jeden Druckserie. Anhand dieses Diagramms kann bewertet werden, bei welchem Neigungswinkel sich der maximale Massestrom – aufgeteilt in die Einzelströme – einstellt. Der anteilig größte Massestrom innerhalb der Rohrleitung wird generell in der kalten Schleife transportiert. Bei kleinen Neigungswinkeln $\gamma \approx 0°$ beträgt der Massestrom dabei nur etwa 30% bezogen auf den Maximalwert. Zwischen $\approx 0°..30°$ baut sich der Massestrom dann weiter auf und erreicht bereits etwa 90% des Maximalwertes. Der Maximalwert selbst wird etwa bei $\gamma \approx 60°$ erreicht. Die Absolutwerte des maximal möglichen Massestroms betragen für die konkreten Simulationen zwischen $4 \cdot 10^{-5}..15 \cdot 10^{-5}\frac{kg}{s}$ für Helium und $1 \cdot 10^{-5}..7 \cdot 10^{-5}\frac{kg}{s}$ für Wasserstoff. Für die gegebene Geometrie mit einem Strömungsquerschnitt von ca. $40\,mm^2$ ergeben sich daraus mittlere Geschwindigkeiten von $\approx 0{,}1\frac{m}{s}$ für Helium und $\approx 0{,}13\frac{m}{s}$ für Wasserstoff.
Der korrespondierende Massestrom der warmen Schleife nimmt mit ähnlicher Charakteristik zu. Die mittleren Geschwindigkeiten ergeben sich – bedingt durch die höhere Dichte – praktisch gleich zur kalten Massestromschleife.
Abbildung 3.8 (b) zeigt die Masseströme dagegen normiert auf den jeweils größten Betrag zum aktuellen Neigungswinkel. Anhand dieses Diagramms kann bewertet werden, wie sich die einzelnen Anteile durch die warme Schleife (wS) und über die Scherschicht zusammensetzen. Durch die Normierung besitzt der Anteil des Massestroms über die kalte Schleife (kS) definitionsgemäß immer den Wert eins. Er entspricht jeweils 100% des maximal übertragbaren Massestroms. Der Anteil des Massestroms über die warme Schleife (wS) nimmt mit steigendem Neigungswinkel von etwa $80-90\%$ kontinuierlich ab auf etwa $60-75\%$. Korrespondierend nimmt der Massestrom über die Scherschicht mit steigendem Neigungswinkel zu. Das bedeutet, dass bei kleinen Neigungswinkeln deutlich mehr Fluid von der kalten zur warmen Seite transportiert werden kann. Der Massetransport über die Scherschicht „bremst" diesen Vorgang. Dies hat einen signifikanten Einfluss auf den transportierten Wärmestrom.
Die Ursache für die Verschiebung der Anteile zwischen den Masseströmen der warmen Schleife (wS) und über die Scherschicht liegt in den geänderten Auftriebsbedingungen und der damit induzierten Turbulenz begründet. Sie bewirkt – neben den bereits diskutierten, lokalen Auftriebseffekten im Rohrquerschnitt – eine verstärkte Durchmischung.

### 3.4.4 Bemerkungen zur Turbulenzentwicklung

Eine wesentliche Rolle innerhalb der Strömung in der geneigten Rohrleitung kommt der Turbulenz zu. In Kapitel 3.2 ist bereits der Versuch unternommen worden, durch kritische Rayleighzahlen den Übergang zwischen laminarem und turbulentem Strömungsfeld darzustellen. Dort hat sich angedeutet, dass gerade für geneigte Kavitäten nur wenig über den laminar-turbulenten Übergang bekannt ist – insbesondere im hier vorliegenden

Fall mit besonders großem Aspektverhältnis $L/D$. Bekanntermaßen verändern die Turbulenzeigenschaften den inneren Wärmetransport in Kavitäten.
Turbulenzproduktion findet im Strömungsfeld typischerweise überall dort statt, wo starke Geschwindigkeitsgradienten auftreten. Turbulenzproduktion kann aber auch durch Auftrieb hervorgerufen werden. Im Fall der Betrachtung von freier Konvektion kann diese Art der Turbulenzgenerierung sogar überwiegend sein. Die Abhängigkeiten der Turbulenzproduktion durch Auftrieb lassen sich am besten an den Modellgleichungen erläutern. Im Kapitel 2.3.4 ist dazu bereits auf die beiden Transportgleichungen der turbulenten kinetischen Energie $\kappa$ und der turbulenten Dissipation $\epsilon$ eingegangen worden. In beiden Gleichungen sind Turbulenzproduktionsterme implementiert. Normalerweise beinhalten diese keinen Auftriebsanteil. Bei Bedarf werden beide jedoch mit

$$\Pi_{\kappa,A} = -\frac{\mu_t}{\rho} g_i \frac{\partial \rho}{\partial x_i} \tag{3.6}$$

ergänzt. Die auftriebsinduzierte Turbulenzproduktion $\Pi_{\kappa,A}$ ist demzufolge maßgeblich vom Dichtegradienten in Richtung des Schwerkraftvektors und vom Schwerkraftvektor selbst abhängig.
In Bezug auf die geneigte Rohrleitung bedeutet dies – ähnlich den Diskussionen zum Auftrieb in Kapitel 3.3 – eine starke Abhängigkeit der Turbulenz vom Neigungswinkel. In der Abbildung 3.9 sind die turbulente kinetische Energie $\kappa$ und die Viskositätsrate $\mu_t/\mu$ über dem Neigungswinkel für den eingangs definierten Fall der Rohrleitung $12x1x500\,mm$ gefüllt mit Helium bei $p = 200\,bar$ dargestellt.
Die turbulente kinetische Energie ist ein Maß für die lokale Turbulenzverteilung in der Rohrleitung. Das horizontale Rohr zeigt demzufolge noch keine signifikante Turbulenzausbildung. Die Dämpfung durch viskose Kräfte im Strömungsfeld und nahe der Wände unterdrückt die ohnehin geringe Turbulenzproduktion. Für steigende Neigungswinkel

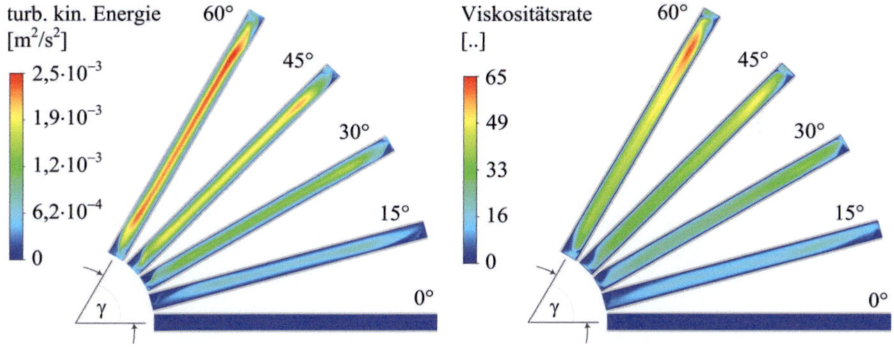


(a) Turbulente kinetische Energie $\kappa$ (b) Viskositätsrate $\mu_t/\mu$

**Abbildung 3.9:** Darstellung der Turbulenzgrößen im vertikalen Schnitt durch eine geneigte Rohrleitung $12x1x500\,mm$ gefüllt mit Helium bei $p = 200\,bar$. Die turbulente kinetische Energie ist ein Maß für die Turbulenz im Strömungsfeld. Die Viskositätsrate zeigt den Zusammenhang zwischen molekularer und turbulenter Diffusion. Die Rohrlänge wurde aus Darstellungsgründen leicht gestaucht.

nimmt die turbulente kinetische Energie immer weiter zu. Dieses Verhalten ist nicht nur bei der hier betrachteten Rohrleitung zu beobachten. Die im Rahmen dieser Arbeit durchgeführten numerischen Simulationen zeigen dies auch für alle anderen Rohrleitungen. Damit bestätigen sich die beiden Annahmen von BOEHRER [74] und FUJII [45], wonach allein die kritische Rayleighzahl nicht zur Beschreibung des laminar-turbulenten Übergangs ausreicht. Es müssen noch mindestens zwei Größen berücksichtigt werden, der Neigungswinkel und das Aspektverhältnis.
Die Viskositätsrate in Diagramm 3.9 (b) beschreibt den Einfluss der Turbulenz auf die Transportgrößen im Strömungsfeld. Die Diffusion kann demnach bei geringen Neigungswinkeln mit den üblichen Stoffdaten – kinematische Viskosität und thermische Leitfähigkeit – beschrieben werden. Bei größer werdendem Neigungswinkel erhöht sich die Diffusion ganz erheblich. Die Turbulenz hat damit signifikanten Einfluss auf die Wärmeübertragung in der geneigten Rohrleitung.

Es lassen sich im Hinblick auf die Turbulenzeffekte in der geneigten Rohrleitung folgende wichtige Aussagen zusammenfassen:

- Turbulenz wird ganz erheblich durch die Auftriebseffekte erzeugt.
- Bei horizontaler Rohrleitung kann in guter Näherung von nahezu laminaren Strömungsverhältnissen in der Rohrleitung ausgegangen werden, da die Turbulenzproduktion durch den Auftrieb nur sehr eingeschränkt wirkt.
- Bei größer werdendem Neigungswinkel steigt der Turbulenzeinfluss in der geneigten Rohrleitung signifikant an.
- Für die Turbulenzgrößen kann keine Trennung mehr zwischen Umlenkbereichen und Mittelbereich vorgenommen werden.
- Die durch Turbulenz bedingte, „scheinbare“ Erhöhung der Diffussionsgrößen (thermische Leitfähigkeit, Viskosität) muss bei den Betrachtungen zur Wärmeübertragung unbedingt berücksichtigt werden.

### 3.4.5 Wärmeübertragung im Umlenkbereich

Basierend auf den bisherigen Analysen der Strömungverhältnisse und der Turbulenz ist es möglich, generalisierte Aussagen zur Wärmeübertragung im Umlenkbereich zu treffen. Das warme bzw. das kalte Ende der Rohrleitung stellen im Modell eine Bilanzgrenze des Berechnungsgebietes dar. Der Wärmestrom über beide Enden hinaus ist demnach gleich dem übertragenen Gesamtwärmestrom $\dot{Q}_{ges}$ durch die Rohrleitung. Dieser ist stark neigungswinkelabhängig und wird erfahrungsgemäß besonders groß, wenn sich eine geordnete Konvektionsströmung im Inneren der Rohrleitung ausbildet, die zusätzlich durch eine gute Wärmeübertragung an den Enden und eine schlechte Wärmeübertragung im Mittelbereich gekennzeichnet ist. In Abbildung 3.10 (a) ist für die eingangs betrachtete Rohrgeometrie der Gesamtwärmestrom $\dot{Q}_{ges}$ unter Verwendung der beiden Fluide Helium und Wasserstoff über dem Neigungswinkel dargestellt. Die ermittelten Werte decken dabei einen vergleichsweise großen Bereich zwischen 1..11 $W$ je nach Fluid und Druck ab. Diese Werte stellen jedoch nur eine numerische „Momentaufnahme“ für eine definierte

Geometrie dar. Die generelle Charakteristik des Verlaufs hingegen kann als allgemein gültig angesehen werden. Der Gesamtwärmestrom steigt demnach ausgehend von $\gamma = 0°$ stark an und strebt gegen ein Maximum im Bereich $\gamma \approx 15°..30°$. Nach Überschreiten des Maximalwertes fällt der Wärmestrom kontinuierlich ab. Der in Abbildung 3.10 (a) nicht betrachtete Fall von $\gamma = 90°$ stellt den Sonderfall einer *Rayleigh-Benard*-ähnlichen Strömungskonfiguration dar. Der Wärmestrom sinkt bis zum Erreichen von $\gamma \approx 90°$ nochmals stark ab und bildet ein weiteres Minimum aus. In diesem Sonderfall sind das Strömungsfeld und somit auch die Wärmeübertragung durch ein stark instationäres und ungeordnetes Verhalten gekennzeichnet.

Darüber hinaus ist von großem Interesse, wie der gesamte transportierte Wärmestrom in die Rohrleitung eingetragen wird. Es wäre zunächst zu vermuten, dass die Ergebnisse stark von den Randbedingungen der numerischen Simulation in Bezug auf das warme und kalte Ende beeinflusst werden. Im konkreten Fall wird in den Simulationen eine konstante Temperatur am warmen und kalten Ende angewendet. Vom physikalischen Verständnis her lässt sich eher vermuten, dass ein konstanter Wärmestrom übertragen wird, der ein spezifisches Temperaturprofil an beiden Enden nach sich ziehen würde. Vergleichsrechnungen haben jedoch gezeigt, dass die konstante Temperaturrandbedingung als hinreichend repräsentativ angesehen werden kann. Das Ergebnis wird nur unwesentlich beeinflusst. Vielmehr entscheidet die Geometrie der Rohrleitungsenden und deren thermische Verankerung über sinnvolle Berechnungsergebnisse. Diese Problematik wird im Kapitel 3.9.2 der vorliegenden Arbeit noch tiefergehend betrachtet.

Anhand der Simulationen kann also der Anteil des Wärmeeintrages in die Rohrwand

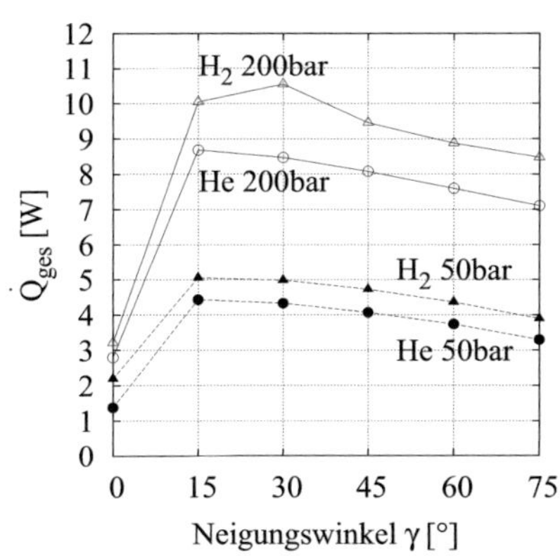


(a) Gesamter transportierter Wärmestrom $\dot{Q}_{ges}$ durch die Rohrleitung zwischen warmem und kaltem Ende.

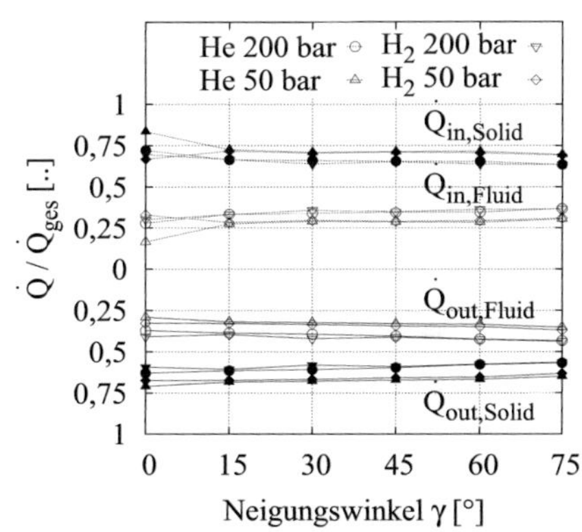


(b) Vergleich der normierten Anteile von eingetragenem Wärmestrom in die Rohrwand $\dot{Q}_{in,Solid}$ sowie in das Fluid $\dot{Q}_{in,Fluid}$ jeweils am warmen und am kalten Ende der Rohrleitung.

**Abbildung 3.10:** Betrachtung des gesamten transportierten Wärmestroms und die Aufteilung hinsichtlich des Eintrags in das Fluid bzw. die Rohrwand. Die Ergebnisse basieren auf der numerischen Randbedingung konstanter Wandtemperatur $T_w$ bzw. $T_k$.

$\dot{Q}_{in,Solid}$ und in das Fluid $\dot{Q}_{in,Fluid}$ am warmen Ende analysiert werden. Korrespondierend würde dies am kalten Ende den Werten $\dot{Q}_{out,Solid}$ und $\dot{Q}_{out,Fluid}$ entsprechen. In der Abbildung 3.10 (b) sind die normierten Wärmeströme aufgetragen. Man kann erkennen, dass die jeweiligen Anteile über dem Neigungswinkel nahezu konstant verlaufen. Demnach gehen am warmen Ende ca. 70..75% des Wärmestroms in die Rohrwand und nur 25..30% direkt ins Fluid. Am kalten Ende vergrößert sich der Anteil des Wärmestroms aus dem Fluid – bedingt durch die Stoffdaten – auf etwa 30..35%. Der Anteil am ausgetragenen Wärmestrom durch die Rohrwand beträgt entsprechend 65..70%. Daraus kann abgeleitet werden, dass der Wärmeein- bzw. -austrag an den Enden überwiegend durch die Rohrwand erfolgt. Ihr kommt eine besondere Bedeutung zu. Selbst bei stark schwankenden Stoffdaten eines kryogenen Fluids können die diskutierten Wärmestromanteile typischerweise nur wenig verschoben werden.
Anhand der diskutierten Strömungscharakteristik aus Abbildung 3.6 können nun einige Schlüsse zur lokalen Wärmeübertragung am warmen bzw. kalten Ende gezogen werden. Demnach wirkt nur ein geringer Anteil der Endfläche als senkrechte bzw. geneigte Platte. Der Wärmeübergang wird gewissermaßen behindert. Vielmehr entstehen durch die charakteristischen Wirbelgebiete lokale „Isolationszonen“, die die Strömung stark kanalisieren. Bei steigendem Neigungswinkel kann also zunehmend von einer unsymmetrischen Prallströmung an den Endflächen gesprochen werden. Dagegen ist die einragende Rohrwand lokal in gutem Kontakt zum vorbeiströmenden Fluid. Resultierend steht ihr eine besondere Bedeutung zu. Das Wärmeleitvermögen $\lambda_{Solid} \cdot A_{Solid}$ ist maßgeblich verantwortlich für die Bereitstellung von Wärme an das Fluid. Je besser die Wärmeleitung und -übertragung ist, desto effektiver kann die einragende Rohrwand Wärme zuführen. Am kalten Ende wären diese Vorgänge für den Wärmeabtransport analog.
Durch die vollständige Umlenkung der Strömung in Interaktion mit den Rezirkulationsgebieten ergibt sich ein individuelles Temperaturfeld in Fluid und Rohrwand. Eine generelle Aussage zu dessen Charakteristik ist jedoch nur schwer möglich.

### 3.4.6 Wärmeübertragung im Mittelbereich

Der Mittelbereich ist durch hinreichend stabile Geschwindigkeiten und Gradienten der Temperatur in Hauptstromrichtung gekennzeichnet. Es ist demnach ebenfalls möglich, typische Charakteristiken zur Wärmeübertragung zu beschreiben.
In Abbildung 3.11 ist der Mittelbereich schematisch mit den vorhandenen Wärme- und Enthalpieströmen dargestellt. Für die weitere Betrachtung ist eine Bilanzierung über den kompletten Mittelbereich zweckmäßig. Dieser besitzt zwei Eintritte – vom warmen Ende kommend $\dot{H}_{in,Fluid\ I}$ sowie vom kalten Ende kommend $\dot{H}_{in,Fluid\ II}$, und zwei Austritte – zum warmen Ende zulaufend $\dot{H}_{out,Fluid\ I}$ sowie zum kalten Ende zulaufend $\dot{H}_{out,Fluid\ II}$. Zudem existiert ein Restwärmestrom zwischen warmem und kaltem Ende durch die Rohrwand im Mittelbereich – $\dot{Q}_{in,Solid}$ und $\dot{Q}_{out,Solid}$.
Aus den Betrachtungen zur Strömungscharakteristik ist bekannt, dass sich im Mittelbereich eine Scherschicht zwischen warmem aufsteigenden Fluidstrom und kälterem absteigenden Fluidstrom ausbildet. Über die Scherschicht findet zusätzlich noch ein Massetransport statt. Im Sinne der Wärmeübertragung stehen die beiden Fluidströme also über zwei Wege im Kontakt. Zum einen ist dies der direkte Kontakt untereinander und zum anderen indirekt über den „Umweg“ durch die Rohrwand.

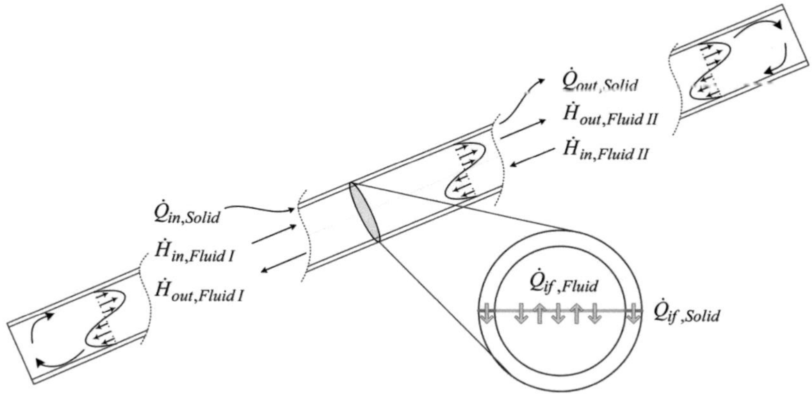


**Abbildung 3.11:** Darstellung der Wärme- und Enthalpieströme am Bilanzgebiet Mittelbereich, sowie Detailausschnitt einer Querschnittsebene mit Aufschlüsselung der Wärmeströme zwischen warmer Oberseite und kalter Unterseite.

Der Weg durch die Rohrwand gestaltet sich dabei folgendermaßen: Durch die Interaktion zwischen wärmerem Fluid mit kälterer Rohrwand entsteht ein konvektiver Wärmeübertrag. Die thermischen Eigenschaften der Wand ermöglichen folglich einen Wärmetransport über die Mittelebene beidseitig nach unten (vgl. Abbildung 3.11). Dort wird die Wärme wiederum durch Konvektion dem kälteren Fluidstrom zugeführt. Dieser Wärmestrom soll als $\dot{Q}_{if,Solid}$ bezeichnet werden. Er liegt für die hier betrachtete Konfiguration bei etwa $6..9\,W$ oder auf die Länge bezogen $15..25\frac{W}{m}$. Es stellt sich in der Rohrwand folglich ein radiales Temperaturprofil ein, dessen Spreizung unter der Maximaltemperatur im warmen Fluidstrom und über der Minimaltemperatur im kälteren Fluidstrom liegt.
Die direkte Interaktion beider Fluidschichten untereinander ist deutlich schwieriger zu erfassen. Der erreichbare Netto-Wärmestrom $\dot{Q}_{if,Fluid}$ setzt sich aus drei überlagerten Mechanismen zusammen.

1. Molekulare Wärmeleitung durch die Scherschicht
2. Turbulente Wärmeleitung durch die Scherschicht
3. Massetransport über die Scherschicht

Mathematisch formuliert würde dies bedeuten:

$$\dot{Q}_{if,Fluid} = \dot{Q}_{if,Leit,mol} + \dot{Q}_{if,Leit,turb} + \dot{Q}_{if,Konv} \tag{3.7}$$

Die molekulare Wärmeleitung $\dot{Q}_{if,Leit,mol}$ ist vergleichsweise einfach zu ermitteln. Sie tritt immer dann auf, sobald ein Temperaturgradient vorliegt und kann gemäß den üblichen Berechnungsgleichungen auf Grundlage der thermischen Leitfähigkeit des Fluids abgeschätzt werden. Für rein laminare Strömung ohne Massetransport über die Scherschicht wäre die molekulare Wärmeleitung der einzige relevante Wärmeübertragungsmechanismus. Für typische Rohrkonfigurationen ergibt sich ein längenbezogener mittlerer Wärmetransport von $\approx 1{,}5\frac{W}{m}$. Er ist folglich vergleichsweise klein und häufig vernachlässigbar.

Im Mittelbereich der hier diskutierten Rohrleitung mit einer Länge des Mittelbereichs von 380 $mm$ würde der Wärmestrom bei ungefähr 0,5 $W$ liegen.

Eine rein laminare Strömung kann jedoch nur bei horizontaler Anordnung der Rohrleitung zugrunde gelegt werden. Meist ist die Strömung turbulent. Dies begünstigt den Wärmetransport durch thermische Leitung und generiert – wie bereits in den Ausführungen zur Turbulenzproduktion diskutiert wurde – eine „scheinbare" turbulente Wärmeleitfähigkeit. Der turbulente Wärmestrom $\dot{Q}_{if,Leit,turb}$ als Folge der turbulenten Schwankungsbewegungen spielt eine maßgebliche Rolle. Theoretisch kann er über die Prandtlzahl-Analogie abgeschätzt werden. Die Definition der molekularen Prandtlzahl $Pr$ wird dazu auf die turbulente Prandtlzahl $Pr_t$ angewendet.

$$Pr = \frac{\mu \cdot c_p}{\lambda} \qquad Pr_t = \frac{\mu_t \cdot c_p}{\lambda_t} \tag{3.8}$$

Innerhalb der turbulenten Prandtlzahl gelten die turbulente Scheinviskosität $\mu_t$ sowie die turbulente thermische Leitfähigkeit $\lambda_t$. Beide Größen sind im Vergleich zur molekularen Prandtlzahl keine Stoffgrößen mehr, sondern werden durch die lokalen Turbulenzeigenschaften bestimmt. Unbekannte Größen innerhalb dieser Gleichung sind nur noch die turbulente Prandtlzahl $Pr_t$ und das Verhältnis von turbulenter zu molekularer Viskosität $\frac{\mu_t}{\mu}$, auch Viskositätsrate genannt. Die turbulente Prandtlzahl ist dabei eine Modellkonstante, welche über eine Vielzahl von Experimenten [65] ermittelt wurde. Sie liegt üblicherweise im Bereich $Pr_t \approx 0{,}9$ und schwankt auch bei stark unterschiedlichen Bedingungen nur leicht. Die Viskositätsrate $\frac{\mu_t}{\mu}$ wird bei numerischen Simulationen vom CFD-Code und dem dort implementierten Turbulenzmodell berechnet. Der lokale Wert ist stark von der betrachteten Strömungscharakteristik und deshalb auch vom Neigungswinkel abhängig.
Im Diagramm 3.12 (a) ist die gemittelte Viskositätsrate in der Scherschicht für die betrachtete Rohrleitung dargestellt. Sie beträgt – je nach Fluid und Druck – zwischen $\frac{\mu_t}{\mu} \approx$ 1..38. In Abhängigkeit von der turbulenten Prandtlzahl und der allgemeinen Prandtlzahl kann nach Gleichung (3.9) eine entsprechende turbulente Nusseltzahl berechnet werden. Sie beträgt im konkreten Fall zwischen $Nu_t \approx 1..28$. Ein weiteres Umformen ergibt die Definition der turbulenten Nusseltzahl innerhalb der Scherschicht:

$$Nu_t = \frac{\lambda_t}{\lambda} = \frac{Pr}{Pr_t}\frac{\mu_t}{\mu} \tag{3.9}$$

Aus der Feldverteilung der turbulenten Nusseltzahl in Abbildung 3.12 (b) wird zusätzlich ersichtlich, dass im Mittelbereich keine homogene Verteilung vorliegt. Die größten turbulenten Nusseltzahlen liegen – bedingt durch die Stoffdaten – nahe dem kalten Ende im Umlenkbereich.
Im Vergleich mit der molekularen Wärmeleitung ist mit dieser Abschätzung je nach Neigungswinkel eine längenbezogene turbulente Wärmeleitung durch die Scherschicht zwischen 1,5..50$\frac{W}{m}$ möglich. Für die zugrunde liegende Rohrleitung mit $12x1x500\,mm$ könnten also allein durch turbulente Wärmeleitung im 380 $mm$ langen Mittelbereich bis zu 30 $W$ über die Scherschicht transportiert werden. Im Folgenden soll der molekulare und der turbulente Anteil der Wärmeleitung gemeinsam als $\dot{Q}_{if,Leit}$ betrachtet werden.

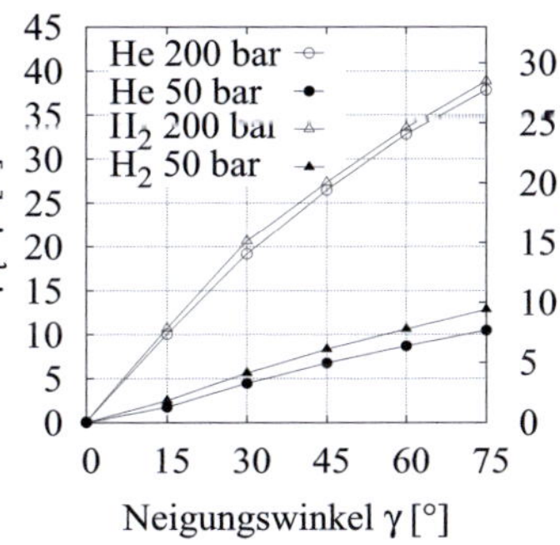


(a) Mittlere Viskositätsrate und turbulente Nusseltzahl in der Scherschicht des Mittelbereichs.

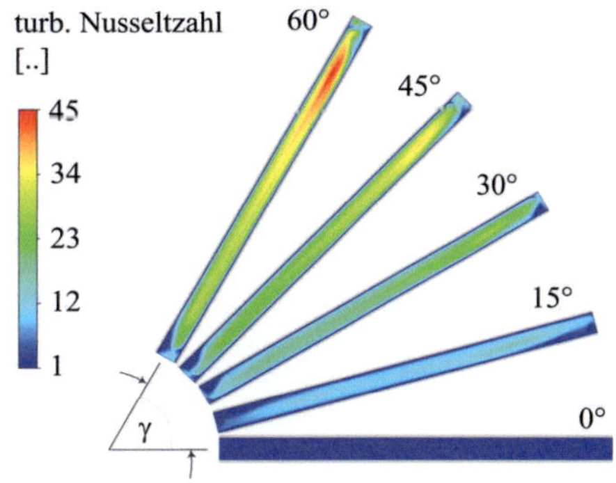


(b) Verteilung der turbulenten Nusseltzahl im axialen Mittelschnitt für den Fall Helium, 200 *bar*.

**Abbildung 3.12:** Darstellung der Viskositätsrate $\mu_t/\mu$ in der Scherschicht des Mittelbereichs (a), aufgetragen als flächengemittelter Wert über dem Neigungswinkel $\gamma$ für die Rohrleitung $12x1x500\,mm$ gefüllt mit Helium oder Wasserstoff bei $p = 200\,bar$ und bei $p = 50\,bar$. Korrespondierend dazu dargestellt ist die Feldverteilung der turbulenten Nusseltzahl $Nu_t$ (b) gebildet mit der turbulenten Prandtlzahl $Pr_t = 0{,}9$ und der allgemeinen Prandtlzahl $Pr = 0{,}65$ für den Fall Helium, bei $p = 200\,bar$.

Der dritte angesprochene Mechanismus ist der Massetransport – und damit der konvektive Wärmetransport $\dot{Q}_{if,Konv}$ – über die Scherschicht. Die Interaktion zwischen diesem Massetransport und der vorher diskutierten turbulenten Wärmeleitung ist entscheidend für das Verständnis des axialen Wärmetransports zwischen aufsteigendem warmen und absteigendem kalten Fluidstrom. Aus den im Vorfeld diskutierten Abbildungen 3.8 ist bereits klar geworden, dass der Massestrom über die Scherschicht immer vom kalten zum warmen Fluidstrom erfolgt. Das „Zurückschieben“ des Fluids wirkt der turbulenten Wärmeleitfähigkeit also entgegen, da diese vom warmen zum kalten Fluidstrom erfolgt. Beide Wärmeübertragungsmechanismen interagieren demnach, addieren sich jedoch nicht.
Eine direkte Bilanzierung beider Effekte über die Scherschicht ist nur schwer möglich, da die Berechnung der Wärmeleitung über eine Fläche einen absoluten Wärmestrom ergibt, die Ermittlung des Enthalpieflusses dagegen nur eine relative transportierte Wärme darstellt. Man kann jedoch über die Gesamtbilanz der Enthalpie- und Wärmeströme im warmen bzw. kalten Strom des Mittelbereichs eine mathematisch gemittelte Aussage über die einzelnen Größen bekommen. Die Bilanz stellt sich in Anlehnung an Abbildung 3.11 für den warmen Strom des Mittelbereichs wie folgt dar:

$$\dot{Q}_{out,Solid} + \dot{H}_{out,FluidII} + \dot{Q}_{if,Solid} - \dot{Q}_{in,Solid} - \dot{H}_{in,FluidI} + \dot{Q}_{if,Fluid} = 0 \tag{3.10}$$

Die Definition von $\dot{Q}_{if,Fluid}$ wurde bereits in Gleichung (3.7) gezeigt. Nach einer ersten Abschätzung können die beiden Wärmeströme $\dot{Q}_{in,Solid}$ und $\dot{Q}_{out,Solid}$ vernachlässigt werden. Der damit ausgedrückte axiale Wärmestrom durch reine Wärmeleitung ist vergleichsweise gering. Die Gleichung reduziert sich damit nur auf die ein- und ausströmenden Enthalpieströme und die entsprechenden Wärmeströme durch die Rohrwand und

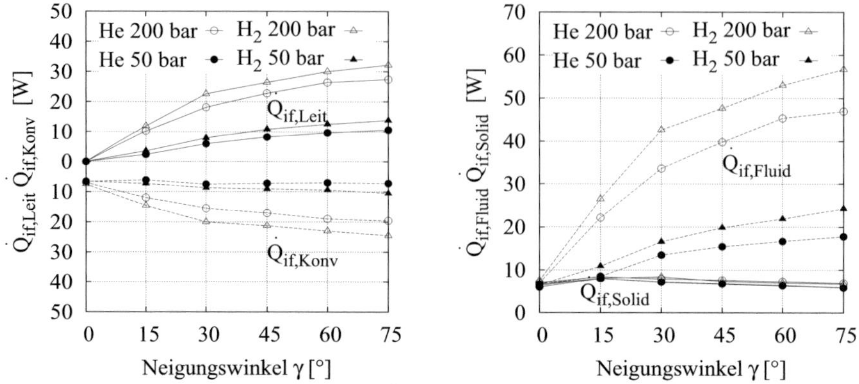


(a) Gegenüberstellung von $\dot{Q}_{if,Konv}$ und $\dot{Q}_{if,Leit}$ in der Scherschicht

(b) Gegenüberstellung von $\dot{Q}_{if,Solid}$ in der Rohrwand und $\dot{Q}_{if,Fluid}$ in der Scherschicht

**Abbildung 3.13:** Darstellung der einzelnen Teilwärmeströme $\dot{Q}_{if,Konv}$ und $\dot{Q}_{if,Leit}$ im Fluid (a) und im Vergleich dazu der Netto-Wärmestrom über die Scherschicht $\dot{Q}_{if,Fluid}$ zum radialen Wärmestrom durch die Rohrwand $\dot{Q}_{if,Solid}$ (b).

das Fluid.
In der Abbildung 3.13 (a) sind der Wärmestrom durch kombinierte Wärmeleitung im Fluid $\dot{Q}_{if,Leit}$ und der konvektive Wärmetransport $\dot{Q}_{if,Konv}$ über die Scherschicht für die unterschiedlichen Fluide und Drücke in der Rohrleitung dargestellt.
Der Wärmestrom durch Wärmeleitung im Fluid verläuft von der warmen zur kalten Seite und trägt somit zur Kühlung des warmen Fluidstroms bei. Seine Größe beträgt je nach Einzelfall zwischen 1..30 $W$. Die charakteristische Turbulenzzunahme bei steigendem Neigungswinkel beeinflusst den Wärmestrom durch Wärmeleitung maßgeblich.
Der konvektive Wärmetransport $\dot{Q}_{if,Konv}$ wirkt – wie bereits angedeutet – der Wärmeleitung entgegen. Die kalte Schicht schiebt dabei kontinuierlich einen gewissen Anteil über die Scherschicht entgegen der Richtung des Wärmestroms von warm nach kalt. Aus der Bilanz geht hervor, dass dieser Enthalpiestrom formal negativ werden kann. Er trägt jedoch unter Berücksichtigung der mittleren Fluidstromtemperaturen trotzdem zur Kühlung des warmen Fluidstroms bei. Der umgerechnete Kühlungsbeitrag liegt zwischen 6..25 $W$ und steigt ebenfalls mit größer werdendem Neigungswinkel an, weil der Massestrom über die Scherschicht zunimmt (vgl. Abbildung 3.8).
In der Abbildung 3.13 (b) sind der Wärmestrom durch radiale Wärmeleitung in der Rohrwand $\dot{Q}_{if,Solid}$ und der effektive Wärmetransport $\dot{Q}_{if,Fluid}$ über die Scherschicht für die unterschiedlichen Fluide und Drücke in der Rohrleitung gegenübergestellt. Mit Hilfe dieses Diagramms kann das Verhältnis abgeschätzt werden, wie sich der Wärmetransport über die Scherschicht zu dem Wärmetransport über den „Umweg" der Rohrwand zusammensetzt.
Wie bereits diskutiert, liegt der radiale Wärmestrom durch die Rohrwand bei etwa 6..9 $W$ und ist über dem Neigungswinkel in etwa konstant. Er entzieht bzw. überträgt Wärme zwischen beiden Fluidströmen. Der effektive Wärmestrom über die Scherschicht beträgt

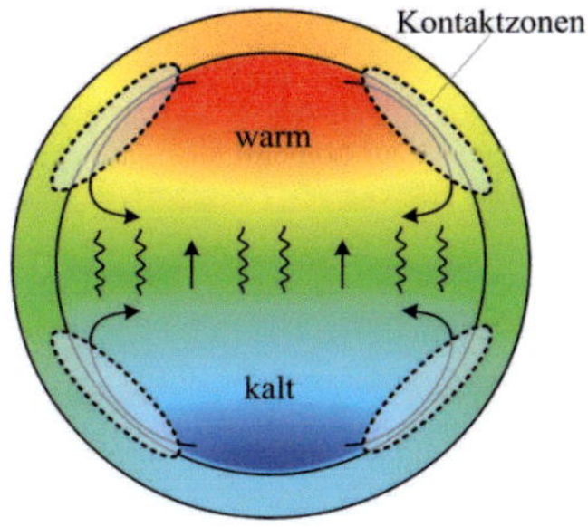


**Abbildung 3.14:** Darstellung der inneren Strömungs- und Wärmeübertragungsvorgänge im Querschnitt des Mittelbereichs. Erkennbar ist die Ausbildung einer „isolierten“ Kernzone bei kleinen Neigungswinkeln und der verstärkten Interaktion in der Scherschicht bei größeren Neigungswinkeln.

zwischen 6..60 $W$ und ist maßgeblich von den Randbedingungen und den Stoffdaten abhängig. Im hier betrachteten Fall kann also das Verhältnis zwischen dem Wärmestrom über die Scherschicht und dem Wärmestrom durch die Rohrwand Werte von etwa 1..10 annehmen. Die Rohrwand spielt demnach nur bei kleinen Neigungswinkeln eine nennenswerte Rolle. Bei größer werdenden Neigungswinkeln erfolgt der innere Wärmetransport typischerweise maßgeblich über die Scherschicht.
Hinzu kommt der resultierende Effekt aus der Interaktion zwischen Rohrwand und den Fluidströmen. Dabei wird das leicht erwärmte Fluid in der kalten Kontaktzone nach oben aufsteigen und tritt dort teilweise über die Scherschicht wieder zurück. Es kann sich folglich im oberen und unteren Teil der beiden Fluidströme jeweils eine „isolierte“ Kernzone ausbilden, wie es exemplarisch in Abbildung 3.14 dargestellt ist. Kalter und warmer Fluidstrom isolieren sich also bei geringen Neigungswinkeln gegeneinander. Die Temperaturspreizung im Querschnitt ist typischerweise dadurch etwas größer. Durch die „isolierten“ Kernzonen kann der axiale Wärmetransport vom warmen zum kalten Ende und umgekehrt gerade bei geringen Neigungswinkeln vergleichsweise effektiv erfolgen. Damit wird klar, warum bei kleineren Neigungswinkeln trotz kleinerer absoluter Masseströme deutlich mehr Wärme in axialer Richtung durch die Rohrleitung transportiert werden kann.

Die genauere Betrachtung der Wärmeübertragungsverhältnisse im Mittelbereich zeigt die Komplexität und Sensibilität des Themas auf. Besonders im Hinblick auf spätere Bemühungen zur Ableitung einer allgemein gültigen Korrelation für den gesamten übertragenen Wärmestrom $\dot{Q}_{ges}(\gamma)$ wird deutlich, dass die Beschreibung der Wärmeübertragungsverhältnisse nicht auf vergleichsweise triviale Modelle rückführbar ist. Die Rohrwand und das innen liegende Fluid sind in jedem Fall in ihrem thermischen Übertragungsverhalten eng gekoppelt. Der Gesamtprozess muss als eine enge Verzahnung zwischen Gesamtmassestrom, Massestrom über die Scherschicht und Turbulenzeigenschaften verstanden werden.

## 3.5 Grundlegende numerische Untersuchungen

### 3.5.1 Hintergrund und Stoffdatenansatz

Aus den vorangegangenen Betrachtungen ist qualitativ hervorgegangen, dass der transportierte Wärmestrom durch die Rohrleitung nicht nur vom Neigungswinkel abhängt, vielmehr haben die geometrischen und thermischen Randbedingungen sowie die verwendeten Materialien ebenfalls einen signifikanten Einfluss. Unklar ist jedoch bisher, welche Eigenschaften und Randbedingungen eine besonders intensive Wirkung auf den transportierten Wärmestrom haben. In den folgenden Untersuchungen soll dieser Einfluss quantitativ dargestellt werden.
Die Betrachtungen zur allgemeinen Strömungscharakteristik in Kapitel 3.4 haben gezeigt, dass die Verwendung von realen Stoffdaten sowohl für das innen liegende Fluid als auch für die Rohrwand dringend erforderlich ist, um alle charakteristischen Effekte in der Rohrleitung abzubilden. Die Vereinfachung von konstant angenommenen Stoffwerten, wie sie in der Literatur oft vorausgesetzt wird, scheidet demnach aus. Durch die Individualität der einzelnen Fluide und Festkörper in ihrem Verhalten bei geänderten Druck- und Temperaturbedingungen (vgl. Kapitel 2.2) entsteht also eine besondere Herausforderung. Eine mögliche Lösung stellen lineare Funktionen $\xi(T)$ für jede Stoffeigenschaft in Abhängigkeit von der Temperatur dar, die ein Modellfluid bzw. einen Modellfestkörper erzeugen.

$$\xi(T) = K \cdot (m \cdot T + n) \tag{3.11}$$

In Bezug auf das verwendete Modellfluid orientieren sich die approximierten Stoffwertfunktionen an komprimiertem Helium bei einem Druck von $100\,bar$. Der verwendete Modellfestkörper orientiert sich üblicherweise an für kryogene Anwendungen eingesetztem Edelstahl 316. In der Tabelle 3.1 sind die in Gleichung (3.11) beinhalteten Variablen $m$ und $n$ für die relevanten Stoffeigenschaften angegeben. Damit ist es nun möglich einen Standardfall zu definieren, der den numerischen Rechnungen der folgenden Betrachtungen zugrunde gelegt worden ist. Die Dimensionen der betrachteten Rohrleitung umfassen wiederum $12x1x500\,mm$. Die Temperatur der warmen Seite beträgt $T_w = 300\,K$, die Temperatur der kalten Seite entsprechend $T_k = 80\,K$. In Bezug auf den Neigungswinkel

**Tabelle 3.1:** Auflistung der in Gleichung (3.11) beinhalteten Variablen $m$ und $n$ innerhalb der linearen Funktion $\xi(T)$ zur Approximation der Stoffdaten des Modellfluids und dem Modellfestkörper. Die zugehörige Einheitentransformation ist dabei anzuwenden.

| Eigenschaft $\xi$ | Einheit | m | n |
|---|---|---|---|
| Dichte $\rho$ | $K \to kg/m^3$ | $-7/44$ | $690/11$ |
| spezifische Wärmekapazität $c_p$ | $K \to kJ/kg\,K$ | $-1/110$ | $63/11$ |
| thermische Leitfähigkeit $\lambda$ | $K \to mW/m\,K$ | $5/11$ | $700/11$ |
| dynamische Viskosität $\mu$ | $K \to \mu Pa \cdot s$ | $1/44$ | $35/11$ |
| thermische Leitfähigkeit, Wand $\lambda_W$ | $K \to mW/m\,K$ | $1/22$ | $15/11$ |

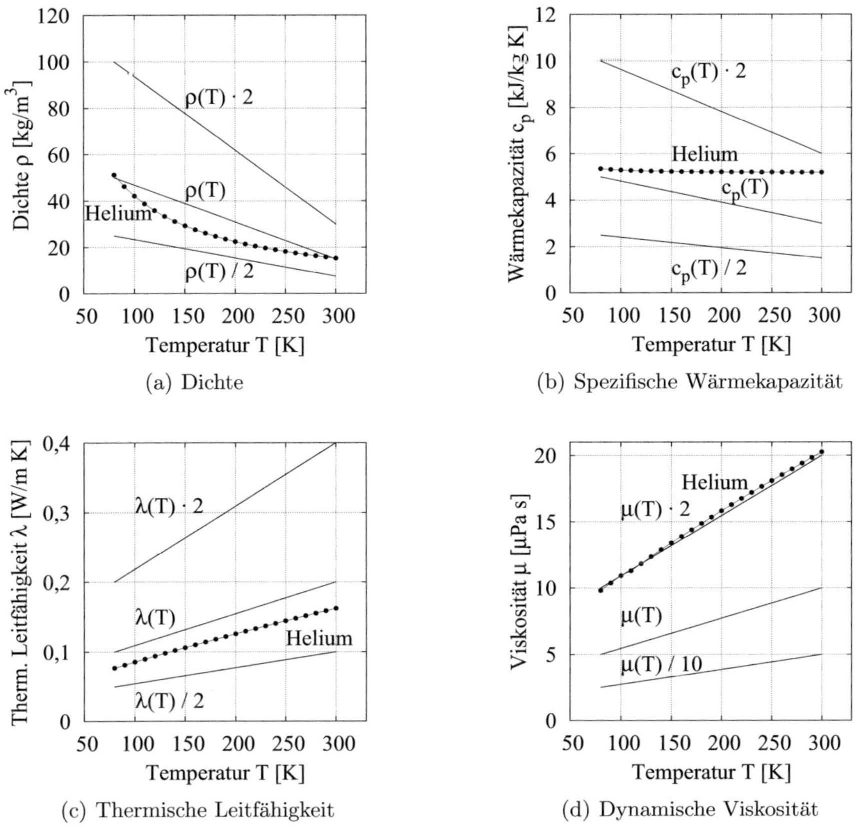


(a) Dichte

(b) Spezifische Wärmekapazität

(c) Thermische Leitfähigkeit

(d) Dynamische Viskosität

**Abbildung 3.15:** Darstellung der notwendigen Eigenschaften des Modellfluids, Ausgangspunkt ist der Standardfall, davon abgeleitet findet jeweils eine Verdopplung bzw. eine Halbierung der betrachteten Eigenschaft statt.

haben vorhergehenden Betrachtungen gezeigt, dass in einem Bereich von $\gamma = 15°..30°$ der betragsmäßig maximale Wärmestrom durch die Rohrleitung transportiert wird. Für die nachfolgend durchgeführte Studie soll demnach ein konstanter Neigungswinkel von $\gamma = 30°$ angenommen werden. Über die jeweilige Variation der Eigenschaften lassen sich somit die quantitativ größten Unterschiede generieren.

### 3.5.2 Wirkung der Fluideigenschaften

Im ersten Schritt sollen die Eigenschaften des Fluids variiert werden. Die veränderlichen Eigenschaften in Abhängigkeit von der Temperatur sollen die Dichte $\rho$, die spezifische Wärmekapazität $c_p$, die thermische Leitfähigkeit $\lambda$ und die dynamische Viskosität $\mu$ sein.

Ausgehend vom eingangs beschriebenen Standardfall sollen diese Eigenschaften jeweils verdoppelt bzw. um die Hälfte reduziert werden. In Anlehnung an die Gleichung (3.11) lässt sich somit ein Faktor $\Psi$ definieren.

$$\xi\,(T) = \Psi \cdot K \cdot (m \cdot T + n) \quad \Psi = 0{,}5\,;\,1\,;\,2 \tag{3.12}$$

Damit ergeben sich für die Stoffeigenschaften jeweils zwei definierte Variationen um den Standardfall. In den Abbildungen 3.15 (a-d) sind die linearen Funktionen der jeweiligen Stoffdaten grafisch dargestellt. Zum Vergleich wurde der reale Stoffwertverlauf von Helium bei 100 $bar$ parallel angegeben.
Die Dichte im Standardfall beträgt demnach zwischen 50..15 $kg/m^3$. Dieser Bereich entspricht recht gut dem Verhalten von Helium.
Die spezifische Wärmekapazität ist im Standardfall ebenfalls konform zu Helium und liegt zwischen 3..5 $kJ/kgK$.
Die thermische Leitfähigkeit zeigt im Modellfluid ein ebenfalls Helium-ähnliches Verhalten mit Werten zwischen 0,1..0,2 $W/mK$. Die beiden Variationen mit Dopplung und Halbierung decken alle kryogenen Fluide in ihrem Wärmeleitverhalten ab.
Die dynamische Viskosität beschreibt als lineare Funktion im Fall der Verdopplung gerade das Verhalten von Helium zwischen 10..20 $\mu Pa\,s$. Der Standardfall ist eher repräsentativ für alle anderen kryogenen Fluide – insbesondere Wasserstoff – in diesem Bereich.

Zunächst soll die Auswertung des gesamten übertragenen Wärmestroms für den definierten Standardfall diskutiert werden. Die Ergebnisse dieses Falles sowie der nachfolgenden Variationen sind in den Abbildungen 3.16 (a-d) dargestellt. Aus den numerischen Simulationen ergibt sich ein Gesamtwärmestrom von 6,4 $W$. Dieser teilt sich in die Rohrwand mit 4,2 $W$ und in das Fluid direkt mit 2,2 $W$ auf. In Bezug auf das Kapitel 3.4 lässt sich also die dort getroffene Aussage zur Aufteilung der Wärmeströme am Rohrleitungsende nach der Faustformel Fluid zu Rohrwand 1/3 zu 2/3 bestätigen.

Die Simulationen mit doppelter und halbierter Dichteverteilung zeigen eine signifikante Abhängigkeit des übertragenen Wärmestroms. Dieser nimmt bei einer Verdopplung der Dichteverteilung um etwa 55% auf 9,9 $W$ zu. Im Fall der Halbierung der Dichteverteilung nimmt der übertragene Wärmestrom um etwa 44% auf 3,6 $W$ ab. Folglich ist die Dichte eine wesentliche Stoffeigenschaft des Fluids, die den Wärmetransport stark beeinflusst. Auch die Anteile zwischen dem eingetragenen Wärmestrom in Rohrwand und Fluid verschieben sich leicht. Bei einer Verdopplung der Dichte ist anteilig ein größerer Wärmeeintrag von etwa 4% in das Fluid im Vergleich zum Standardfall festzustellen. Entsprechend sinkt der Wärmeeintrag in das Fluid um etwa 5% bei einer Halbierung der Dichte.
Anhand der Rayleighzahl nach Gleichung (2.15) im Kapitel 2.1 kann der Einfluss der Dichte bzw. des Systemdrucks allgemein diskutiert werden. Unterstellt man in erster Näherung die Gültigkeit der idealen Gasgleichung (2.26) im Kapitel 2.2.1, so kann die Rayleighzahl folgendermaßen umgeformt werden:

$$Ra = f(p^2) = \frac{g \cdot \beta \cdot l_B^3 \cdot \Delta T \cdot c_p}{\mu \cdot \lambda} \cdot \rho^2 \overset{p=\rho \cdot R_S \cdot T_B}{=} \frac{g \cdot \beta \cdot l_B^3 \cdot \Delta T \cdot c_p}{\mu \cdot \lambda} \cdot \frac{p^2}{R_S^2 \cdot T_B^2} \tag{3.13}$$

Es liegt damit theoretisch eine quadratische Abhängigkeit zum Druck und folglich auch zur Dichte vor. Durch die Kopplung von Systemdruck und zugehöriger Dichte im Strömungsfeld sind also Hochdrucksysteme unter kritischen Randbedingungen besonders von

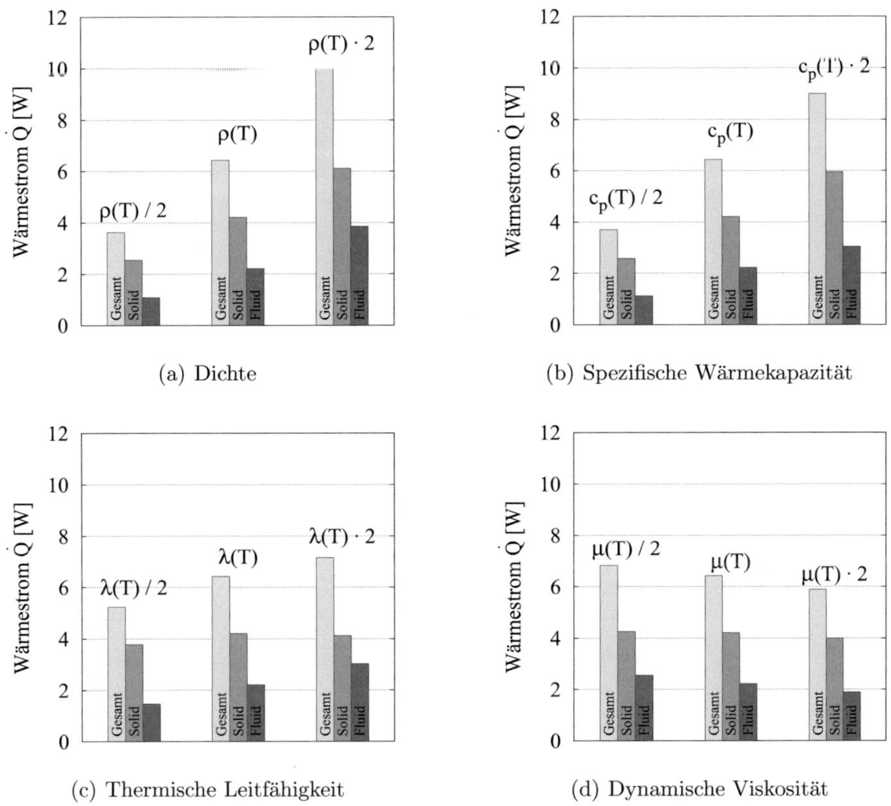


**Abbildung 3.16:** Darstellung der Ergebnisvariationen zum transportierten Wärmestrom durch eine Rohrleitung $12x1x500\,mm$ mit einem Modellfluid gefüllt; der Neigungswinkel beträgt immer 30°; Ausgangspunkt für die Variationen ist der diskutierte Standardfall.

erhöhtem Wärmetransport betroffen. Dies bestätigt die bisherigen Erfahrungen zur Problematik in jedem Fall. Der Zusammenhang zwischen der Rayleighzahl und dem absoluten Wärmeübergang lässt sich jedoch mit den aktuellen Ergebnissen nur vermuten.

Das Verhalten in Bezug auf die spezifische Wärmekapazität ist sehr ähnlich zur Dichte. Eine Verdopplung der Verteilung erhöht den übertragenen Wärmestrom um etwa 40% auf $9\,W$. Der Wert liegt damit nur wenig unterhalb des korrespondierenden Wertes aus den Betrachtungen zur Dichte. Wird die spezifische Wärmekapazitätsverteilung halbiert, so sinkt der übertragene Wärmestrom um etwa 43% auf $3{,}7\,W$ ab. In der Schlussfolgerung stellt also auch die Verteilung der spezifischen Wärmekapazität einen wesentlichen Stoffparameter dar, der den transportierten Wärmestrom signifikant beeinflussen kann. Die Anteile von Rohrwand und Fluid im Hinblick auf den eingetragenen Wärmestrom verhalten sich praktisch gleich zur Änderung der Dichteverteilung. Bei einer Verdopplung der spezifischen Wärmekapazitätsverteilung erhöht sich der Wärmeeintrag in das Fluid leicht um etwa 1%. Bei einer Halbierung sinkt der Wert um etwa 4%. Mit Bezug auf die Gleichung (3.13) kann bei Idealgasverhalten auch von einer linearen Abhängigkeit der Rayleighzahl von der spezifischen Wärmekapazität ausgegangen werden. Durch die vergleichsweise geringe Druckabhängigkeit von $c_p$ sind für einen erhöhten Wärmetransport besonders Systeme begünstigt, die mit Fluiden hoher spezifischer Wärmekapazität gefüllt sind – vornehmlich also Wasserstoff und Helium.

Der transportierte Wärmestrom ändert sich in Abhängigkeit von der thermischen Leitfähigkeit des Fluids in deutlich geringerem Maße. Eine Verdopplung der temperaturabhängigen Wärmeleitfähigkeit erhöht den Wärmestrom um 11% auf 7,1 $W$. Eine Halbierung führt zu einer Verringerung des Wärmestroms um 18% auf 5,24 $W$. Die thermische Leitfähigkeit hat demnach einen vergleichsweise gemäßigten Einfluss auf den transportierten Wärmestrom durch eine geneigte Rohrleitung. Trotzdem kann festgestellt werden, dass mit zunehmender thermischer Leitfähigkeit grundsätzlich auch eine Erhöhung des übertragenen Wärmestroms einhergeht. Mit Bezug auf die Gleichung (3.13) wäre zunächst zu vermuten, dass eine Verringerung der thermischen Leitfähigkeit eine Erhöhung der Rayleighzahl und damit auch des Wärmestroms zur Folge hat. Unterstellt man jedoch nach Kapitel 2.1 eine Abhängigkeit der Nusseltzahl von der Rayleighzahl, so lässt sich folgende Proportionalitätsbeziehung für die Wärmeübergangszahl $\alpha$ ableiten:

$$\alpha = \frac{Nu \cdot \lambda}{l_B} \propto \frac{Ra^x \cdot \lambda}{l_B} \propto \frac{\lambda}{\lambda^x} \cdot \frac{1}{l_B} \propto \lambda^{1-x} \tag{3.14}$$

Wird also dem empirischen Exponent $x$ eine Größe zwischen 0..1 zugeordnet – was bei vielen typischen Literaturkorrelationen z. B. aus dem VDI-Wärmeatlas [5] zutrifft – so ist anhand der Gleichung auch theoretisch begründbar, dass die thermische Leitfähigkeit des Fluids nur einen geringen Einfluss auf den gesamten übertragenen Wärmestrom haben kann.
Im Hinblick auf die Anteile des eingetragenen Wärmestroms in Fluid und Rohrwand ist zu beobachten, dass bei einer Verdopplung der thermischen Leitfähigkeit anteilig mehr Wärme durch das Fluid eingetragen wird. Der Anstieg beträgt etwa 8%. Bei einer Halbierung sinkt der anteilige Wärmestrom in das Fluid erwartungsgemäß um etwa 7%.

Eine Änderung der dynamischen Viskosität im Vergleich zum Standardfall führt nur zu vergleichsweise geringen Änderungen im transportierten Wärmestrom. Jedoch führt hierbei die Verdopplung der temperaturabhängigen Viskositätsverteilung zu einer leichten Abschwächung des Wärmestroms um 7% auf 5,9 $W$, eine Halbierung führt entsprechend gegenläufig zu einer leichten Erhöhung um 2% auf 6,5 $W$. Die dynamische Viskosität hat damit nur einen sehr schwachen Einfluss auf den transportierten Wärmestrom. Dies entspricht auch den theoretischen Erwartungen gemäß Gleichung (3.13) wonach die Rayleighzahl eine indirekte Abhängigkeit zur dynamischen Viskosität aufweist. Da die Nusseltzahl und damit auch die Wärmeübergangszahl nicht von $\mu$ abhängen, liegt auch kein Sonderfall ähnlich der thermischen Leitfähigkeit vor. Im Hinblick auf den anteiligen Eintrag von Wärme in das Fluid ergibt sich für eine Verdopplung der Viskositätsverteilung eine leichte Absenkung um 3% und entsprechend für die Halbierung eine leichte Erhöhung um ebenfalls 3%.

Für die Stoffeigenschaften des Fluids können also zusammenfassend folgende generalisierten Schlussfolgerungen getroffen werden.

1. Der Wärmestrom durch eine geneigte Rohrleitung wird massiv durch die Dichte und die spezifische Wärmekapazität beeinflusst. Es liegt eine direkte Abhängigkeit vor. Die Dichte ist zudem sehr stark an den Systemdruck gekoppelt.
2. Die thermische Leitfähigkeit des Fluids beeinflusst den übertragenen Wärmestrom nur in geringem Maß. Es liegt aber auch hier eine direkte Abhängigkeit vor.
3. Nur marginal wird der übertragene Wärmestrom durch die dynamische Viskosität beeinflusst. Es liegt eine indirekte Abhängigkeit vor.

### 3.5.3 Wirkung der Festkörpereigenschaften

Neben den Stoffeigenschaften des Fluids soll nun auch die Rohrwand mit ihren Eigenschaften auf den transportierten Wärmestrom näher untersucht werden. In erster Überlegung sind es drei Festkörpereigenschaften, die einen Einfluss haben können – die Dichte, die spezifische Wärmekapazität und die thermische Leitfähigkeit. Aus den Diskussionen zur Wärmeleitung in Kapitel 2.1 ist bekannt, dass im stationären Fall nur die thermische Leitfähigkeit einen Einfluss auf den Wärmetransport im Festkörper hat. Der eingangs diskutierte Standardfall soll daher auch nur im Hinblick auf die Änderung der thermischen Leitfähigkeit der Rohrwand untersucht werden.
Im Standardfall wurde eine temperaturabhängige Wärmeleitfähigkeit angenommen, die dem Verhalten von Edelstahl 316 sehr ähnelt. Andere übliche Konstruktionsmaterialien für Rohrleitungen haben jedoch deutlich höhere oder auch sehr viel geringere Wärmeleitfähigkeiten. Daher ist der Faktor $\Psi$ aus Gleichung (3.12) für die folgenden Untersuchungen verändert worden zu $\Psi = 1/10$ bzw. $\Psi = 10$. Die resultierenden Funktionen für den Modellfestkörper sowie ein Vergleich mit dem Verlauf von Edelstahl sind in der Abbildung 3.17(a) gezeigt. Die beiden Variationen können näherungsweise den Werkstoffen GFK ($\Psi = 1/10$) und Aluminium 6061 ($\Psi = 10$) zugeordnet werden.

Die Ergebnisse der numerischen Simulationen sind in der Abbildung 3.17 (b) dargestellt. Demnach erhöht sich der gesamte übertragene Wärmestrom bei einer zehnfachen thermischen Leitfähigkeitsverteilung in der Rohrwand um 57% auf 10,1 $W$. Bei einer Reduktion auf ein Zehntel des Standardfalls vermindert sich der übertragene Wärmestrom um 30% auf 4,5 $W$. Damit zeigt sich ein nichtlinearer Zusammenhang zwischen übertragenem Wärmestrom und Rohrwandwärmeleitung. Eine tiefere Betrachtung der anteilig eingetragenen Wärmeströme in Fluid und Rohrwand zeigt ebenfalls ein bemerkenswertes Verhalten. Demnach steigt bei einem Zehntel der Wärmeleitung in der Rohrwand der Wärmeeintrag in das Fluid signifikant an – im konkreten Fall anteilig von 34% auf etwa 68%. Im umgekehrten Fall sinkt der Anteil bei verzehnfachter Wärmeleitung in der Rohrwand von 34% auf nur 10%. Dieses Verhalten lässt sich mit den Erkenntnissen aus Kapitel 3.4 gut begründen. Demnach interagiert der Fluidstrom in den Umlenkbereichen sowohl vor als auch nach der Umlenkung bereits mit der Rohrwand. Bei einer sehr hohen thermischen Leitfähigkeit kann vergleichsweise viel Wärme durch den Wandquerschnitt transportiert werden und bereits vor Umlenkung des Fluidstroms schon zu einer

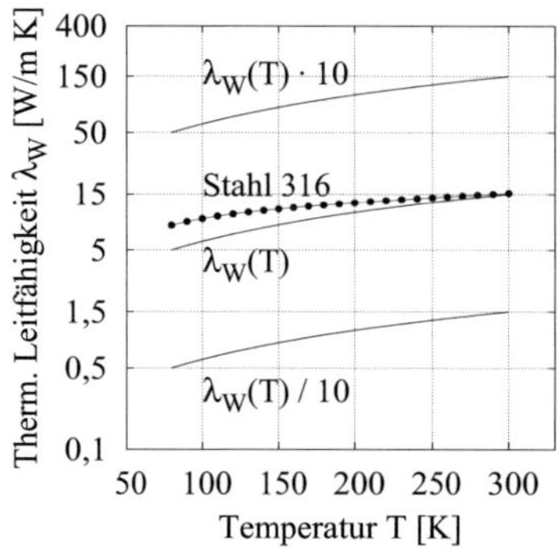


(a) Thermische Leitfähigkeit der Rohrwand

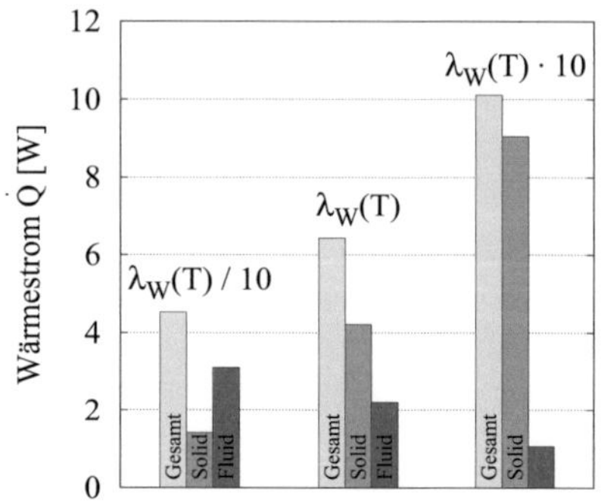


(b) Wärmeströme

**Abbildung 3.17:** Darstellung der Variationen für die thermische Leitfähigkeit der Rohrwand $\lambda_W$ (links) und resultierende Wärmeströme durch eine Rohrleitung $12x1x500mm$ mit wechselnden Rohrwandeigenschaften (rechts); der Neigungswinkel beträgt immer 30°; Ausgangspunkt für die Variationen ist der diskutierte Standardfall.

Aufwärmung bzw. Abkühlung beitragen. Die Temperaturdifferenzen zwischen dem umzulenkenden Fluidstrom und der temperaturkonstanten Endfläche wird folglich jeweils geringer, der Wärmestrom zwischen beiden also gehemmt. In der Konsequenz ist bei ideal leitender Rohrwand davon auszugehen, dass der Wärmeeintrag in das Fluid an der Endfläche fast vollständig unterbunden werden kann. Wäre die Rohrwand nicht leitend, dann würde der Wärmeeintrag ausschließlich in das Fluid an der Endfläche erfolgen.
Der Wärmetransport in der Rohrwand wird jedoch nicht nur durch die thermische Leitfähigkeit bestimmt. Parallel dazu ist auch die Fläche des geometrischen Querschnitts der Rohrwand – im Allgemeinen ein Kreisring – entscheidend. Formal müsste demzufolge auch der Einfluss der Wandstärke an dieser Stelle detailliert untersucht werden. Verschwindet jedoch durch kleine geometrische Ausdehnung der Temperaturgradient in radialer Richtung in der Rohrwand, so können die beiden unabhängigen Faktoren Querschnittsfläche und thermische Leitfähigkeit zum Wärmeleitprodukt $\lambda_W \cdot A_W$ zusammengefasst werden. Die Bedingung eines minimalen radialen Temperaturgradienten ist für typische Rohrleitungen mit Wandstärken $s \leq 2\,mm$ hinreichend erfüllt. Auch ändern sich die Wandstärke und der Innendurchmesser typischer Rohrleitungen nur in schwachem Maße, etwa durch Fertigungstoleranzen. Damit kann also nur vom Wärmeleitprodukt als einzige Einflussgröße beim stationären Wärmetransport durch eine Rohrleitung entlang ihrer Hauptachse gesprochen werden. Für den Fall des betrachteten Standardfalls mit Rohrdimensionen $12x1\,mm$ und Edelstahl 316 als Material beträgt das Wärmeleitprodukt ungefähr $1{,}7 \cdot 10^{-4}..5{,}2 \cdot 10^{-4} \frac{W \cdot m}{K}$. Je nach Variation von Durchmesser, Wandstärke und thermischer Leitfähigkeit kann dieser Wert jedoch auch um Größenordnungen schwanken.

### 3.5.4 Wirkung der geometrischen Dimensionen

Neben den Stoffdaten von Fluid und Rohrwand ist schon aus der Erfahrung heraus von einem Einfluss der geometrischen Dimensionen der Rohrleitung auszugehen. Es können die Länge $L$ und der innere Durchmesser $D$ variiert werden. Auf eine weiterführende Untersuchung der Rohrwandstärke $s$ wird mit dem Hinweis auf das Wärmeleitprodukt (siehe Kapitel 3.5.3) verzichtet.
Im eingangs diskutierten Standardfall ist von Rohrdimensionen $12x1x500\,mm$ ausgegangen worden. Die Variation von Länge und innerem Durchmesser erfolgt wiederum durch Verdopplung oder Halbierung des Standardwertes. Demzufolge ergeben sich Längen von $L = 250\,mm$ (Fall $L/2$) und $L = 1000\,mm$ (Fall $L \cdot 2$). Entsprechend sind die variierten Durchmesser $D = 5\,mm$ (Fall $D/2$) und $D = 20\,mm$ (Fall $D \cdot 2$). Alle anderen Stoffwerte entsprechen den Standardwerten und wurden nicht geändert.

Die Ergebnisse der Simulationen sind in den Abbildungen 3.18 (a-b) dargestellt. Verdoppelt sich die Länge, sinkt der Wärmestrom um etwa 36% auf $4\,W$ ab. Halbiert sich die Länge so nimmt der übertragene Wärmestrom erwartungsgemäß um 31% auf $8{,}3\,W$ zu. Es liegt demzufolge eine indirekte Abhängigkeit vor. Der übertragene Wärmestrom hängt also in jedem Fall von der Länge der Rohrleitung ab. Die häufig getroffene Vermutung, eine Halbierung der Rohrleitungslänge führe auch zu einer Halbierung des übertragenen Wärmestroms, ist nicht zutreffend. Die Anteile des eingetragenen Wärmestroms in die Rohrwand und in das Fluid ändern sich nur schwach. Mit einer Verkürzung der Rohrleitung erhöht sich der Anteil des Wärmestroms, welcher direkt in das Fluid eingetragen wird – im Fall der Halbierung der Länge von 33% auf 36%. Im Fall der Verdopplung der Länge sinkt demzufolge der Anteil von 33% auf 28%.

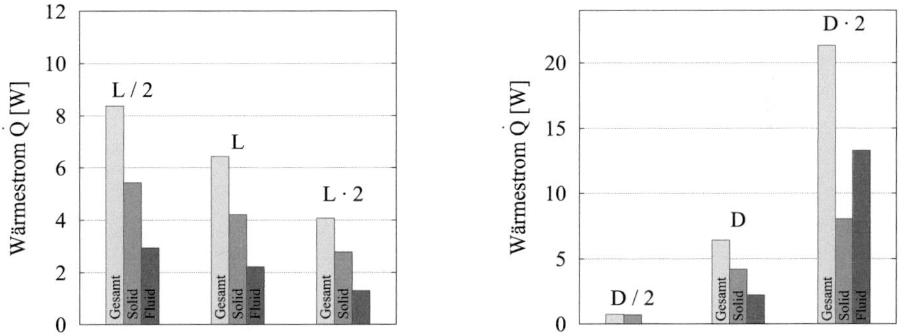


(a) Länge (b) Durchmesser

**Abbildung 3.18:** Darstellung der resultierenden Wärmeströme durch eine Rohrleitung mit variierter geometrischer Länge $L$ und innerem Durchmesser $D$; der Neigungswinkel beträgt immer 30°; Ausgangspunkt für die Variationen und die Stoffdaten ist der diskutierte Standardfall.

Eine Verdopplung des inneren Durchmessers zieht eine signifikante Erhöhung des übertragenen Wärmestroms um etwa 230% auf etwa 21,3 $W$ nach sich. Im Fall der Halbierung des Durchmessers sinkt der Wärmestrom ebenso signifikant um 89% auf gerade noch 0,73 $W$. Das Wärmeleitprodukt der Rohrwand $\lambda_W \cdot A_W$ wurde in den konkreten Fällen identisch zu dem des Standardfalls angepasst. Es kommt also zu keiner Verzerrung des Ergebnisses durch Wärmeleiteffekte. Damit wird klar, dass der innere Durchmesser einer Rohrleitung ganz erheblichen Einfluss auf den maximal übertragenen Wärmestrom hat. Besonders kleine Rohrleitungen wirken sich demzufolge sehr günstig auf das ungewollte Konvektionsverhalten aus. Interessant ist in diesem Zusammenhang ebenso die Verschiebung der Anteile der eingetragenen Wärmeströme in die Rohrwand bzw. das Fluid. Für kleine Innendurchmesser überwiegt der Anteil in die Rohrwand. Dies kehrt sich für große Innendurchmesser um und das Fluid trägt den überwiegenden Anteil. Die im Kapitel 3.4 angegebenen Richtwerte für die eingetragenen Anteile sind folglich vom inneren Durchmesser der betrachteten Rohrleitung abhängig.
In der Konsequenz aus den Variationsrechnungen zu den geometrischen Dimensionen ist festzuhalten, dass sowohl die Länge als auch der innere Durchmesser einen großen Einfluss auf den übertragenen Wärmestrom unter den beschriebenen Randbedingungen haben. Dies ist insofern von großer Bedeutung, als dass immer noch nicht abschließend geklärt ist, welche charakteristische Länge $l_B$ nun innerhalb der Rayleighzahl bzw. der Nusseltzahl anzusetzen wäre. Mit Bezug auf die Gleichungen (2.11) und (2.15) im Kapitel 2.1 kann für den Wärmeübergangskoeffizienten die folgende Proportionalitätsbeziehung abgeleitet werden.

$$\alpha \propto \frac{Ra^x \cdot \lambda}{l_B} \propto \frac{l_B^{3+x} \cdot \lambda}{l_B} \propto l_B^{2+x} \tag{3.15}$$

Unter der Annahme, dass dem Exponent x eine Größe zwischen 0..1 zugeordnet wird, kann von einer quadratischen bis kubischen Abhängigkeit zwischen dem übertragenen Wärmestrom und der charakteristischen Länge ausgegangen werden. Dies lässt vermuten, dass eine sinnvolle charakteristische Länge für die Rohrleitung der innere Durchmesser $D$ ist. Nach dem Vorschlag von ELENBAAS [16] würde die Länge der Rohrleitung dann über einen dimensionslosen Erweiterungsfaktor zusätzlich zur Rayleighzahl in die Berechnung einer möglichen Nusseltzahl eingehen. Die Thematik soll jedoch im späteren Kapitel 3.10 noch näher diskutiert werden.

### 3.5.5 Wirkung der Temperaturdifferenz

Ein weiterer wichtiger Einflussfaktor auf den übertragenen Wärmestrom ist erfahrungsgemäß die Temperaturdifferenz, die zwischen beiden Enden der Rohrleitung maximal angelegt ist. Unter der Annahme, dass die Rohrleitung zwischen Umgebungstemperatur und kryogenen Temperaturen angebunden ist, können maximale Temperaturdifferenzen um etwa 300 $K$ auftreten. Beim eingangs diskutierten Standardfall liegen 220 $K$ zugrunde – also eine vergleichsweise schlechte Vergleichsbasis. Um eine bessere Vergleichbarkeit der Ergebnisse zu erreichen, sollen in der nachfolgenden Variation die Temperaturstufen $\Delta T = 100, 200$ und $300\,K$ untersucht werden. Der Standardfall wird demzufolge leicht modifiziert. Die in Tabelle 3.1 angesetzten Faktoren der linearen Funktionen zur Stoffdatenbeschreibung werden so angepasst, dass die Spreizung der Stoffdaten nun dem

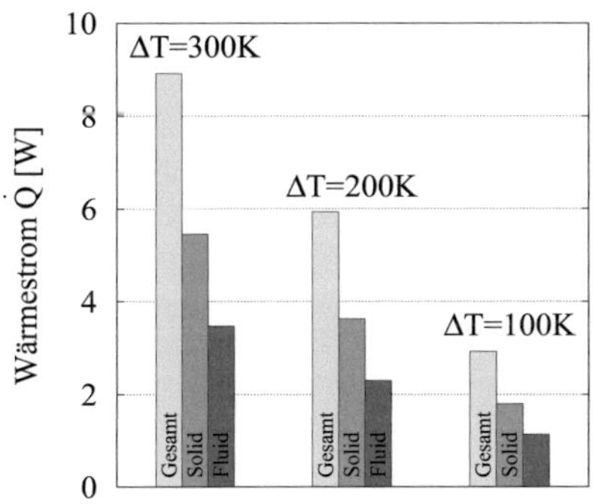


**Abbildung 3.19:** Darstellung der resultierenden Wärmeströme durch eine Rohrleitung mit variierter Temperaturdifferenz; der Neigungswinkel beträgt immer 30°; die Stoffdaten des ursprünglichen Standardfalls wurden entsprechend der neuen Temperaturdifferenzen skaliert.

Temperaturbereich von $200K$ anstatt zuvor $220K$ entspricht. Die Ergebnisse der numerischen Berechnungen sind in der Abbildung 3.19 dargestellt. Der leicht modifizierte Standardfall mit einer Temperaturdifferenz von $200\,K$ zeigt eine geringe Änderung beim übertragenen Wärmestrom von etwa 9% auf $5{,}9\,W$ von ursprünglich $6{,}4\,W$. Betrachtet man nun die Erhöhung der Temperaturdifferenz auf $300\,K$, so erhöht sich auch der übertragene Wärmestrom um recht genau 50% auf $8{,}9\,W$. Die Absenkung der Temperaturdifferenz zeigt entsprechend auch eine Absenkung des Wärmestroms um wiederum recht genau 50% auf $2{,}9\,W$. Damit zeigt sich, dass eine lineare Änderung der Temperaturdifferenz bei sonst gleichen Bedingungen auch eine lineare Änderung des übertragenen Wärmestroms nach sich zieht. Der zugehörige Abhängigkeitsfaktor wäre gleich. Selbige Aussage gilt auch für die Anteile des Wärmeeintrages in die Rohrwand und in das Fluid direkt. Dort stellt sich ebenfalls eine lineare Skalierung ein. Die prozentualen Anteile von ca. 1/3 Fluid und 2/3 Rohrwand ändern sich nicht.
Unter der Voraussetzung, dass der Wärmestrom also von der Temperaturdifferenz und der Wärmeübergangszahl abhängt, können die Zusammenhänge wiederum anhand einer Proportionalitätsbeziehung dargestellt werden.

$$\dot{Q} = \alpha \cdot A \cdot \Delta T \propto Ra^x \cdot A \cdot \Delta T \propto \Delta T^x \cdot \Delta T \propto \Delta T^{1+x} \tag{3.16}$$

Unter der Annahme, dass der empirische Exponent x eine Größe zwischen 0..1 annimmt, hängt der übertragene Wärmestrom linear bis quadratisch von der Temperaturdifferenz ab. Dies ist insofern kein Widerspruch zu den numerischen Ergebnissen, als dass der empirische Faktor üblicherweise bei anderen freien Konvektionsproblemen sehr kleine Werte $x << 1$ annimmt. Die Temperaturdifferenz ist damit eine weitere Randbedingung, deren Größe einen zumindest linearen Einfluss auf den übertragenen Wärmestrom hat. Da jedoch mit einer Änderung der Temperaturdifferenz praktisch immer auch Änderungen der temperaturabhängigen Stoffdaten von Fluid und Rohrwand einhergehen, ist eine allgemein gültige Aussage zur Abhängigkeit nur mit Einschränkungen möglich.

## 3.6 Unterschiede bei einseitiger bzw. beidseitiger Öffnung der Rohrleitung

### 3.6.1 Hintergrund und Modelländerungen

In der Praxis besitzt der bisher diskutierte Fall einer beidseitig geschlossenen Rohrleitung vermutlich die größte wissenschaftliche Relevanz. In kryogenen Speichersystemen kommt es jedoch auch vor, dass vorhandene Ventile nur das warme Ende der Rohrleitung verschließen, das kalte Ende dagegen offen steht und in das Innere des Speicherbehälters hineinragt. Formal würde dieser Fall einer einseitig, am kalten Ende geöffneten Rohrleitung gleichkommen. Würde zusätzlich vor dem warmen Ventil noch ein weiterer Hohlraum hinreichender Größe vorhanden sein, so kann man sogar im Einzelfall von einer beidseitig geöffneten Rohrleitung ausgehen. Die thermische Anbindung am warmen bzw. am kalten Ende ändert sich nicht. Hier wirkt der Ventilkörper als isotherme Wärmequelle für Rohrwand und Fluid. Am kalten Ende verändern sich die Bedingungen für die Rohrwand ebenfalls nicht. Sie bleibt weiterhin am inneren Speicherbehälter thermisch angebunden. Das Fluid dagegen kann bei der einseitig geöffneten Rohrleitung am kalten Ende frei in den Speicherbehälter abströmen oder von dort aus zurück in die Rohrleitung einströmen. Bei der beidseitig geöffneten Variante ist das freie Zu- und Abströmen auch am warmen Ende in den entsprechenden Hohlraum möglich. Welchen Einfluss diese Änderungen der Randbedingungen zur Folge haben, soll anhand von numerischen Untersuchungen im folgenden Kapitel diskutiert werden.
Die Grundlage der bisherigen Betrachtungen war das in Kapitel 3.1 definierte Modell. Dabei war die Rohrleitung an beiden Enden mit einer festen, thermisch gut angebundenen Wand abgeschlossen. Ausgehend von diesem Modell sollen nun zwei sinnvolle Erweiterungen abgeleitet werden, die den Zustand der einseitigen Öffnung am kalten Ende und der beidseitigen Öffnung am kalten und am warmen Ende repräsentieren. Die Form des jeweiligen Hohlraums am offenen Ende kann äußerst vielfältig gestaltet sein. Für das hier

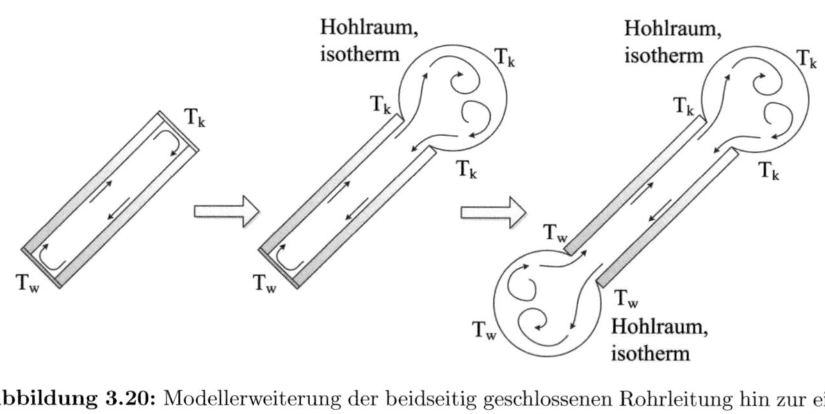


**Abbildung 3.20:** Modellerweiterung der beidseitig geschlossenen Rohrleitung hin zur einseitig, am kalten Ende geöffneten bzw. beidseitig geöffneten Rohrleitung. Der modellierte Hohlraum besteht aus einem sphärischen, isothermen Grundkörper.

verwendete Modell wurde ein sphärischer Grundkörper mit isothermer Temperaturverteilung $T_k$ bzw. $T_w$ über die komplette Wand angenommen. In der Abbildung 3.20 sind beide Modellvarianten zur einseitig bzw. beidseitig geöffneten Rohrleitung dargestellt. Die Größe des sphärischen Hohlraummodells ist so gewählt, dass ankommendes Fluid aus der Rohrleitung hinreichend gut vermischt wird. Es muss gewährleistet sein, dass der Rückstrom des Fluids aus dem Hohlraum in die Rohrleitung nahezu wieder die jeweilige Temperatur $T_k$ oder $T_w$ angenommen hat.

### 3.6.2 Randbedingungen und Stoffdaten

Die im Folgenden diskutierten Ergebnisse entstammen Simulationen für eine Rohrleitung mit den Dimensionen $12x1x500\,mm$. Untersucht wurden die drei folgenden Konfigurationen

1. Die beidseitig geschlossene Rohrleitung,
2. die einseitig, am kalten Ende geöffnete Rohrleitung mit angrenzendem kalten Hohlraum und
3. die beidseitig geöffnete Rohrleitung mit zwei angrenzenden Hohlräumen.

Das warme und das kalte Ende der beidseitig geschlossenen Rohrleitung (Konfiguration 1) werden durch isotherme Wände der Temperaturen $T_w = 300\,K$ und $T_k = 80\,K$ abgebildet. Für die einseitig geöffnete Rohrleitung (Konfiguration 2) ist die kalte Modellwand des Hohlraums isotherm mit $T_k = 80\,K$ definiert, ebenso wie die Enden der Rohrwand am kalten Ende. Das warme Ende entspricht formal der Konfiguration 1. Für die beidseitig geöffnete Rohrleitung (Konfiguration 3) sind beide Modellwände des Hohlraums isotherm ( $T_w = 300\,K$, $T_k = 80\,K$).
Die verwendeten Stoffdaten für die Rohrwand entsprechen dem eingangs definierten Standardfall aus Kapitel 3.5. Der angenommene Werkstoff ist dem häufig verwendeten Edelstahl 316 ähnlich (siehe Abbildung 3.17 (a)).
Die verwendeten Stoffdaten des Fluids entsprechen ebenfalls dem in Kapitel 3.5 diskutierten Standardfall, welcher in guter Näherung komprimiertem Helium bei einem Druck von etwa $100\,bar$ entspricht.
Um einen besseren Vergleich zwischen den übertragenen Wärmeströmen zu gewährleisten, ist das Modellfluid für jede Konfiguration in einer zweiten Rechnungsserie durch Verdopplung der temperaturabhängigen Dichteverteilung (vgl. Abbildung 3.15 (a), Fall $\rho(T) \cdot 2$) variiert worden.
Der Neigungswinkel wurde in den Simulationen in einem Bereich zwischen $\gamma = 0°..90°$ in Inkrementen zu $\Delta\gamma = 15°$ verändert.

### 3.6.3 Diskussion der Ergebnisse

In den Abbildungen 3.21 (a b) ist der gesamte transportierte Wärmestrom über dem Neigungswinkel für die drei Konfigurationen dargestellt. In der linken Abbildung (a) wird der Standardfall für das Modellfluid gezeigt, in der rechten Abbildung (b) die Modifikation mit verdoppelter Dichteverteilung. Beide Diagramme sind sowohl mit den normierten

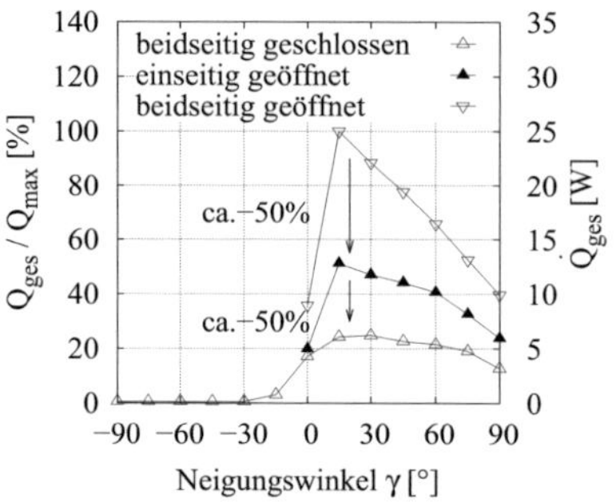


(a) Modellfluid im Standardfall mit Dichteverteilung $\rho(T)$ gemäß Abbildung 3.15 (a).

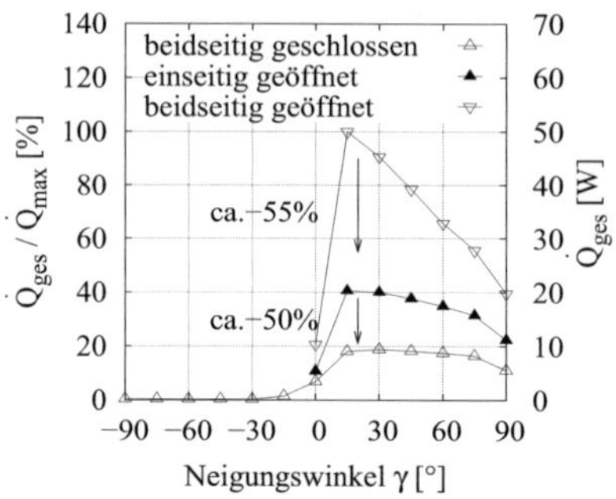


(b) Modellfluid mit verdoppelter Dichteverteilung $\rho(T) \cdot 2$ gemäß Abbildung 3.15 (a).

**Abbildung 3.21:** Gegenüberstellung des relativen und des absoluten Wärmestroms durch eine geneigte Rohrleitung in den drei Konfigurationen: 1. mit beidseitig geschlossenen Enden, 2. mit einseitiger Öffnung am kalten Ende und 3. mit beidseitiger Öffnung am warmen und kalten Ende.

Werten des Wärmestroms als auch mit den absoluten Werten dargestellt. Damit sollen die prozentualen Verhältnisse zwischen den Konfigurationen deutlich gemacht werden. Ein erster Blick zeigt, dass der transportierte Wärmestrom für alle drei Konfigurationen unterschiedlich groß ist. Die beidseitig geschlossene Rohrleitung transportiert den geringsten Wärmestrom. Einen bereits deutlich größeren Wärmestrom transportiert die einseitig geöffnete Rohrleitung. Der größte Wärmestrom wird aber durch die beidseitig geöffnete Rohrleitung transportiert.

Die Charakteristik über den untersuchten Neigungswinkeln ist für alle drei Konfigurationen nahezu identisch. Auch wenn nur zur beidseitig geschlossenen Rohrleitung Rechnungen im Neigungswinkelbereich zwischen $\gamma = -90°$ und $-30°$ vorliegen, kann von einer geringen Änderung des übertragenen Gesamtwärmestroms bei allen drei Konfigurationen ausgegangen werden. Die Fluidsäule im Inneren der Rohrleitung ist bis in den Hohlraum thermisch weitestgehend geschichtet. Es treten nur unbedeutende Konvektionsströmungen auf. Der Winkel von $-30°$, der für die beidseitig geschlossene Variante als ein guter Grenzwert angesehen werden konnte, muss jedoch für die Konfigurationen 2 und 3 mit geöffneten Enden kritisch bewertet werden. Die Geometrie des Hohlraums spielt hierbei eine entscheidende Rolle. Besonders durch eine geänderte Anordnung der thermisch verankerten Hohlraumwände können bereits viel eher Konvektionsbewegungen im Inneren entstehen. Hierzu sind im Einzelfall gesonderte Überprüfungen anzustellen. In erster Näherung kann jedoch angenommen werden, dass nur geringe Konvektionsbewegungen an den Enden zu vermuten sind, solange sich die Rohrleitung unterhalb (kalte Seite) bzw. oberhalb (warme Seite) des Hohlraums befindet.

Im Winkelbereich zulaufend auf $\gamma = 0°$ beginnt der transportierte Wärmestrom in allen drei Konfigurationen spürbar anzusteigen. Das beidseitig geöffnete Rohr zeigt den höchsten Anstieg, das einseitig geöffnete Rohr den zweithöchsten Anstieg.

Das Maximum liegt im konkreten Fall für alle drei Konfigurationen bei etwa $\gamma = 15°$.

Danach fällt der Wärmestrom bis zu einem Winkel von $\gamma = 90°$ kontinuierlich ab.
Die absoluten Werte für den transportierten Wärmestrom sind zwar in den Abbildungen 3.21 (a) und (b) angegeben, sie interessieren in der Diskussion jedoch zunächst weniger. Vielmehr ist es der prozentuale Vergleich zwischen den drei Konfigurationen. Die Abbildungen 3.21 (a) und (b) zeigen die Wärmeströme deshalb normiert auf den jeweils höchsten auftretenden Wert. Dieser tritt sowohl im Standardfall als auch bei der Dopplung der Dichte immer für die beidseitig geöffnete Rohrleitung auf. Halbiert man den Wärmestrom über den kompletten Winkelbereich, so ergeben sich in guter Näherung die Werte der einseitig geöffneten Rohrleitung. Halbiert man diese Werte erneut, so ergibt sich die Ausgangskonfiguration der beidseitig geschlossenen Rohrleitung. Für eine erste Überschlagsannahme ist also der transportierte Wärmestrom für sonst gleiche Randbedingungen durch die einseitig geöffnete Rohrleitung etwa doppelt so groß wie bei einer beidseitig geschlossenen Rohrleitung. Der transportierte Wärmestrom durch eine beidseitig geöffnete Rohrleitung ist in etwa 4 mal so groß wie bei der beidseitig geschlossenen Variante.
Auch wenn diese Überschlagsannahmen nur als grobe Faustformeln angesehen werden sollten, so geben sie den generellen Trend einer Vielzahl von numerischen Berechnungen gut wieder.
In den Abbildungen 3.22 (a-c) wird die jeweilige Strömungscharakteristik in Form des Geschwindigkeitsfeldes für alle drei Konfigurationen gezeigt. In den Ausschnitten nahe dem warmen bzw. kalten Ende ist der Strömungsverlauf detailliert erkennbar. Die farbliche Skalierung der Geschwindigkeit ist in allen Abbildungen gleich.
Es ist zu erkennen, dass sich nahe dem warmen Ende der einseitig geöffneten Rohrleitung sehr ähnliche Effekte zeigen, wie auch in Kapitel 3.4 für die beidseitig geschlossene Rohrleitung beschrieben. Die Umlenkung des Fluids verläuft nahezu identisch. Im Mittelbereich verlaufen für alle drei Konfigurationen warmer, aufsteigender und kalter, absteigender Fluidstrom getrennt voneinander und bilden die bekannte Scherschicht aus. Die durch Turbulenz und Massetransport über die Scherschicht ausgelösten Wärmeübertragungsvorgänge behalten für alle drei Konfigurationen ihre Gültigkeit (vgl. Kapitel 3.4.6). Nur aus diesem Grund ist die Charakteristik des Wärmestromverlaufs nahezu identisch. Am jeweils offenen Ende von Konfiguration 2 und 3 strömt der Fluidstrom in den Hohlraum ein und vermischt sich dort. Gleichzeitig strömt das Fluid aus dem Hohlraum zurück. Es ergibt sich damit kein Umlenkbereich, sondern ein freies Abströmen über das Rohrende. Im Vergleich zum geschlossenen Ende findet somit bei hinreichender Größe des Hohlraums eine theoretisch ideale Wärmeübertragung statt. Das Ein- und Ausströmen ist jedoch im Einzelfall von der Geometrie und der Ausdehnung des angeschlossenen Hohlraums abhängig. Verengungen oder zu kleine Hohlräume würden die „ideale“ Wärmeübertragung empfindlich stören.

Ausgehend von diesen Erkenntnissen ist es im weiteren Verlauf der Arbeit ausreichend, die beidseitig geschlossene Rohrleitung tiefgründig zu untersuchen. Sie zeigt gerade in der experimentellen Untersuchung deutliche Vorteile. Für einseitig oder beidseitig geöffnete Rohrleitungen spielen weitere Einflüsse wie Größe, Form und thermische Anbindung des Hohlraums eine große Rolle. Mit den gezeigten Überschlagswerten kann der Wärmestrom sowohl durch die einseitig geöffnete als auch durch die beidseitig geöffnete Rohrleitung abgeschätzt werden.

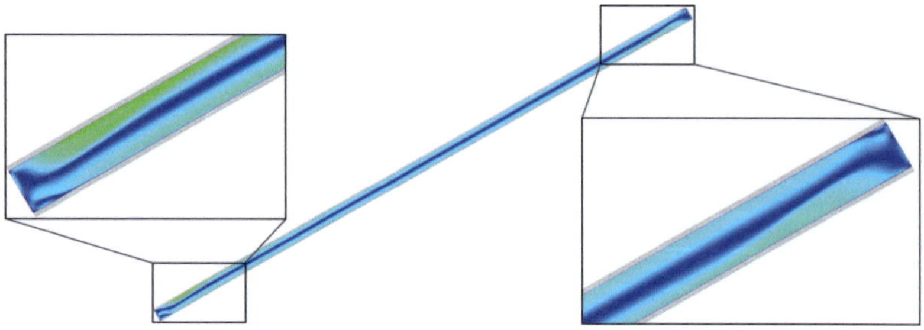

(a) Konfiguration 1 – beidseitig geschlossen.

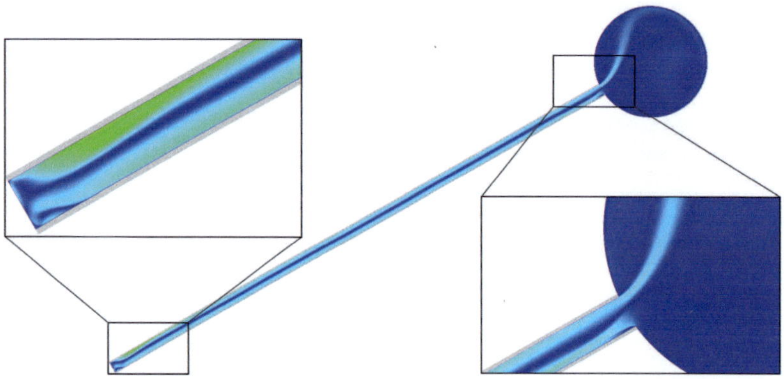

(b) Konfiguration 2 – einseitig geöffnet am kalten Ende.

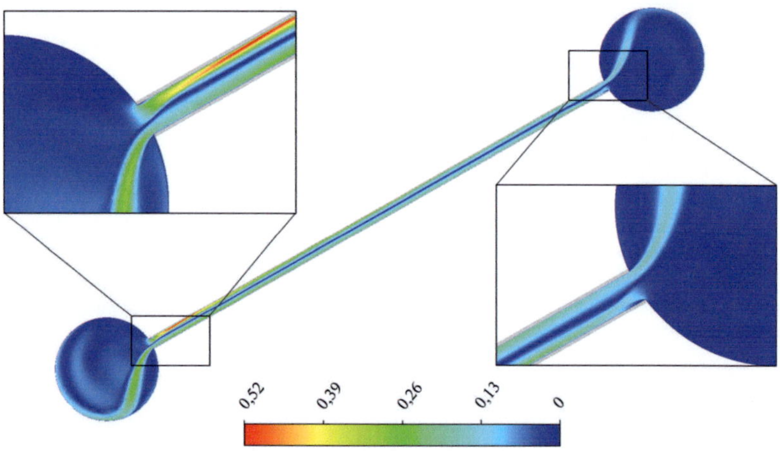


(c) Konfiguration 3 – beidseitig geöffnet am kalten und warmen Ende.

**Abbildung 3.22:** Generelle Strömungscharakteristik (Geschwindigkeitsfeld) in einem geneigten Rohr mit variierten Enden. Der Anstellwinkel beträgt $\gamma = 30°$.

# 3.7 Untersuchung des Strahlungswärmetransports

## 3.7.1 Motivation und Ausgangslage

Der Einfluss des auftretenden Strahlungswärmetransports wurde in den vorangegangenen Betrachtungen zunächst außer Acht gelassen. Da Strahlung nicht an ein Trägermedium und dessen Bewegung gebunden ist, entfällt in erster Näherung eine Abhängigkeit vom Neigungswinkel $\gamma$ einer Rohrleitung. Lediglich ein unterschiedlicher Verlauf der Temperaturverteilung entlang der Wand, ausgelöst durch variierende Konvektionszustände unter verschiedenen Neigungswinkeln kann einen minimalen Einfluss des Strahlungswärmetransports nach sich ziehen.
Ob und in welchem Umfang Strahlung überhaupt einen nennenswerten Einfluss in Bezug auf die geneigte Rohrleitung hat, soll in diesem Kapitel auf Basis früherer Untersuchungen [3] des Autors diskutiert werden. Dazu wird zunächst anhand von bekannten analytischen Ansätzen der Einfluss durch den Strahlungswärmestrom abgeschätzt. Im Folgenden sollen dann mit dem Strahlungsberechnungsmodul von Ansys CFX eine Reihe von Standardfällen einer Rohrleitung zur weiteren Diskussion numerisch berechnet werden. Ziel dieser Untersuchungen ist die Ableitung eines einfachen Ansatzes zur überschlägigen Berechnung des Strahlungswärmetransports durch eine Rohrleitung mit definierten Randbedingungen.

## 3.7.2 Analyse verfügbarer analytischer Ansätze

Für die Berechnung des resultierenden Strahlungswärmestroms soll zunächst eine entsprechende Konfiguration definiert werden. Die beiden thermisch verankerten Rohrendflächen mit warmer ($T_w$) und kalter Temperatur ($T_k$) stehen einander im Abstand $L$ gegenüber. Mit dem Durchmesser $D$ beider Endflächen kann die zugehörige, beidseitig gleiche Fläche $A$ berechnet werden. Das Aspektverhältnis soll im Rahmen der Betrachtungen zur Strahlung im Gegensatz zum Rest der Arbeit der Definition $L/D$ gehorchen. Dies hat Vorteile bei der späteren Modellbeschreibung. Die mittlere Emissivität beider Endflächen nimmt den konstanten Wert $\tilde{\varepsilon}_{w,k}$ ein. Die Rohrseitenwand besitzt die mittlere Emissivität $\tilde{\varepsilon}_{sw}$. Alle Flächen der Rohrleitung strahlen isotrop. Zwischen kalter und warmer Endfläche soll eine lineare Temperaturverteilung angenommen werden. Das Fluid im Inneren der Rohrleitung bleibt unberücksichtigt. Eine Zusammenfassung der angenommenen Geometrie ist in Abbildung 3.23 dargestellt. Der Strahlungswärmestrom zwischen den beiden Endflächen kann auf Grundlage der Gleichung (2.24) allgemein mit

$$\dot{Q}_{Str} = C_{w,k} \cdot A \cdot \left[ \frac{T_w^4 - T_k^4}{100^4} \right] \tag{3.17}$$

berechnet werden. Einen maßgeblichen Einfluss auf das Berechnungsergebnis hat dabei neben den üblichen Einflussgrößen die Einstrahlzahl $\phi_{w,k}$ zwischen warmer und kalter Endfläche. Soll nun abgeschätzt werden, welcher minimale und welcher maximale Strahlungswärmestrom zu erwarten ist, muss $\phi_{w,k}$ entsprechend variiert werden.
Der minimal mögliche Strahlungswärmestrom $\dot{Q}_{Str_{min}}$ ist zu erwarten, wenn der Strahlungsaustausch nur zwischen den beiden Endflächen erfolgt. Das Strahlungsverhalten der

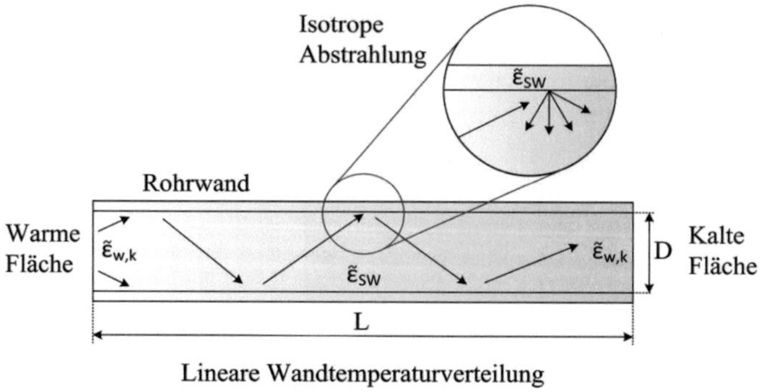


**Abbildung 3.23:** Modellgeometrie und Definitionen zur Berechnung des Strahlungswärmetransports durch eine Rohrleitung.

Rohrwand würde in diesem Fall nicht berücksichtigt. Der Strahlungsaustauschkoeffizient $\phi_{w,k}$ kann für diesen Fall analytisch in Anlehnung an den VDI-Wärmeatlas [5] Kapitel Kb 5 mit

$$\phi_{w,k} = 1 + \frac{2 \cdot L^2}{D^2} - \frac{2 \cdot L \cdot \sqrt{D^2 + L^2}}{D^2} \tag{3.18}$$

berechnet werden. Damit wird der Strahlungsaustauschkoeffizient für den Minimalfall zu

$$C_{w,k_{min}} = \frac{C_s}{\frac{2}{\tilde{\varepsilon}_{w,k}} + \frac{1}{\phi_{w,k}} - 2} \tag{3.19}$$

umgeformt. Die analytische Beschreibung des minimal übertragenen Wärmestroms, abgeleitet aus Gleichung (3.17), lautet demzufolge

$$\dot{Q}_{Str_{min}} = \frac{C_s}{\frac{2}{\tilde{\varepsilon}_{w,k}} + \frac{1}{\phi_{w,k}} - 2} \cdot A \cdot \left[\frac{T_w^4 - T_k^4}{100^4}\right]. \tag{3.20}$$

Der maximal mögliche Strahlungswärmestrom $\dot{Q}_{Str_{max}}$ ist zu erwarten, wenn der Strahlungsaustausch zwischen den beiden Endflächen ideal verläuft. Dies wäre der Fall, wenn die Rohrwand vollständig reflektieren würde. Die Einstrahlzahl kann dadurch idealisiert mit

$$\phi_{w,k} = 1 \tag{3.21}$$

angenommen werden. Der zugehörige Strahlungsaustauschkoeffizient ergibt sich demzufolge zu

$$C_{EF_{\max}} = \frac{C_s}{\frac{2}{\tilde{\varepsilon}_{w,k}} - 1}. \tag{3.22}$$

Damit lässt sich wiederum auf Basis von Gleichung (3.17) die Beziehung für den maximal möglichen Strahlungswärmestrom mit

$$\dot{Q}_{Str_{max}} = \frac{C_s}{\frac{2}{\tilde{\varepsilon}_{w,k}} - 1} \cdot A \cdot \left[\frac{T_w^4 - T_k^4}{100^4}\right] \tag{3.23}$$

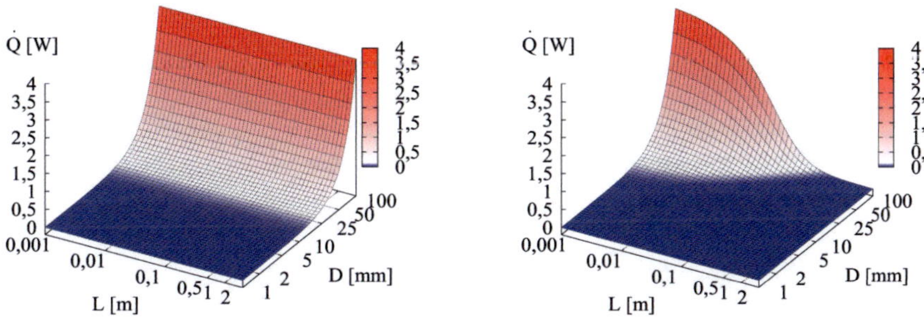


(a) Minimal möglicher, zu berücksichtigender Strahlungswärmestrom $\dot{Q}_{Str_{min}}$.

(b) Maximal möglicher, zu berücksichtigender Strahlungswärmestrom $\dot{Q}_{Str_{max}}$.

**Abbildung 3.24:** Vergleich des minimal und des maximal möglichen Wärmestroms durch ein thermisch verankertes Rohr mit warmem und kaltem Ende in Abhängigkeit von den geometrischen Parametern Durchmesser $D$ und Rohrlänge $L$, Temperaturen: $T_k = 4\,K$ sowie $T_w = 300\,K$, Emissivität Endflächen $\tilde{\varepsilon}_{w,k} = 1$, Farbskalierung: weiß $< 100\,mW$.

analytisch beschreiben. Ein Vergleich zwischen minimal und maximal möglichem Strahlungswärmestrom ist in den Abbildungen 3.24 graphisch dargestellt. Bei dieser analytischen Lösung wird eine thermische Verankerung der beiden Endflächen auf $T_k = 4\,K$ und $T_w = 300\,K$ angenommen. Die Emissivität der beiden Endflächen beträgt $\tilde{\varepsilon}_{w,k} = 1$. Variiert werden der Durchmesser $D = 1 - 100\,mm$ und die Länge $L = 0{,}001 - 2\,m$ der Rohrleitung. Die Farbskala wurde zur besseren Darstellung so gewählt, dass alle blau bis weiß markierten Bereiche einem übertragenen Strahlungswärmestrom von $\dot{Q}_{Str} < 100\,mW$ entsprechen. Dieser Wert soll als willkürliche Schranke dienen, die im Vergleich zum übertragenen Wärmestrom durch Wärmeleitung und Konvektion hinreichend klein erscheint. Im Ergebnis der Berechnung zeigt sich für beide Fälle ein maximal möglicher Wert von $\dot{Q}_{Str} \approx 4\,W$. Ab einem Durchmesser von $D > 25mm$ treten Werte oberhalb der festgelegten Schranke von $100\,mW$ sowohl im Fall der Berechnung von $\dot{Q}_{Str_{max}}$ als auch bei $\dot{Q}_{Str_{min}}$ auf. Durch den zunehmenden Abstand beider Endflächen zueinander und der damit kleiner werdenden Einstrahlzahl verringert sich $\dot{Q}_{Str_{min}}$ exponentiell mit zunehmender Rohrlänge. Durch die ideal reflektierende Rohrwand im Fall von $\dot{Q}_{Str_{max}}$ ist der übertragene Wärmestrom unabhängig von der Rohrlänge und wird nur durch die Größe des Durchmessers $D$ bestimmt.

Das Ergebnis ist insofern logisch und zeigt, dass der Strahlungswärmestrom besonders bei Rohrleitungen mit großem Durchmesser und vergleichsweise geringer Länge einen signifikanten Beitrag zum übertragenen Gesamtwärmestrom einbringen kann. Die häufig getroffene Annahme zur Vernachlässigung des Strahlungswärmestroms ist damit zunächst nur bedingt gerechtfertigt.

### 3.7.3 Numerische Untersuchung und empirische Modellbildung

Die Erkenntnisse aus der Betrachtung von $\dot{Q}_{Str_{min}}$ und $\dot{Q}_{Str_{max}}$ motivieren dazu, ein eigenes Strahlungsmodell abzuleiten, welches die realen Strahlungsverhältnisse in einer Rohrleitung besser wiedergibt. Ein solcher modellierter Strahlungswärmestrom muss demzufolge eine Lösung zwischen den beiden Extremwerten einnehmen. Zusätzlich besteht der Anspruch, die Emissivität der Rohrwand $\tilde{\varepsilon}_{sw}$ in einer sinnvollen Form zu berücksichtigen. Ausgehend von diesen Überlegungen erscheint eine Modellierung des Strahlungsaustauschkoeffizienten in der Form

$$C_{w,k_{mod}} = C_{w,k_{min}} + f_M\left(\frac{L}{D}, \tilde{\varepsilon}_{sw}\right) \cdot (C_{w,k_{max}} - C_{w,k_{min}}). \tag{3.24}$$

zweckmäßig. Die verwendete Modellfunktion $f_M$ soll dabei die Wichtung zwischen $C_{w,k_{min}}$ und $C_{w,k_{max}}$ bei den jeweilig geltenden Randbedingungen von $L/D$ und $\tilde{\varepsilon}_{sw}$ vornehmen. Im Rahmen einer numerischen Studie zur Strahlung soll das Verhalten bezüglich $f_M$ analysiert werden. Die dazu betrachtete Rohrleitung wird im Durchmesser von $D = 5$, 10 und $20\,mm$ variiert. Zusätzlich soll das Aspektverhältnis im Bereich von $L/D = 1 - 40$ betrachtet werden. Die thermische Verankerung der beiden Endflächen auf $T_k = 4\,K$ und $T_w = 300\,K$ wird als konstant angenommen. Bezüglich der Emissivitäten sollen ebenfalls drei Variationen betrachtet werden: $\tilde{\varepsilon}_{w,k} = 1$ und $\tilde{\varepsilon}_{sw} = 0$; $\tilde{\varepsilon}_{w,k} = 0{,}3$ und $\tilde{\varepsilon}_{sw} = 0{,}3$; $\tilde{\varepsilon}_{w,k} = 0{,}6$ und $\tilde{\varepsilon}_{sw} = 0{,}6$

Die genannten Variationen der Einflussfaktoren erfordern 72 Einzelsimulationen, welche mit dem Strahlungsmodul von Ansys CFX ausgeführt werden. Die Berechnungsgeometrie entspricht den Annahmen aus Abbildung 3.23. Die Ergebnisse der numerischen Simulationen sind in den Abbildungen 3.25 dargestellt. Diese zeigen die berechneten Wärmeströme in Funktion vom Aspektverhältnis $L/D$. Zusätzlich ist jeweils eine Korrelation mit Exponentialansatz eingetragen, die den abfallenden Wärmestrom unter Anwendung der Fehlerquadratmethode approximiert. Über die Beziehung

$$\dot{Q} = \dot{Q}_i \cdot e^{-0{,}228\frac{L}{D}} \tag{3.25}$$

kann diese Korrelationsfunktion berechnet werden, wobei $\dot{Q}_i$ den maximal möglichen Wärmestrom der jeweiligen Konfiguration beschreibt. Der Exponentialfaktor $-0{,}228$ bleibt für alle durchgeführten Rechnungen näherungsweise konstant. Damit ist der Zugang zum vorgeschlagenen Strahlungsmodell hergestellt.

Die gesuchte Modellfunktion $f_M$ kann nun unter Verwendung des ermittelten Exponentialfaktors mit

$$f_M\left(\frac{L}{D}, \tilde{\varepsilon}_{sw}\right) = (1 - \tilde{\varepsilon}_{sw}) \cdot e^{-0{,}228\frac{L}{D}} \tag{3.26}$$

ausgedrückt werden. Das Modell gewichtet in Abhängigkeit von Aspektverhältnis und Emissivität der Rohrwand den Anteil der Strahlung zwischen warmer und kalter Endfläche.

Ausgehend davon kann nun der modellierte Strahlungswärmestrom unter Verwendung der Gleichungen (2.24) und (3.24) mit

$$\dot{Q}_{Str_{mod}} = \left(C_{w,k_{min}} + (1 - \tilde{\varepsilon}_{sw}) \cdot e^{-0{,}228\frac{L}{D}} \cdot (C_{w,k_{max}} - C_{w,k_{min}})\right) \cdot A \cdot \left[\frac{T_w^4 - T_k^4}{100^4}\right] \tag{3.27}$$

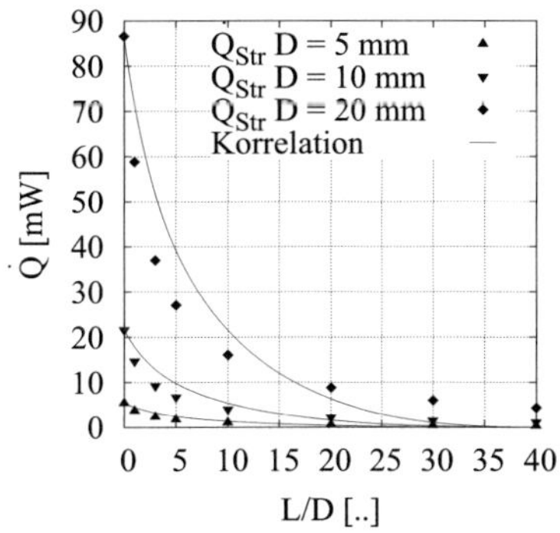


(a) Emissivitäten $\tilde{\varepsilon}_{w,k} = 0{,}6$ sowie $\tilde{\varepsilon}_{sw} = 0{,}6$.

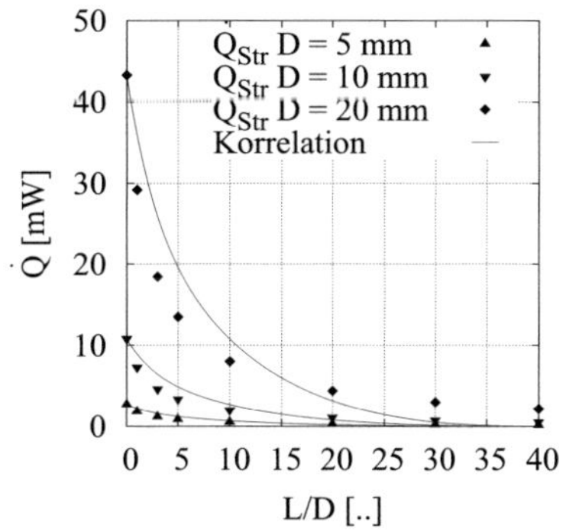


(b) Emissivitäten $\tilde{\varepsilon}_{w,k} = 0{,}3$ sowie $\tilde{\varepsilon}_{sw} = 0{,}3$.

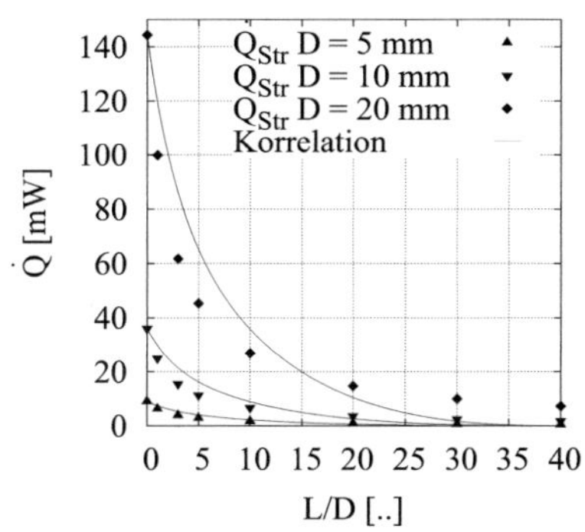


(c) Emissivitäten $\tilde{\varepsilon}_{w,k} = 0$ sowie $\tilde{\varepsilon}_{sw} = 1$.

**Abbildung 3.25:** Numerisches Berechnungsergebnis und Verlauf der Korrelation für den Strahlungswärmestrom in einer Rohrleitung mit variierendem Aspektverhältnis $L/D$ und Durchmesser $D$, isotropes Reflexionsverhalten, verankerte Temperaturen: $T_k = 4\,K$ und $T_w = 300\,K$.

abgeschätzt werden. In Analogie zu den Abbildungen 3.24 für den minimal bzw. maximal übertragenen Strahlungswärmestrom $\dot{Q}_{Str_{min}}$ und $\dot{Q}_{Str_{max}}$ wird nun der modellierte Strahlungswärmestrom $\dot{Q}_{Str_{mod}}$ in Abbildung 3.26 dargestellt. Das Modell bewirkt ein deutlich späteres Absinken des übertragenen Strahlungswärmestroms bei zunehmender Rohrlänge im Vergleich zur Berechnung von $\dot{Q}_{Str_{min}}$. Eine Betrachtung der Extremsituationen für die Emmisivitäten führt plausiblerweise wieder zu den ursprünglichen Modellen für $\dot{Q}_{Str_{min}}$ und $\dot{Q}_{Str_{max}}$. Damit erscheint das beschriebene Modell in jedem Falle fähig, eine physikalisch sinnvolle Berechnung des übertragenen Strahlungswärmestroms zu ermöglichen. Diese repräsentiert den geforderten 'Mittelweg' zwischen minimalem und

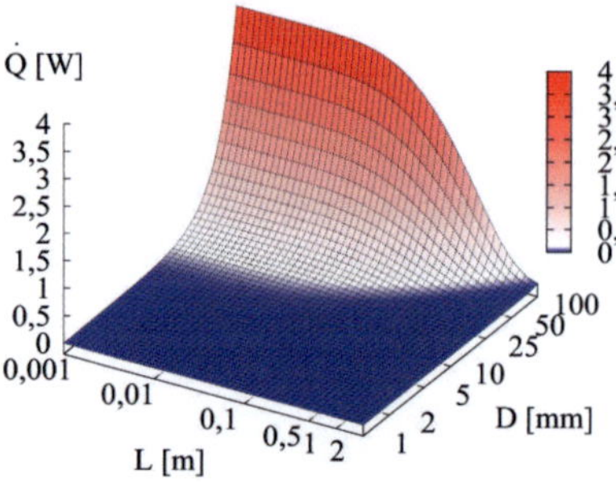


**Abbildung 3.26:** Modellierter Strahlungswärmestrom durch ein thermisch verankertes Rohr mit warmem und kaltem Ende in Abhängigkeit von den geometrischen Parametern Durchmesser $D$ und Rohrlänge $L$, Temperaturen: $T_k = 4\,K$ sowie $T_w = 300\,K$, Emissivität Endflächen $\tilde{\varepsilon}_{w,k} = 1$ und Seitenwand $\tilde{\varepsilon}_{sw} = 0$, Farbskalierung: weiß $< 100\,mW$.

maximal möglichem Strahlungswärmestrom. Da das Modell auf einem empirischen Ansatz beruht, der mit Hilfe von numerischen Rechnungen kalibriert worden ist, kann die absolute Genauigkeit zunächst nur vermutet werden. Eine experimentelle Validierung ist im Rahmen dieser Arbeit nicht vorgenommen worden und bleibt zukünftigen Untersuchungen vorbehalten.
Unter Berücksichtigung der Modelldefinition nach Gleichung (3.27) in Verbindung mit Gleichung (2.25) kann bei Bedarf der Wärmeübergangskoeffizient für Strahlung durch eine Rohrleitung nach

$$\alpha = \frac{1}{(T_w - T_k)} \left( C_{w,k_{min}} + (1 - \tilde{\varepsilon}_W) \cdot e^{-0{,}228 \frac{L}{D}} \cdot (C_{w,k_{max}} - C_{w,k_{min}}) \right) \left[ \frac{T_w^4 - T_k^4}{100^4} \right] \quad (3.28)$$

angegeben werden.

### 3.7.4 Diskussion der Ergebnisse

In diesem Kapitel wurde der Einfluss des Strahlungswärmestransports näher untersucht. Er stellt – neben auftretender Wärmeleitung – einen lageunabhängigen Wärmestrom durch das geneigte Rohr dar, der insbesondere durch die geometrischen und thermischen Randbedingungen stark beeinflusst wird. Die zu erwartenden Strahlungswärmeströme sind jedoch auch unter sehr 'extremen' Randbedingungen vergleichsweise gering und liegen üblicherweise in der Größenordnung $< 100\,mW$. Erst bei sehr kleinen Aspektverhältnissen $L/D > 5$ können mit dem hier vorgestellten Berechnungsmodell Strahlungswärmeströme ermittelt werden, die bei der Auslegung von beliebig geneigten Rohrleitungen eine technische Relevanz besitzen können. Bei üblichen Aspektverhältnissen für Rohrleitungen im Kryostatbau kann der Strahlungswärmestrom demnach ohne weiteres vernachlässigt werden. Da das vorgestellte Berechnungsmodell jedoch keine Einschränkung hinsichtlich des Aspektverhältnisses besitzt, ist eine Anwendung sicher auch über das Spektrum der geneigten Rohrleitungen hinaus interessant.

## 3.8 Experimentelle und numerische Vergleichsuntersuchungen

In den Betrachtungen zur Strömungscharakteristik sowie den gekoppelten Wärmeübertragungsvorgängen wurden die numerisch gewonnenen Ergebnisse zunächst stillschweigend als korrekt angenommen. In der Tat stellt die numerische Strömungssimulation auch den einzig möglichen Weg dar, um einen umfassenden Einblick in die internen Strömungsvorgänge zu bekommen – besonders vor dem Hintergrund der kleinen Dimensionen und der extremen Druck- und Temperaturrandbedingungen. Eine Garantie für die Korrektheit der Simulationen liefern jedoch nur Validierungen der verwendeten Modelle anhand von Experimenten. Das verwendete Strömungssimulationsprogramm CFX konnte bei der Berechnung von freien Konvektionsproblemen in der Vergangenheit bereits in vielen Fällen erfolgreich eingesetzt werden [67]. Die Genauigkeit des CFD-Codes beim Übergang in den kryogenen Temperaturbereich und die damit verbundenen Änderungen der Stoffeigenschaften sind auch von Ansys selbst als noch nicht hinreichend untersucht deklariert.
Das folgende Kapitel soll demnach verschiedenen Vergleichen zwischen numerischen und experimentellen Ergebnissen gewidmet sein. Auch im Rahmen dieser Arbeit ist jedoch das Messen von Geschwindigkeiten in einer Rohrleitung ($D \approx 20\,mm$) mit üblichen optischen Verfahren (vgl. Kapitel 2.4.2) nicht möglich gewesen – Wärmestrommessungen unter kryogenen Randbedingungen dagegen schon. Aus diesem Grund stellt sich die Strategie der experimentellen Untersuchungen wie folgt dar:

1. Modelluntersuchung an einer stark vergrößerten Rohrleitung aus Glas und unter Verwendung eines Modellfluids mit dem Ziel die lokale Geschwindigkeitsverteilung an diskreten Punkten zwischen Experiment und numerischer Simulation zu vergleichen.

2. Untersuchung an einer üblichen Rohrleitung gefüllt mit Helium bzw. Wasserstoff unter kryogenen Temperaturbedingungen mit dem Ziel, den eingetragenen Wärmestrom im Experiment mit dem aus numerischen Simulationen zu vergleichen.

Beide Untersuchungen haben damit das Ziel, in der Gesamtheit eine Bewertung darüber zu erlangen, ob und ggf. wie der kommerzielle Code Ansys CFX zur Berechnung von freien Konvektionsströmungen in geneigten Rohrleitungen eingesetzt werden kann. Daraus ergibt sich folglich auch eine Beurteilung der Güte von getroffenen Aussagen, die auf der Basis von numerischen Simulationen erzielt worden sind.

### 3.8.1 Geschwindigkeits- und Temperaturverteilung im Modellfluid

#### Versuchsaufbau und experimentelle Randbedingungen

Die Untersuchungen sollen in einer geneigten Rohrleitung durchgeführt werden, die eine größere Skalierung üblicher Rohrleitungsdimensionen besitzt. Für die Experimente mit optischer Strömungsmesstechnik sind außerdem transparente Rohrmaterialien erforderlich, die einer großen Drucklast standhalten können. Glasrohre eignen sich bei genügend

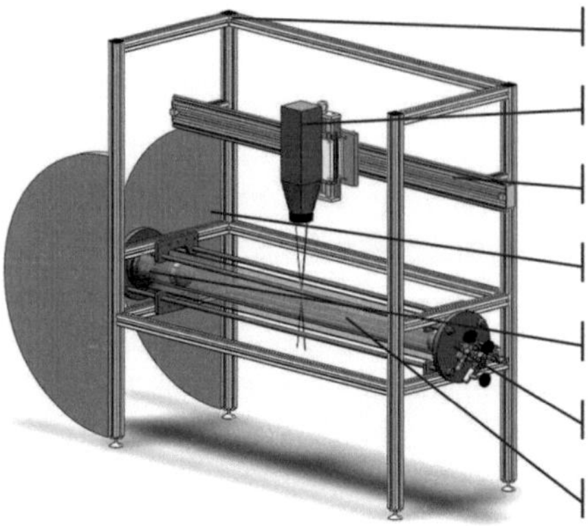


**Abbildung 3.27:** Teststand zur Messung lokaler Geschwindigkeiten mittels Laser-Doppler-Anemometrie in einer stark vergrößerten Rohrleitung aus Glas unter Verwendung des Modellfluids R125.

großer Wandstärke gut und erfüllen diese Kriterien. Aus den Voruntersuchungen zum Modellfluid in Kapitel 2.4.1 konnte herausgearbeitet werden, dass das Kältemittel R125 im Gaszustand (überhitzter Dampf) in vielerlei Hinsicht geeignet ist. Dessen Dampfdruck und damit auch der abzusichernde Maximaldruck liegt bei Umgebungstemperatur um etwa $15\,bar$. Kernstück der Messapparatur ist daher eine Glasröhre aus Borosilikatglas mit den Dimensionen $100x9x1500\,mm$. Zusätzlich werden das warme und das kalte Ende der Rohrleitung durch beidseitig eingeschobene Wärmeübertrager realisiert. Die verfügbare Länge der Messstrecke verringert sich somit auf $L = 1300\,mm$. Damit ergibt sich ein Aspektverhältnis von $L/D = 15{,}8$ bzw. $D/L = 0{,}063$ und entspricht demzufolge einer vergleichsweise „kurzen" Rohrleitung, bspw. $20x2x250\,mm$. Die Maximallänge der Glasrohlinge ist jedoch vom Hersteller technisch bedingt auf $1500\,mm$ begrenzt.
Der eingeschobene Wärmeübertrager am warmen Ende besteht aus einem zylindrischen Teflon-Grundkörper mit aufgeschraubter Kupferplatte. Der erforderliche Wärmeeintrag wird über eine eingeklebte Heizfolie vom Typ Minco HR5562R3.8 in Kombination mit dem angeschlossenen Heizregler Oxford ITC503 realisiert. Die Temperatur an der warmen Endfläche der Rohrleitung beträgt nach Ausregeln der Heizleistung konstant $100°C$. Über den Spannungsabfall an der Heizfolie sowie deren Widerstand kann die eingetragene Heizleistung bestimmt werden.
Der eingeschobene Wärmeübertrager am kalten Ende besteht ebenfalls aus einem zylindrischen Teflon-Grundkörper, welcher jedoch mit einem umlaufenden Kühlkanal für die Kühlflüssigkeit versehen ist. Damit wird die aufgeschraubte Kupferplatte direkt gekühlt. Die umlaufende Kühlflüssigkeit wird durch eine Temperierbox vom Typ Julabo F32 auf konstant $20°C$ gehalten.
Sowohl am warmen als auch am kalten Wärmeübertrager sind Temperatursensoren vom Typ PT100 angebracht, die die gewünschte Temperatur von $100°C$ bzw. $20°C$ aufzeichnen und ggf. im Regelkreis von Heizregler oder Temperierbad nachregeln. Zum besseren thermischen Kontakt sind beide Wärmeübertragerplatten mit dünnem Teflonband gerade so umwickelt, dass der geringe Spalt zum Einschieben aufgefüllt wird.

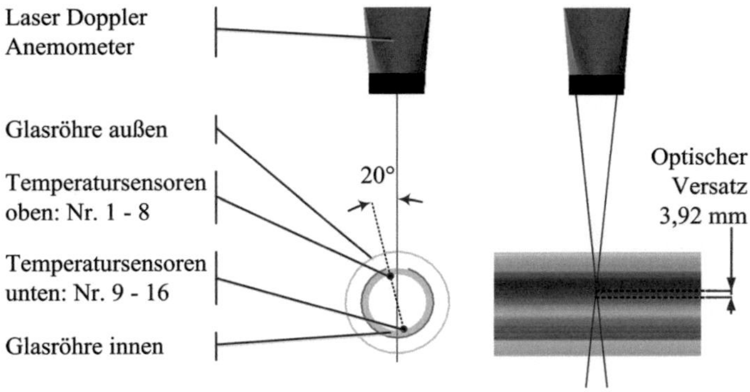


**Abbildung 3.28:** Detailansicht der beiden Glasröhren in Messanordnung mit dem Laser-Doppler-Anemometer; links erkennbar die Position der Temperatursensoren mit Winkelversatz um 20° für LDA Transparenz; rechts erkennbar der optische Versatz der Laserstrahlen in vertikaler Richtung um 3,92 $mm$.

Eine Auflistung der verwendeten Konstruktionsmaterialien für alle relevanten Baugruppen ist in der Tabelle 3.2 eingetragen.
Durch die vergleichsweise kleinen übertragenen Wärmeströme in der Rohrleitung ist es erforderlich, die Glasröhre thermisch weitestgehend von der Umgebung abzutrennen – insbesondere vor dem Hintergrund, dass Borosilikatglas zwar optisch transparent ist, jedoch einen Emissionskoeffizienten von $\varepsilon > 0{,}8$ besitzt und damit als hervorragender Strahler angesehen werden kann. Aus diesem Grund wurde die äußere Oberfläche der Glasröhre mit einigen Lagen Superisolation gerade so umwickelt, dass nur noch ein schmaler Spalt von ca. 2 $cm$ Breite für den ungehinderten Strahldurchgang des LDA freigehalten wurde. Um zusätzlich noch den konvektiven Wärmeaustausch mit der Umgebung zu vermindern, wurde eine zweite Glasröhre der Dimensionen $150x3x1500\,mm$ konzentrisch um die innere Glasröhre platziert. In Verbindung mit den beiden Endflanschen ergibt sich damit ein abgeschlossener Zwischenraum zur Evakuierung. Mit dem Vakuumpumpstand kann ein Isolationsvakuum um die innere Glasröhre von $p \approx 1 \cdot 10^{-4} mbar$ erreicht werden. Aufgrund der optischen Brechung in beiden Glasröhren ergibt sich bei exakt konzentrischer Ausrichtung und ausschließlich radialer Einstrahlung der Laserstrahlen ein vertikaler Versatz des Messvolumens von 3,92 $mm$ (vgl. Abbildung 3.28).
Das Laser-Doppler-Anemometer ist parallel zu beiden Glasröhren auf einer x-y-Traversierung gelagert und kann damit zu jedem Punkt innerhalb der Mittelebene der Glasröhren verfahren und feinverstellt werden.
Die beiden Glasröhren im Verbund mit den Wärmeübertragern und den beiden Endflanschen sind mit einem Gestell starr verbunden. Somit wird eine ebenso starre Verbindung zur Traversierung des LDA erreicht. Zur Feinjustierung des LDA in der Mittelebene der beiden Glasröhren wurde die LDA-Aufnahme mit feinen Stellschrauben versehen.
Die Einstellung der Neigung der Rohrleitung wird über die beiden Rollplatten am Gestell realisiert. Die gesamte Anlage kann mit Hilfe eines Flaschenzuges beliebig im Winkelbereich von $0 \leq \gamma \leq 90°$ variiert werden. Die erreichbare Genauigkeit durch den verwendeten Winkelmesser liegt bei $\pm 1°$. Aufgrund der erhöhten Dichte von R125 ist durch den

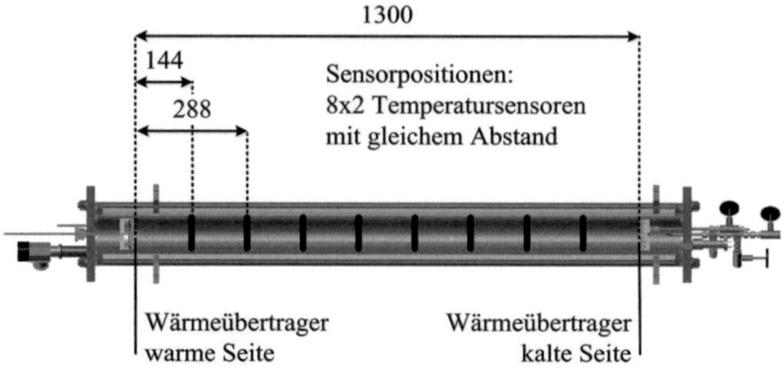


**Abbildung 3.29:** Darstellung und Bemaßung der Messstellen für die Temperatursensoren entlang der inneren Glasröhrenwand.

Neigungswinkel eine hydrostatische Druckdifferenz in der Glasröhre vorhanden. Unter dem höchsten Druck von $p = 9\,bar$ und 45° beträgt die Druckdifferenz zwischen oberem und unterem Ende etwa $4\,mbar$ und ist daher vernachlässigbar gering.
Zur Messung der Temperatur in der inneren Glasröhre sind neben den bereits angesprochenen Temperatursensoren im warmen und kalten Wärmeübertrager noch 16 weitere Temperatursensoren vom Typ PT100 angebracht. Jeweils 8 Sensoren sind an der Oberseite bzw. der Unterseite linear angeklebt, jedoch um 20° in Umfangsrichtung verdreht, dass Sensorkörper und Anschlusskabel die Laserstrahlen des LDA nicht behindern (vgl. Abbildung 3.28). Der Abstand der einzelnen Sensoren zueinander beträgt $\Delta x = 144\,mm$. Eine Übersicht über die Sensorpositionen ist in Abbildung 3.29 dargestellt. Aufgrund der Sensordimensionen von $10x2\,mm$ sowie den schwierigen Verhältnissen bei der Verklebung in der Glasröhre kann die exakte Position nur mit einer Genauigkeit von $\pm 10\,mm$ angegeben werden.
Zur Messung der Geschwindigkeit im Fluid sind 3 Messpositionen festgelegt. Ausgehend vom warmen Wärmeübertrager liegen diese – wie in Abbildung 3.30 angegeben – bei $250\,mm$, $650\,mm$ und $1050\,mm$. An jeder Messposition wird das LDA vertikal zur Rohrleitung durch den Mittelschnitt verfahren. Über den inneren Durchmesser $D$ mit $82\,mm$ ergeben sich 17 einzelne Messpunkte im Mittelschnitt. Unter Berücksichtigung der beiden

**Tabelle 3.2:** Übersicht über die relevanten Baugruppen des Prüfstandes für LDA-Messungen und deren zugehörige Konstruktionsmaterialien; die Stoffdaten wurden zeitgleich in den numerischen Vergleichsrechnungen angesetzt.

| Baugruppe | Material | $\rho\ [kg/m^3]$ | $c_p\ [J/kgK]$ | $\lambda\ [W/mK]$ |
|---|---:|---:|---:|---:|
| Glasröhren | Borosilikatglas | 2280 | 743 | 1,05 |
| Wärmeübertrager | Kupfer (RRR 60) | 8960 | 386 | 394 |
| Endflansche | Edelstahl 1.4541 | 8027 | 473 | 12,2 |
| Dichtungen | Gummi | 1000 | 2100 | 0,15 |
| Wärmeübertragergehäuse | Teflon | 2200 | 1010 | 0,26 |

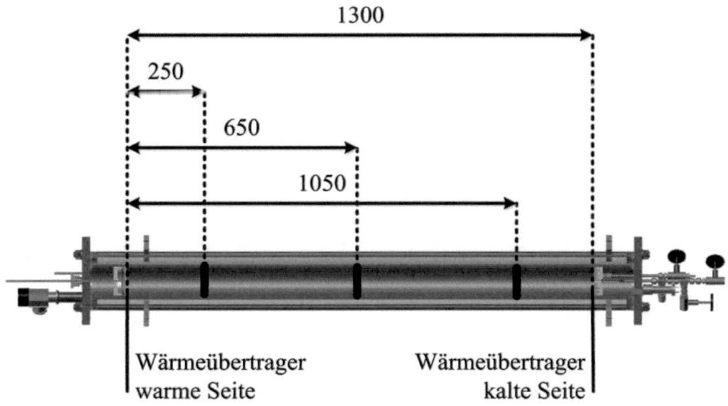


**Abbildung 3.30:** Darstellung und Bemaßung der Messpositionen für die Geschwindigkeitsmesspunkte entlang der Glasröhre.

Detektierungspunkte der Wandgrenze können also in Summe 19 einzelne Messpunkte an jeder Messposition aufgenommen und zu einem Geschwindigkeitsprofil zusammengefügt werden.
Bevor die Messungen mit dem LDA gestartet werden können, muss das Fluid mit geeigneten Tracerpartikeln versehen werden, die eine hinreichende Reflexion des Laserlichts gewährleisten (vgl. Kapitel 2.4.2). Für die hier durchgeführten Experimente wurde mit aerosolen Schwefelsäure-Wassertröpfchen gearbeitet. In einer Bypassleitung zur eigentlichen Befüllleitung der Glasröhre ist dazu jeweils ein Draeger-Strömungsprüfröhrchen platziert worden. Nach dem ersten Druckhub auf einen etwas geringeren Level zum angepeilte Druck kann die noch verbleibende Druckdifferenz – im konkreten Fall wenige mbar – über die Bypassleitung durch das Draeger-Strömungsprüfröhrchen geblasen werden. Die Restfeuchte im R125 ist ausreichend zur Anregung der schwefeligen Säure und führt zur Bildung eines Nebels. Je nach Dauer des Experiments muss dieser Vorgang auch während der Messungen regelmäßig wiederholt werden. Die Sedimentierung des Aerosols in der Glasröhre führt zu einer stetigen Verringerung der Tracerteilchen über der Zeit.

Während des Messvorgangs muss zur exakten Abbildung des Modellfalles in der inneren Glasröhre ein definierter Druck herrschen. Im konkreten Fall wurden bei den Messungen 4 unterschiedliche Drücke – 1, 3, 6 und $9\,bar$ – angefahren. Die Einstellung dieser Drücke ist über ein externes Kondensationsbad realisiert worden. Der geflutete Bereich der Glasröhre steht demnach über eine dünne Bohrung immer in Kontakt zu einem Ausgleichsbehälter gefüllt mit siedendem R125. Die entsprechende Temperatur im Gleichgewicht wird mit einer Temperierbox vom Typ Lauda Kryomat RUK 90-D sichergestellt. Die Temperaturabweichung vom gewünschten Siedezustand kann auf $\Delta T \leq 0{,}3\,K$ geregelt werden. Dies entspricht einer maximalen Variation des Drucks im Fluid von $15..79\,mbar$ je nach Drucklage. Die benötigten Siedetemperaturen von R125 sind in Tabelle 3.3 aufgeführt. Zum Überwachen des Drucks ist im Endflansch der Glasröhre am kalten Ende ein Drucksensor vom Typ Keller PAA-23/8465.1-20 eingeschraubt. Der Fehler der Druckmessung bedingt durch den Messumformer und das Auslesen beträgt $\Delta p = \pm 40\,mbar$.

**Tabelle 3.3:** Übersicht über die einzustellende Temperatur im Kondensationsbad zur Gewährleistung von isobaren Bedingungen in der geneigten Glasröhre.

| Druck $[bar]$ | Siedetemperatur $[°C]$ |
|---|---|
| 1 | -48,4 |
| 3 | -23,1 |
| 6 | -3,5 |
| 9 | 9,7 |

Der gesamte Messaufbau charakterisiert sich damit zusammenfassend durch die folgenden Randbedingungen:

- Dimensionen $100x9x1300\,mm$, Aspektverhältnis $L/D = 15{,}8$
- Temperatur warmes Ende $T_w = 373\,K$, Temperatur kaltes Ende $T_k = 293\,K$
- Fluid R125 unter den Drücken von $p = 1\,bar$, $3\,bar$, $6\,bar$ und $9\,bar$
- Neigungswinkel für die Messungen $\gamma = 10°$, $30°$ und $45°$
- Messstellen für Geschwindigkeitsprofile bei $x = 250\,mm$, $650\,mm$ und $1050\,mm$
- Messstellen für die Temperaturmessung um $20°$ verdreht, alle $\Delta x = 144\,mm$

Die Experimente im Modellfluid können demzufolge in 12 einzelne Testfälle untergliedert werden – 4 Drucklevel mit jeweils 3 verschiedenen Neigungswinkeln. In Abhängigkeit von den Dimensionen, den Temperaturverhältnissen und dem Druck im R125 können die relevanten Ähnlichkeitskennzahlen charakterisiert werden (siehe Tabelle 3.4). Ausgangspunkt für die Anwendung eines Modellfluids war Wasserstoff im Temperaturbereich zwischen $T = 50..300\,K$ bei einem Druck von bis zu $p = 350\,bar$. Für eine übliche Geometrie einer „kryogenen" Rohrleitung – hier $D = 10\,mm$ und $L = 500\,mm$ – ergeben

**Tabelle 3.4:** Reynolds- und Rayleighzahl für das Modellexperiment mit R125 in der vergrößerten Glasröhre im Vergleich zu Helium bzw. Wasserstoff in einer Hochdruckleitung unter kryogenen Temperaturbedingungen; Bezugsgeschwindigkeit $u_B = 0{,}1\,m/s$; Bezugslängen sind $D_{H_2,He} = 10\,mm$, $D_{R125} = 82\,mm$, $L_{H_2,He} = 500\,mm$, $L_{R125} = 1300\,mm$.

| Fluid | $T$ $[K]$ | $p$ $[bar]$ | $Re_D$ | $Re_L$ | $Ra_D$ | $Ra_L$ |
|---|---|---|---|---|---|---|
| Wasserstoff | 50 – 300 | 350 | $4{,}4 \cdot 10^3$ | $2{,}2 \cdot 10^5$ | $1{,}6 \cdot 10^5$ | $1{,}9 \cdot 10^{10}$ |
| Helium | 6 – 300 | 300 | $4{,}2 \cdot 10^3$ | $2{,}1 \cdot 10^5$ | $1{,}2 \cdot 10^5$ | $1{,}5 \cdot 10^{10}$ |
| R125 | 293 – 373 | 1 | $2{,}5 \cdot 10^3$ | $3{,}9 \cdot 10^4$ | $2{,}8 \cdot 10^5$ | $1{,}1 \cdot 10^9$ |
| R125 | 293 – 373 | 3 | $7{,}6 \cdot 10^3$ | $1{,}2 \cdot 10^5$ | $2{,}9 \cdot 10^6$ | $1{,}2 \cdot 10^{10}$ |
| R125 | 293 – 373 | 6 | $1{,}6 \cdot 10^4$ | $2{,}5 \cdot 10^5$ | $1{,}4 \cdot 10^7$ | $5{,}6 \cdot 10^{10}$ |
| R125 | 293 – 373 | 9 | $2{,}4 \cdot 10^4$ | $3{,}8 \cdot 10^5$ | $3{,}9 \cdot 10^7$ | $1{,}6 \cdot 10^{11}$ |

sich konkret Reynoldszahlen in Abhängigkeit vom Durchmesser bzw. von der Länge von $4{,}4 \cdot 10^3$ und $2{,}2 \cdot 10^5$. In gleicher Weise berechnete Rayleighzahlen zeigen Werte von $1{,}6 \cdot 10^5$ bzw. $1{,}9 \cdot 10^{10}$. Die Druckstufen bei $p = 1\,bar$ überschneidend mit $3\,bar$ liefern dabei die Ausgangsbasis bei konstanten Reynolds- und Rayleighzahlen in Abhängigkeit vom Durchmesser $D$, die Druckstufen bei $p = 3\,bar$ überschneidend mit $6\,bar$ die Ausgangsbasis in Abhängigkeit von der Länge $L$.
Durch die Ähnlichkeit von Wasserstoff und Helium im diskutierten Bereich können die definierten Testfälle ebenfalls – wie aus Tabelle 3.4 ersichtlich – für Helium verwendet werden.
Die Druckstufe $p = 9\,bar$ zeigt eine geringere Konvergenz mit den angegebenen Zielwerten. Sie soll demzufolge als erweiternde Zusatzmessung angesehen werden.

Die Messprozedur mit dem Laser-Doppler-Anemometer läuft an allen Messpunkten nach dem folgenden Schema ab. Nach Messbeginn wird zunächst die Sampling-Rate des LDA geprüft. Sie liegt je nach Tracerbeladung und Nähe des entsprechenden Messpunktes zur Wand im Bereich von $100 \leq f_s\,[Hz] \leq 2000$. Die Messdauer beträgt immer $\Delta t = 180\,s$. Damit werden für jeden Messpunkt hinreichend viele Daten aufgenommen. Im letzten Schritt werden die aufgenommenen Messdaten auf ihre Güte hin untersucht. Dazu zählen in erster Linie die Auswertung des Mittelwertes sowie dessen Vertrauensbereich. Zusätzlich können die statistischen Momente höherer Ordnung (Schiefe, Wölbung) der Messwertverteilung weitere Rückschlüsse auf die Güte des Messpunktes geben.

### Simulation und numerische Randbedingungen

Die begleitenden numerischen Simulationen zu den Experimenten sind in Zusammenarbeit mit dem Projektpartner Ansys entstanden. In der daraus resultierenden Masterarbeit von SIMION [77] können demzufolge besonders numerische Details nachgelesen werden. Im Folgenden sollen daher nur die wesentlichen Punkte und relevanten Unterschiede zum Experiment dargestellt werden.
Das simulierte Berechnungsmodell umfasst neben dem Fluid auch mehrere Festkörper, die aller Erwartung nach in direktem Zusammenhang mit der inneren Strömung stehen. Demzufolge ergibt sich eine Fluid-Struktur-Interaktion (FSI) im Berechnungsgebiet. Die modellierten Baugruppen sind in Abbildung 3.31 gezeigt.
Das Fluid im Inneren hat – wie auch im Experiment – die Dimensionen $82x1300\,mm$. Die Stoffdaten des R125 wurden mit Ansys-spezifischen Realgastabellen eingelesen und entsprechen denen des Stoffwertprogramms REFPROP [61].
Die beiden Wärmeübertrager sind mit einer konstanten Temperaturrandbedingung $T_k = 293\,K$ und $T_w = 373\,K$ belegt. Die Körper der beiden Wärmeübertrager sind durch die angesetzten Teflonzylinder repräsentiert. Der aus dem Experiment bekannte Spalt zum Einschieben der Wärmeübertrager in die Glasröhre ist in der Simulation durch einen Wärmeübergangskoeffizienten von $520\,W/m^2\,K$ modelliert. Dieser repräsentiert eine angenommene, etwa $0{,}5\,mm$ dicke Teflonschicht.
Der Bereich zwischen den beiden Glasröhren ist in der Simulation als Vakuumraum mit einer thermischen Leitfähigkeit von $3{,}33\,W/m\,K$ simuliert. Dies entspricht der Restwärmeleitfähigkeit von Luft bei einem Vakuumdruck von $p = 1 \cdot 10^{-4}\,mbar$. Auftretender

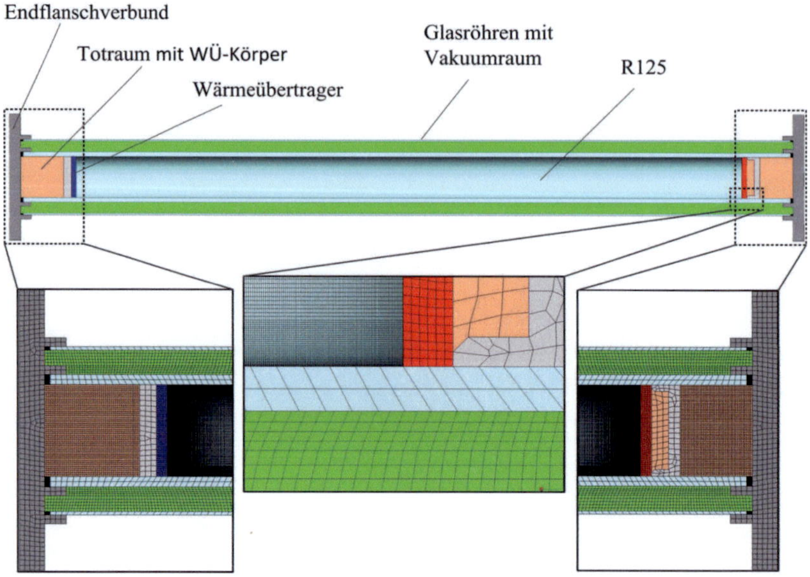


**Abbildung 3.31:** Darstellung des Berechnungsmodells und der relevanten Baugruppen für die Vergleichsrechnungen zum Modellfluid; detailliert dargestellt sind Auszüge aus dem verwendeten Berechnungsnetz „Mittel".

Strahlungswärmestrom wird nicht berücksichtigt, ebenso die umwickelte Mehrlagenisolation.
Der Totraum hinter beiden Wärmeübertragerkörpern ist im Experiment ebenfalls mit R125 gefüllt und bildet dort ein weiteres Fluidgebiet. In der Simulation ist dieser Bereich als Festkörper angenommen. Dort werden wiederum lediglich thermische Eigenschaften des Vakuums dargestellt.
Begrenzt wird das Berechnungsgebiet nach außen durch die beiden Endflansche im Verbund mit der äußeren Glasröhre. Auf allen äußeren Oberflächen gilt ein konstanter Wärmeübergangskoeffizient von $10\,W/m^2K$ bei einer angenommenen Umgebungstemperatur des Raumes von $297\,K$.
Zur Bereitstellung eines geeigneten Berechnungsnetzes sind zunächst die Festkörperanteile vergleichsweise grob vernetzt worden. Der Fluidbereich dagegen erforderte eine systematische Untersuchung auf Gitterkonvergenz (vgl. Kapitel 2.3.2). In der Tabelle 3.5 sind die einzelnen Varianten der Berechnungsnetze und ihre wichtigsten Eigenschaften aufgeführt. Die vergleichsweise große Anzahl der Elemente entsteht durch die äußerst feine Vernetzung nahe der Wand zur Auflösung der Grenzschicht. Die Gitterkonvergenzanalyse hat gezeigt, dass das Berechnungsnetz „Mittel" ausreichend fein genug ist. Es wurde daher für alle weiteren Simulationen verwendet. Detailansichten zum verwendeten Berechnungsnetz sind in der Abbildung 3.31 aufgeführt.

Die Simulationen zu den Testfällen wurden alle instationär mit einer Zeitschrittweite von 0,1 $s$ durchgeführt. Die lokalen Werte für Geschwindigkeit und Temperatur sind ent-

**Tabelle 3.5:** Aufschlüsselung der getesteten Berechnungsnetze für die Konvergenzanalyse, für die Simulationen wurde das Berechnungsnetz „Mittel“ verwendet.

| | Grob | Mittel | Fein |
|---|---|---|---|
| Solid Elemente | 401446 | 401446 | 401446 |
| Solid Knoten | 463421 | 463421 | 463421 |
| Fluid Elemente | 529920 | 4239360 | 14307840 |
| Fluid Knoten | 555170 | 4339467 | 14532412 |
| Maximales Längenverhältnis | 58,5 | 58,5 | 58,5 |
| Minimaler Elementwinkel | 50 | 45 | 45 |
| Mittlerer $y^+$-Wert | 3,1 | 1,8 | 1,3 |

sprechend zeitlich gemittelt worden. Durch die kleine erforderliche Zeitschrittweite und die große Knotenanzahl ist jeweils in einer vorgeschalteten stationären Simulation eine günstige Startbedingung der Geschwindigkeits- und Temperaturverteilung geschaffen worden. Trotz dieses extrem zeitersparenden Schrittes belaufen sich die Simulationszeiten pro einzelnen Testfall auf ca. 80 CPU-Tage.

### Diskussion der Ergebnisse

Durch die Vielzahl der gewonnenen experimentellen und numerischen Ergebnisse soll nur eine repräsentative Auswahl im Detail diskutiert werden. Dafür eignen sich die Testfälle 4, 5 und 6 also $\gamma = 10°$, $30°$ und $45°$ bei $p = 3\,bar$ besonders durch die gute Übereinstimmung von Reynolds- und Rayleighzahl (vgl. Tabelle 3.4). Die Ergebnisse aller 12 durchgeführten Testfälle sind im Anhang A.1 aufgeführt.

**Vergleich der Geschwindigkeitsprofile** In den später folgenden Abbildungen 3.33, 3.34 und 3.35 sind für die einzelnen Koordinaten $x = 250$, 650 und 1050 $mm$ die Profile der Geschwindigkeit in Hauptstromrichtung – hier $u_x$ – im Vergleich zwischen Experiment und CFD-Rechnung dargestellt. Zum Verständnis der Strömungscharakteristik seien zunächst folgende Bemerkungen vorausgeschickt.
Die linke Seite jedes einzelnen Diagramms markiert die warme Endfläche des Wärmeübertragers, dort steigt das Fluid auf. Die rechte Seite markiert die kalte Endfläche des Wärmeübertragers, das Fluid sinkt dort ab. Nach dem Auf- bzw. Absteigen entstehen lokale Geschwindigkeitsüberhöhungen die im weiteren Abströmvorgang langsam der Diffusion unterliegen, sie „verschmieren“ stromabwärts. Aus den Betrachtungen zur allgemeinen Strömungscharakteristik in Kapitel 3.4 ist dies bereits bekannt. Für den konkreten Fall der vergleichsweise kurzen Glasröhre ist in Abbildung 3.32 ein übliches, numerisch ermitteltes Geschwindigkeitsfeld anhand von Schnittebenen entlang der Hauptachse dargestellt. Die Gebiete der lokalen Geschwindigkeitsüberhöhungen sind gut zu erkennen. Mit Kenntnis dieser allgemeinen Charakteristik lassen sich nun die einzelnen Linien der Geschwindigkeit an den charakteristischen Stellen diskutieren.

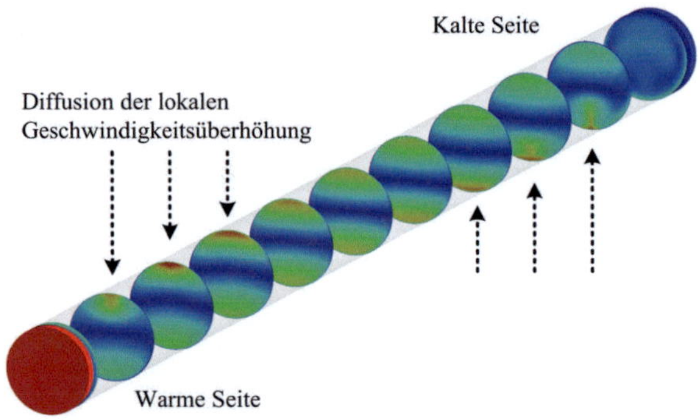


**Abbildung 3.32:** Darstellung eines numerisch ermittelten Geschwindigkeitsfeldes anhand von diskreten Schnittebenen entlang der Hauptachse, rot gefärbte Bereiche entsprechen hoher Geschwindigkeit, blau gefärbte Bereich niederer Geschwindigkeit.

Im Testfall 4 ($p = 3\,bar$, $\gamma = 10°$), dargestellt in Abbildung 3.33, zeigt das numerisch berechnete Geschwindigkeitsprofil bei $x = 250\,mm$ eine etwas andere Charakteristik als eingangs beschrieben. Nahe dem warmen Wärmeübertrager stellt sich die maximale Geschwindigkeit nicht wie üblich nach der Umlenkung, sondern davor ein. Die gemessenen Geschwindigkeitsprofile dagegen bilden genau die erwartete Charakteristik ab. Der Maximalwert der Geschwindigkeit nach der Umlenkung bei $x = 250\,mm$ liegt in der Simulation bei $0{,}1\,m/s$, in der Messung dagegen bei deutlich höheren $0{,}18\,m/s$. In der Form des Geschwindigkeitsprofils mit leichtem S-Schlag zwischen Maximum und Minimum sowie dem Nulldurchgang bei etwa halber Höhe stimmen Messung und Simulation vergleichsweise gut überein.
An der Position $x = 650\,mm$ liegt für die Messung ein praktisch punktsymmetrisches Geschwindigkeitsprofil mit einem Maximal- bzw. Minimalwert von $\pm 0{,}16\,m/s$ vor. Im simulierten Geschwindigkeitsprofil kann die Abweichung von $x = 250\,mm$ noch nicht vollständig ausgeglichen werden. Es ergibt sich immer noch eine leichte Asymmetrie des Geschwindigkeitsprofils mit einem Maximalwert von $0{,}143\,m/s$ bzw. einem Minimalwert von $-0{,}19\,m/s$. Die generelle Form des Geschwindigkeitsprofils mit leichtem S-Schlag zwischen Maximum und Minimum und dem Nulldurchgang leicht oberhalb der Mitte wird durch die Simulation im Vergleich zur Messung auch bei $x = 650\,mm$ gut wiedergegeben.
Bei Position $x = 1050\,mm$ nahe dem kalten Wärmeübertrager zeigt das numerisch berechneten Geschwindigkeitsprofil ebenso wie die Messung genau die eingangs beschriebene Charakteristik. Abweichungen wie am warmen Wärmeübertrager sind hier nicht zu beobachten. Vor der Umlenkung liegt der maximale Geschwindigkeitsbetrag in der Simulation bei $0{,}1\,m/s$ und in der Messung leicht darüber bei $0{,}11\,m/s$. Nach der Umlenkung ergibt sich ein minimaler Geschwindigkeitsbetrag in der Simulation von $-0{,}15\,m/s$, in der Messung liegt der Werte wieder leicht abweichend bei $-0{,}16\,m/s$. Die generelle Form des Geschwindigkeitsprofils ist wie bei den beiden anderen Profilen praktisch identisch. Der Nulldurchgang wird wieder leicht oberhalb der Mitte ermittelt.
Aus den numerischen Simulationen kann weiterhin die mittlere Geschwindigkeit im auf-

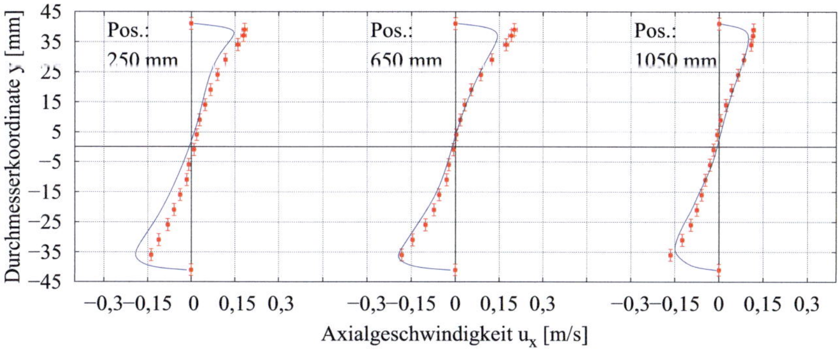


**Abbildung 3.33:** Darstellung der Geschwindigkeitskomponente $u_x$ für den **Testfall 4** ($p = 3\,bar$, $\gamma = 10°$) an den charakteristischen Vertikalen in der Rohrleitung $x = 250\,mm$, $650\,mm$ und $1050\,mm$. Blau dargestellt ist die CFD-Rechnung, rot dargestellt sind die gemessenen Punkte mit Fehlerbalken.

steigenden und absteigenden Fluidstrom bestimmt werden. Sie liegt bei $\bar{u}_{10°} = 0{,}089\,m/s$. Der mittlere transportierte Massestrom beträgt $\bar{\dot{m}}_{10°} = 1{,}03 \cdot 10^{-3} kg/s$.
Auch im Hinblick auf die numerischen Simulationen der weiteren Druckstufen bei $\gamma = 10°$ (siehe Anhang A.1) muss angemerkt werden, dass sich ähnliche Abweichungen zu den zugehörigen Experimenten ergeben. Der vergleichsweise kleine Neigungswinkel erzeugt entlang der Hauptachse nur geringe Auftriebskräfte, die die übliche Strömungscharakteristik in der geneigten Rohrleitung „formen". Dieser Effekt wird zusätzlich durch das kleine Aspektverhältnis begünstigt. Anhand der jeweiligen Strömungsbilder (siehe Anhang A.1) kann also geschlussfolgert werden, dass die bereits bekannten Sekundärströmungen aus Kapitel 3.4 einen erheblichen Anteil an der inneren Fluidbewegung haben und demzufolge die bekannte und erwartete Strömungscharakteristik etwas „verzerren".

Im Testfall 5 ($p = 3\,bar$, $\gamma = 30°$), dargestellt in Abbildung 3.34, zeigt sowohl das numerisch berechnete als auch das experimentell ermittelte Geschwindigkeitsprofil bei $x = 250\,mm$ die erwartete Charakteristik aus Abbildung 3.32. Nach dem Aufsteigen am warmen Wärmeübertrager wird das Fluid zunächst stark beschleunigt. In der Profilierung ist dies daran zu erkennen, dass sich eine zusätzliche Auswölbung darstellt. Der maximale Geschwindigkeitsbetrag nach der Umlenkung liegt in der Simulation bei $0{,}2 m/s$ und in der Messung leicht darüber bei $0{,}22\,m/s$. Der minimale Geschwindigkeitsbetrag vor der Umlenkung entspricht in der Simulation $-0{,}15\,m/s$ und in der Messung $-0{,}16\,m/s$. Messung und Simulation zeigen weiterhin leicht unterschiedliche Ausbauchungen des Geschwindigkeitsprofils im unteren Bereich. Die generelle Charakteristik ist jedoch identisch, auch der Nulldurchgang leicht oberhalb der Mitte wird sowohl von der Messung als auch von der Simulation korrekt wiedergegeben.
An Position $x = 650\,mm$ sind Messung und Simulation innerhalb der Messungenauigkeiten praktisch identisch. Das Geschwindigkeitsprofil ist wiederum punktsymmetrisch. Der Maximal- bzw. Minimalwert der Geschwindigkeit beträgt $\pm 0{,}19\,m/s$. Der Nulldurchgang liegt exakt auf der Rohrmitte.

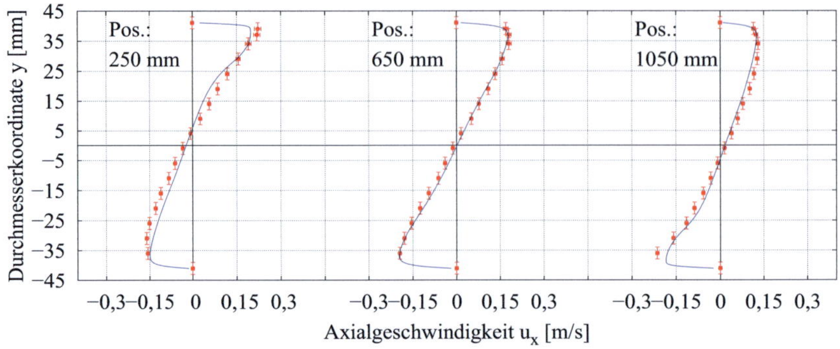


**Abbildung 3.34:** Darstellung der Geschwindigkeitskomponente $u_x$ für den **Testfall 5** ($p = 3\,bar$, $\gamma = 30°$) an den charakteristischen Vertikalen in der Rohrleitung $x = 250\,mm$, $650\,mm$ und $1050\,mm$. Blau dargestellt ist die CFD-Rechnung, rot dargestellt sind die gemessenen Punkte mit Fehlerbalken.

Für $x = 1050\,mm$ nahe dem kalten Wärmeübertrager ähnelt die Charakteristik wieder sehr stark dem erwarteten Geschwindigkeitsverlauf nach Abbildung 3.32. Der Bereich der leichten Geschwindigkeitsüberhöhung ist durch die Auswölbung wie schon bei $x = 250\,mm$ erkennbar. Messung und Simulation stimmen auch hier bis auf den Minimalwert nach der Umlenkung sehr gut überein. Dieser beträgt für die Simulation $-0{,}18\,m/s$ und für die Messung $-0{,}21\,m/s$. Vor der Umlenkung unterscheidet sich der Maximalwert nur wenig, er liegt für die Simulation bei $0{,}12\,m/s$ und die Messung $0{,}13\,m/s$. Der Nulldurchgang ergibt sich leicht unterhalb der Mitte.
Die mittlere Geschwindigkeit im aufsteigenden und absteigenden Fluidstrom – ermittelt aus der numerischen Simulation – beträgt für Testfall 5 $\bar{u}_{30°} = 0{,}115\,m/s$, der mittlere transportierte Massestrom $\bar{\dot{m}}_{30°} = 1{,}49 \cdot 10^{-3} kg/s$.

Testfall 6 ($p = 3\,bar$, $\gamma = 45°$), dargestellt in Abbildung 3.35, ist von den Bedingungen und den Ergebnissen her dem Testfall 5 sehr ähnlich. An der Position $x = 250\,mm$ ergibt sich wiederum die erwartete Charakteristik aus Abbildung 3.32 mit leichter Auswölbung des Geschwindigkeitsprofils nach Aufsteigen und Umlenken des Fluids an der warmen Wand. Die Messung ergibt hier für den Maximalwert diesmal einen etwas geringeren Wert von $0{,}22\,m/s$ gegenüber der Simulation mit $0{,}28\,m/s$. Die Charakteristik von gemessenem und berechnetem Geschwindigkeitsprofil stimmt aber – wie schon in Testfall 5 – gut überein. Der Nulldurchgang wird für beide an der gleichen Position leicht oberhalb der Mitte dargestellt.
An Position $x = 650\,mm$ verlaufen Messung und Simulation praktisch punktsymmetrisch zur Nulllinie. Die Charakteristik des Profils ist identisch, lediglich die Maximalwerte fallen bei der Messung mit $\pm 0{,}17\,m/s$ leicht geringer aus als bei der Simulation mit $\pm 0{,}2\,m/s$.
Die Charakteristik des berechneten Geschwindigkeitsprofils bei $x = 1050\,mm$ weist dagegen wieder eine Besonderheit auf. Vor der Umlenkung und dem Abströmen an der kalten Endfläche ergibt sich bei allen Neigungswinkeln ein Rezirkulationsgebiet, welches je nach

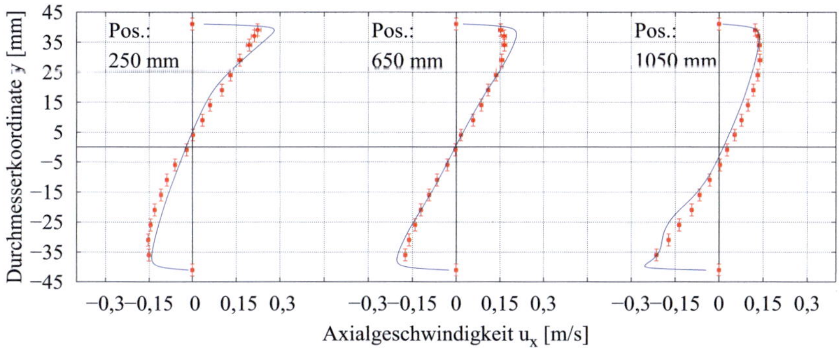


**Abbildung 3.35:** Darstellung der Geschwindigkeitskomponente $u_x$ für den **Testfall 6** ($p = 3\,bar$, $\gamma = 45°$) an den charakteristischen Vertikalen in der Rohrleitung $x = 250\,mm$, $650\,mm$ und $1050\,mm$. Blau dargestellt ist die CFD-Rechnung, rot dargestellt sind die gemessenen Punkte mit Fehlerbalken.

Neigungswinkel mehr oder weniger stark ausgeprägt ist. Zusätzlich neigt dieser Wirbel bei großen Anstellwinkeln regelmäßig zur Ablösung und anschließendem Wiederaufbau. Die Einschnürung der Hauptströmung führt zu einer deutlichen Überhöhung der Geschwindigkeit nach der Umlenkung. Dieses Gebiet der Überhöhung und die statistische Mittelung der Wirbelablösungen ergibt in der Simulation Auswirkungen auf die Charakteristik des Geschwindigkeitsprofils, die bis in den Bereich bei $x = 1050\,mm$ hineinragen. In der Messung ist dieses Phänomen nicht zu beobachten. Eine vermutete Ursache hierfür ist, dass der thermische Widerstand zwischen kalter Endfläche und Glasröhre in der Simulation deutlich geringer ist als im Experiment und somit eine stärkere Erwärmung der Glasröhre resultiert. Dies wiederum hat einen signifikanten Einfluss auf die Größe und die Instabilität des diskutierten Rezirkulationsgebiets. In der Messung erwärmt sich die Glasröhre in Richtung der Hauptachse offensichtlich sehr viel weniger. Das Rezirkulationsgebiet bleibt kleiner und stabiler. Der Maximalwert der Geschwindigkeit vor der Umlenkung wird von Messung und Simulation praktisch identisch mit $0{,}136\,m/s$ wiedergegeben. Der Minimalwert der Geschwindigkeit dagegen liegt in der Messung bei $-0{,}22\,m/s$ und in der Simulation etwas höher bei $-0{,}28\,m/s$. Eine mögliche Ursache für diese größere Abweichung wird darin vermutet, dass keine feinere Auflösung der Messung nahe der unteren Wand realisiert werden konnte. Messpunkte mit geringerem Wandabstand würden hier vermutlich noch höhere Geschwindigkeitsbeträge in der Messung zeigen.
Statistisch gemittelt liegt die mittlere Geschwindigkeit im aufsteigenden und absteigenden Fluidstrom für Testfall 6 bei $\bar{u}_{45°} = 0{,}128\,m/s$ und damit nur noch leicht höher als im ähnlichen Testfall 5. Der mittlere transportierte Massestrom beträgt dabei $\bar{\dot{m}}_{45°} = 1{,}6 \cdot 10^{-3} kg/s$.

**Vergleich der Temperaturprofile** Neben den Geschwindigkeitsprofilen können für die Testfälle 4-6 zusätzlich die Temperaturprofile an der Ober- und Unterseite der Glasröhre

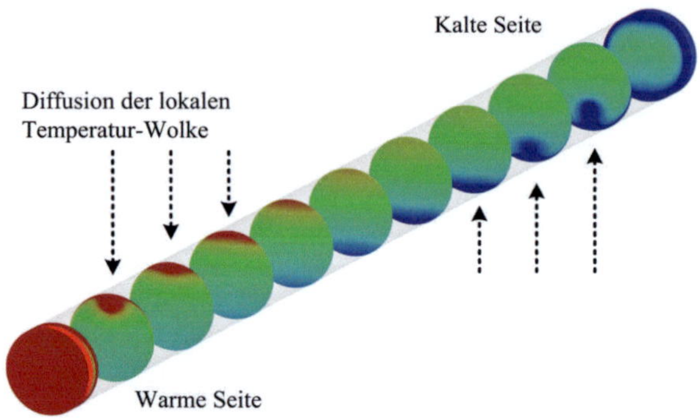


**Abbildung 3.36:** Darstellung eines numerisch ermittelten Temperaturfeldes anhand von diskreten Schnittebenen entlang der Hauptachse, rot gefärbte Bereiche entsprechen höherer Temperatur, blau gefärbte Bereiche niederer Temperatur.

verglichen werden.
Analog zur Überlegung der Geschwindigkeitsüberhöhung nach jeweiliger Umlenkung an den Endflächen lässt sich auch eine Temperaturüberhöhung bzw. -unterkühlung vermuten. In der Abbildung 3.36 ist ein übliches, numerisch ermitteltes Temperaturfeld anhand von Schnittebenen entlang der Hauptachse dargestellt. Die existierende „Temperaturwolke" verteilt sich stromabwärts durch die wirkende Diffusion, ihre Form verläuft.

In den Abbildungen 3.37 (a-c) sind die gemessenen und numerisch ermittelten Temperaturverteilungen in der Glasröhre für die Testfälle 4-6 dargestellt. Die numerisch berechneten Profile beginnen jeweils an der warmen bzw. kalten Endfläche und laufen innerhalb der ersten $150\,mm$ steil zu, um sich dann zur Mitte hin zu verbinden. In diesem quasilinearen Bereich spielt besonders die Wärmeabgabe durch die beiden Glasröhren und das Vakuum eine entscheidende Rolle. Da bei allen 3 Testfällen die gemessenen Temperaturverteilungen um einige Kelvin kälter liegen als die zugehörigen numerisch berechneten Profile, liegt hier vermutlich eine Unzulänglichkeit zwischen Messung und Experiment vor. Die Modellierung des Wärmedurchgangs durch die Glasröhren und das Vakuum ist in der Simulation somit offensichtlich zu gering berücksichtigt. Da der Wärmestrom über die Länge der Glasröhre jedoch kontinuierlich ist, kann diese Unzulänglichkeit mit einem Offset der gemessenen Temperaturwerte ausgeglichen werden. Die so verschobene, aber nicht veränderte Charakteristik der Temperaturverteilung bleibt demnach aussagekräftig. Dieser Schritt ermöglicht den Verzicht auf die aufwendige Wiederholung aller Simulationen mit angepassten Wärmeleitwiderständen.
Im Testfall 4 ($p = 3\,bar$, $\gamma = 10°$) wurde ein Offset von $\Delta T = 5\,K$ angesetzt. Damit liegen alle gemessenen Temperaturen genau auf den berechneten Temperaturen an Ober- und Unterseite. Die Charakteristik wird also identisch abgebildet. Durch den geringen Neigungswinkel liegen – wie bereits diskutiert – innerhalb der Glasröhre geringere Geschwindigkeiten vor. Die Diffusion der „Temperaturwolke" nach der jeweiligen Umlenkung ist demnach geringer. In den simulierten Profilen ist diese Abschwächung sehr gut in den kleiner werdenden Temperaturspreizungen zwischen $x = 100..300\,mm$ und $x = 1200..1000\,mm$ zu beobachten. Sie beträgt zwischen 7,5 und $4{,}5\,K$.

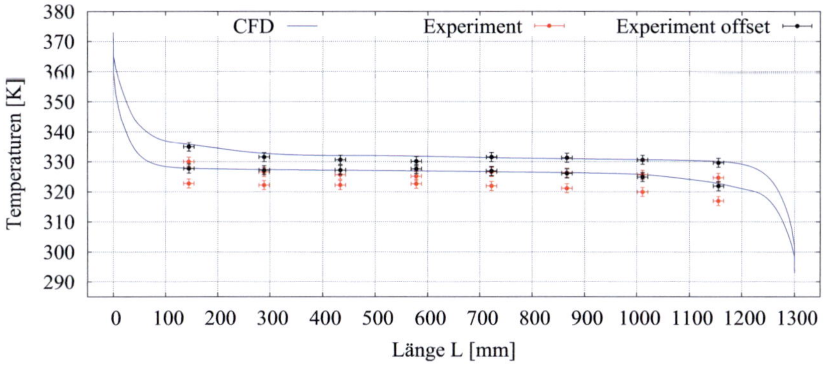


(a) **Testfall 4**, Druck $p = 3\,bar$, Neigungswinkel $\gamma = 10°$, Offset $+5\,K$.

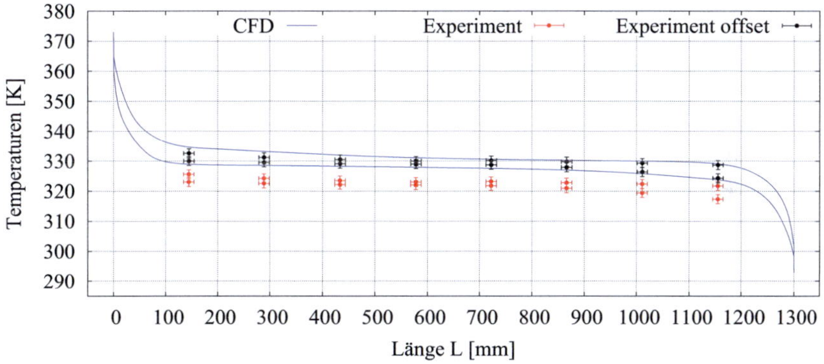


(b) **Testfall 5**, Druck $p = 3\,bar$, Neigungswinkel $\gamma = 30°$, Offset $+7\,K$.

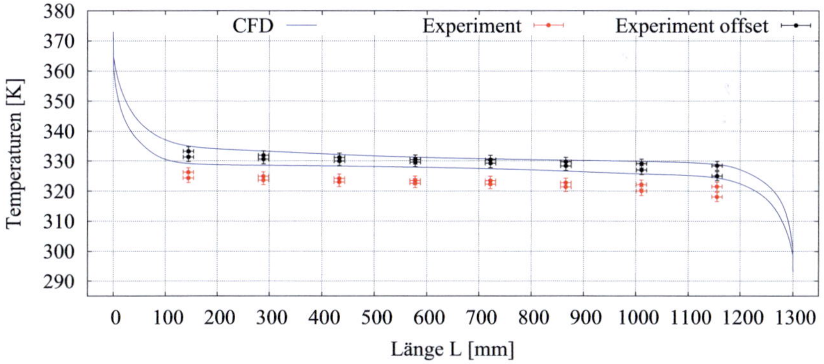


(c) **Testfall 6**, Druck $p = 3\,bar$, Neigungswinkel $\gamma = 45°$, Offset $+8\,K$.

**Abbildung 3.37:** Darstellung der Temperaturverteilung für die Testfälle 4-6 bei einem Druck von $p = 3\,bar$ im Vergleich zwischen Experiment und Simulation, zusätzlich aufgetragen sind die experimentellen Daten mit einem konstanten Temperatur-Offset.

Für den Testfall 5 ($p = 3\,bar$, $\gamma = 30°$) wurde ein Offset von $\Delta T = 7\,K$ angesetzt. Durch die höheren Geschwindigkeiten im Fluid ist auch der Wärmeübergang zur Wand und zu den Endflächen verbessert. Damit liegt das Temperaturniveau in der Röhre nochmals um $2\,K$ höher als noch im Testfall 4. Die Temperaturspreizung der Messung zwischen $x = 100..300\,mm$ und $x = 1200..1000\,mm$ dagegen ist deutlich abgeschwächt. Sie beträgt nur noch zwischen $2..3\,K$. Die generelle Charakteristik stimmt aber auch im Testfall 5 zwischen Messung und Experiment gut überein.
Im Testfall 6 ($p = 3\,bar$, $\gamma = 45°$) ist ein Offset von $\Delta T = 8\,K$ angesetzt worden. Die Temperaturspreizung zwischen $x = 100..300\,mm$ und $x = 1200..1000\,mm$ ist nicht mehr wahrnehmbar. Sie beträgt für den kompletten Bereich der aufgenommenen Messpunkte etwa konstant $2\,K$. Der Temperaturangleich erfolgt demnach bei $\gamma = 45°$ schon vor der ersten Temperaturmessstelle nach der jeweiligen Umlenkung. Die leicht geringer werdende Temperaturspreizung zur Mitte der Glasröhre hin ist auf die internen Temperaturausgleichsvorgänge im Fluid durch auf- und absteigenden Fluidstrom zurückzuführen. Der charakteristische Verlauf zwischen Messung und Experiment stimmt aber auch hier gut überein.

**Fazit der Vergleichsuntersuchungen mit dem Modellfluid** Die durchgeführten Vergleiche zwischen numerischer Simulation und experimentell ermittelten Geschwindigkeits- und Temperaturprofilen haben gezeigt, dass der kommerzielle Code Ansys CFX geeignet ist, die komplexen Strömungsvorgänge in einer geneigten Glasröhre gefüllt mit dem Modellfluid R125 unter definierten Randbedingungen abzubilden. Die Ähnlichkeit der Ergebnisse der Simulation gegenüber dem Experiment sind vielversprechend und geben Anlass zur Zuversicht, dass auch unter ähnlichen Reynolds- und Rayleighzahlen die Strömungsvorgänge in Rohrleitungen gefüllt mit kryogenen Fluiden in guter Näherung abgebildet werden können. Aus der Erfahrung der hier durchgeführten Simulationen sind die folgenden Punkte unbedingt einzuhalten, um hochwertige numerische Ergebnisse mit CFX zu erzielen:

1. Hinreichend feines Netz zur vollen Auflösung der Grenzschicht ($y^+ < 2$)
2. Bereitstellung von Realgasdaten im Fluid
3. Berücksichtigung der Turbulenzproduktion und -dissipation durch den Auftrieb

Die beobachteten, vergleichsweise geringen Abweichungen lassen sich zudem gut begründen. Sie beruhen mit großer Wahrscheinlichkeit auf Unzulänglichkeiten bei der Abbildung der Experimentierbedingungen in die Simulationsumgebung und den damit verbundenen Annahmen. Im Rahmen der Arbeit von Simion [77] wurden z. B. noch weitere Turbulenzmodelle eingesetzt und verglichen. Dabei zeigten sich keine spürbaren Modellschwächen des hier angewendeten SST-Turbulenzmodells.

**Bemerkungen zu experimentellen Messfehlern** Die Güte der experimentell gewonnenen Geschwindigkeitsprofile kann üblicherweise mit Hilfe statistischer Methoden bewertet werden. Auf eine detaillierte Auswertung der statistischen Momente höherer Ordnung soll im Rahmen dieser Arbeit verzichtet werden. Um einen groben Anhalt von der Güte der Messergebnisse zu bekommen, seien folgende Richtwerte gegeben. Die Schiefe (Skewness) der resultierenden Verteilung der gemessenen Geschwindigkeitspunkte liegt im Mittel bei $-0{,}02$ mit einer Standardabweichung von $\pm 0{,}32$. Entsprechend liegen die Wölbungen (Kurtosis) der resultierenden Verteilungen im Mittel bei 3,13 mit einer Standardabweichung von $\pm 1{,}05$. Vor diesem Hintergrund und dem in Kapitel 2.4.2 diskutierten Messfehler des LDA von 5% vom Messwert kann geschlussfolgert werden, dass die experimentell gewonnen Ergebnisse im angegebenen Fehlerintervall von sehr guter Qualität und damit vertrauenswürdig sind. Gleiches gilt für die Messung der Temperatur. Das angegebene Fehlerintervall von $\Delta T = \pm 1{,}5\,K$ ist als sehr konservativ ermittelt anzusehen. Maßgeblich sind vielmehr die schwierige Einbausituation der Temperatursensoren und die damit verbundene, exakte Platzierung.

### 3.8.2 Wärmetransport und Temperaturverteilung unter kryogenen Bedingungen

#### Versuchsaufbau und experimentelle Randbedingungen

Die Untersuchungen zum Wärmetransport unter kryogenen Bedingungen sollen in einer geneigten Rohrleitung durchgeführt werden, die in Form und Dimension praktischen Beispielen ähnlich ist. Um diese Anforderungen zu befriedigen, wurde ein neuer Versuchskryostat entworfen. Üblicherweise trägt man beim Kryostatbau sehr umsichtig dafür Sorge, dass möglichst wenige unerwünschte konvektive Wärmebrücken entstehen können. Dazu zählt besonders die Maßgabe, dass wärmere Bauteile oberhalb kälterer Bauteile angeordnet sind. Dieser Grundsatz ist beim entworfenen Kryostaten bewusst vernachlässigt worden. Vielmehr ist das „Bottom-up" Prinzip angewendet. Der kalte Wärmeübertrager wurde oberhalb des warmen Wärmeübertragers installiert. Die dazwischen befindliche Rohrleitung ist somit bewusst einer Konvektion im Inneren ausgesetzt. Die Abbildungen 3.38 und 3.39 zeigen den Versuchsaufbau sowie Details zum inneren Design des Kryostaten. Beides soll im Folgenden näher erläutert werden.
Der Kryostat kann Rohrleitungen der Dimensionen $12x1x250..1000\,mm$ bis höchstens $20x2x250..1000\,mm$ aufnehmen. Dies ist gleichzeitig auch die Bandbreite von Rohrleitungen, die später untersucht wurden. Diese Einschränkung ergibt sich maßgeblich durch die verfügbaren Verschraubungen, die an beiden Enden die lösbare Verbindung zum warmen bzw. kalten Wärmeübertrager realisieren. Die möglichen Aspektverhältnisse liegen damit im Bereich $D/L = 0{,}01..0{,}064$.
Die Rohrleitung selbst und das umgebende System ist für einen maximalen Betriebsdruck von $200\,bar$ ausgelegt. Bis zu diesem Druck können auch Messungen zum Wärmetrans-

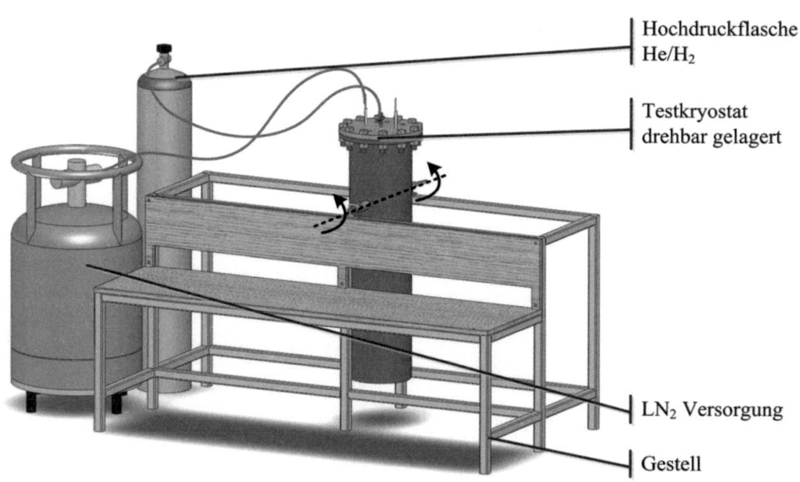


**Abbildung 3.38:** Ansicht des gesamten Versuchsstandes mit Peripherie und Gestell zur Messung des Wärmeübergangs in einer geneigten Rohrleitung.

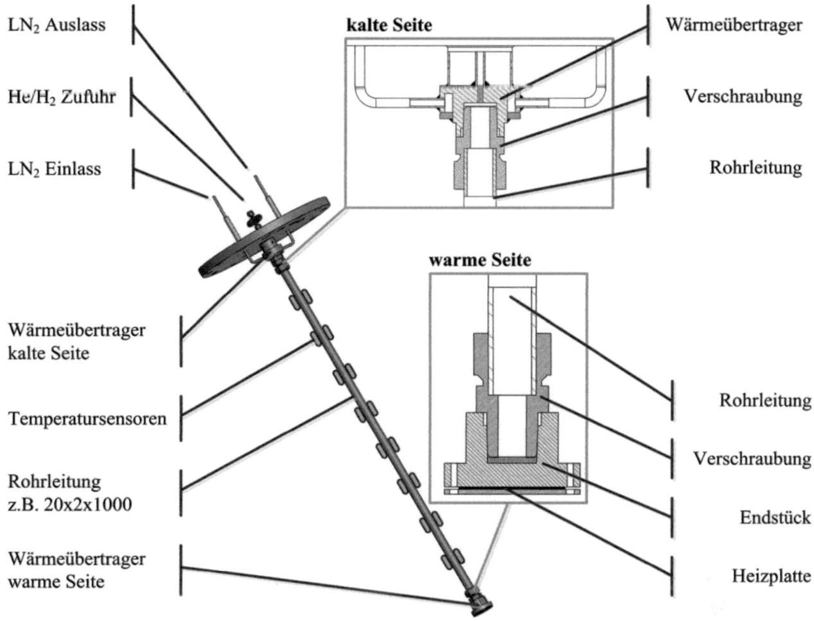


**Abbildung 3.39:** Versuchskryostat zur Messung des Wärmeübergangs in einer geneigten Rohrleitung, Detailansicht des Kryostateinsatzes mit Wärmeübertragern (kalte Seite) und (warme Seite), die Rohrleitung mit Temperatursensoren auf Ober- und Unterseite sowie Anschlüsse zur Peripherie.

port durchgeführt werden.

Im Hinblick auf die verwendbaren Fluide im Inneren der Rohrleitung gibt es anlagenseitig keine Limitierungen, es sollen jedoch ausschließlich Helium und Wasserstoff zum Einsatz kommen.

Der warme Wärmeübertrager besteht aus einem Gewinde für die Verschraubung und einer Endplatte mit aufgeklebter Heizfolie. Diese Heizfolie vom Typ Minco HR5544R33.1 bringt definiert die elektrische Heizleistung in das Rohr ein. Das warme Ende der Rohrleitung ragt frei in den Kryostaten ohne mechanischen Kontakt zu anderen Bauteilen. Die eingebrachte Heizleistung entspricht im stationären Zustand dem transportierten Wärmestrom durch die geneigte Rohrleitung. Die Regelung der Heizleistung nach der gewünschten Temperatur übernimmt wie im ersten Versuchstand der Heizregler Oxford ITC503. Die Temperatur an der warmen Endfläche des Wärmeübertragers beträgt nach dem Ausregeln $T_w = 300\,K$. Die Messung der Heizleistung erfolgt über den ermittelten Widerstand der Heizfolie und den zugehörigen Spannungsabfall. Die Genauigkeit der Messung dieser Heizleistung unterliegt in der Messkette dem Fehlerfortpflanzungsgesetz durch die parallele Messung von Spannung und Widerstand.

Der kalte Wärmeübertrager besitzt ebenfalls ein Gewinde für die Verschraubung, ist jedoch direkt mit dem Deckelflansch des Kryostaten über ein dünnes Rohrstück verschweißt. Damit können alle anfallenden Kräfte aufgenommen und gleichzeitig der notwendige Schutz vor überhöhtem Wärmeeintrag realisiert werden. Das Innere des Wärmeübertragers ist als umlaufender Kanal für siedenden Stickstoff ausgelegt. Dieser wird über eine Zulaufleitung überwiegend flüssig eingebracht. Im Inneren verdampft der Stickstoff und kühlt dabei den Wärmeübertrager auf etwa $T_k = 80\,K$. Das Kaltgas wird über eine Ablaufleitung in die Umgebung abgelassen. Die Verdampfungsenthalpie ist ausreichend, um den kalten Wärmeübertrager so stark zu kühlen, dass zum einen die Kälte zur Kühlung der geneigten Rohrleitung bereitgestellt wird und zum anderen alle parasitären Wärmeeinträge vom Deckelflansch hinreichend ausgeglichen werden können. Es ergibt sich in Kombination mit dem frei hängenden Ende des warmen Wärmeübertragers ein gut bilanzierbarer Bereich.

Um die Dichtheit der verwendeten Verschraubungen gegen die Rohrleitung sicherzustellen, sind handelsübliche, als technisch dicht geltende Swagelok Klemmringe verwendet worden. Um die Dichtheit zwischen Verschraubung und warmem bzw. kaltem Wärmeübertrager sicherzustellen, ist eine spezielle Kupferfußdichtung konstruiert worden. Ein durch spanende Bearbeitung der Verschraubungen nachträglich angepasster, umlaufender Kegel presst sich dabei lokal in die Kupferdichtung ein und gewährleistet eine hinreichende Dichtheit – auch bei kryogenen Temperaturen. Andere Dichtungskonzepte mit vergossenem Indium im Gewinde zeigen ebenfalls gute Ergebnisse, erlauben aber nur bedingte Wiederlösbarkeit. Im Kapitel 3.9.2 werden hierzu noch einige Bemerkungen gegeben.

Die thermische Isolation um die Rohrleitung wird durch ein Isolationsvakuum im Kryostatbehälter erzeugt. Mit einem kontinuierlich arbeitenden Vakuumpumpstand kann somit ein hinreichender Druck von $p \approx 1 \cdot 10^{-4}\,mbar$ erreicht werden. Vor dem Hintergrund lösbarer, nicht geschweißter Verbindungen zwischen der Rohrleitung unter $200\,bar$ und den Wärmeübertragern ist das Erreichen dieses Vakuumlevels nicht unproblematisch und erforderte einigen Aufwand. Es muss kontinuierlich gepumpt werden, um den Druck durch das austretende Helium bzw. den Wasserstoff gering zu halten. Beide Gase sind ungleich schwieriger zu pumpen als die üblichen Luftbestandteile.

Weiterhin ist in ersten Testexperimenten mit einer Multi-Lagen-Isolation (MLI) gearbeitet worden, die den Strahlungswärmestrom von der Behälterwand minimieren sollte. Diese Maßnahme erwies sich jedoch bei den vergleichsweise geringen Strahlungswärmeströmen als eher hinderlich und wurde daher im späteren Verlauf der Experimente nicht mehr verwendet. Im Rahmen der experimentellen Fehlerbetrachtung wird auf den Strahlungswärmestrom detaillierter eingegangen.

Durch den Deckelflansch des Kryostaten verlaufen drei Anschlussleitungen. Der Eintritt und der Austritt für flüssigen bzw. den verdampften Stickstoff sowie die Gaszufuhr für das Arbeitsfluid. Da der kalte Wärmeübertrager eine ungestörte, ebene Endfläche besitzen soll, sind zur Verbindung zwischen Rohrleitung und Gaszufuhr nur zwei Miniaturbohrungen mit jeweils $\o\,0{,}5\,mm$ eingebracht worden. Es kann davon ausgegangen werden, dass die Strömung im Inneren nicht maßgebend beeinflusst wird.

Um einen definierten Neigungswinkel der Rohrleitung einzustellen, wird der komplette Kryostatbehälter in der Gestellkonstruktion stufenlos gedreht. Durch einen vorausgegangenen Abgleich der Orthogonalität von Deckelflansch und Rohrleitung kann über einen Präzisionswinkelmesser der Neigungswinkel gut von außen eingestellt werden. Theoretisch ist der Kryostat in jedem Winkel feststellbar. Durch die Notwendigkeit des ungehinderten Stickstoffflusses durch den kalten Wärmeübertrager sollte der Kryostatdeckel im Betrieb möglichst immer nach oben oder maximal leicht nach unten gerichtet sein. Damit

schränkt sich der Einstellbereich des Neigungswinkels auf den Bereich $-15° < \gamma < 90°$ ein.
Der flüssige Stickstoff für die Kühlung am kalten Wärmeübertrager wird durch einen Dewarbehälter bereitgestellt und durch einen isolierten Schlauch zum Kryostaten geleitet. Um den Verbrauch gering zu halten, ist ein konstanter Überdruck im Dewarbehälter von gerade $100\,mbar$ durch eine Stickstoffflasche mit Feindruckminderer angeschlossen. Der flüssige Stickstoff wird so konstant über die komplette Füllhöhe im Behälter herausgedrückt und kann fein geregelt werden. Der Verbrauch an flüssigem Stickstoff liegt mit dieser Methode bei ungefähr 3..4 Litern pro Stunde ohne Einkühlen.
Das jeweilige Arbeitsgas – Helium oder Wasserstoff – kann mit einem Druckminderer aus $300\,bar$ Flaschen auf maximal $200\,bar$ entspannt werden. Beim Einkühlen des Kryostaten regelt sich damit der Druck im Inneren der Rohrleitung selbstständig auf das gewünschte Niveau ein. Der Druck wird mit einem piezoresistiven Sensor vom Typ Omega PAA21Y-V-250 gemessen und überwacht.
Mit insgesamt 18 Temperatursensoren PT100 vom Typ Jumo PK1.1015.1H wird zusätzlich die Temperaturverteilung während des Messbetriebs aufgenommen. Es werden die Temperaturen am warmen bzw. kalten Wärmeübertrager sowie entlang der Ober- bzw. der Unterseite der Rohrleitung gemessen. Zum Auslesen in 4-Leiterschaltung werden zwei Fluke 2635A DAQ Einheiten verwendet.

Für den nachfolgenden Vergleich zwischen experimentellen und numerischen Ergebnissen soll im konkreten Fall die Rohrleitung $20x2x500\,mm$ untersucht werden. Der gesamte Messaufbau charakterisiert sich zusammenfassend durch die folgenden Randbedingungen:

- Dimensionen der Rohrleitung $20x2x500\,mm$, Aspektverhältnis $D/L = 0{,}032$
- Temperatur am warmen Ende $T_w = 300\,K$, Temperatur am kalten Ende $T_k = 80\,K$
- Fluid Helium und Wasserstoff unter einem Druck von $p = 100\,bar$ und $200\,bar$
- Rayleighzahl Helium $Ra_D = 3 \cdot 10^8..4 \cdot 10^9$ bei $T = 80\,K$ bzw. $300\,K$
- Rayleighzahl Wasserstoff $Ra_D = 9 \cdot 10^8..8 \cdot 10^9$ bei $T = 80\,K$ bzw. $300\,K$
- Neigungswinkel für die Messungen $\gamma = -15°..90°$ in Inkrementen zu $\Delta\gamma = 15°$
- Messung des transportierten Wärmestroms unter stationären Bedingungen
- Messstellen für die Temperaturmessung im Abstand $\Delta x = 57\,mm$ an Ober- und Unterseite der Rohrleitung

In Vorbereitung der Messprozedur wird die Rohrleitung zunächst auf den gewünschten Neigungswinkel eingestellt. Danach wird das Arbeitsfluid in die Rohrleitung eingeleitet. Durch die Kompression ergibt sich zunächst ein spürbarer Temperaturanstieg. Nach Starten der Stickstoffzufuhr kühlt sich das System ab und erreicht – je nach Neigungswinkel und Drucklage – einen stationären Zustand von Wärmeeintrag und Temperaturverteilung nach 30 Minuten bis 10 Stunden.

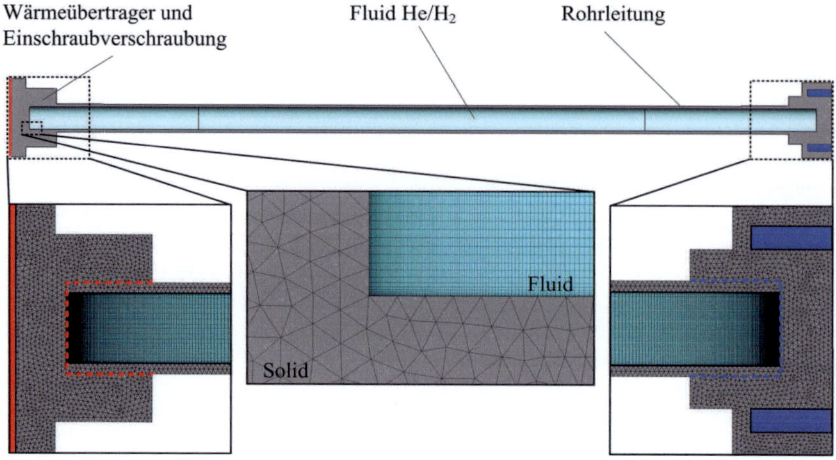


**Abbildung 3.40:** Darstellung des generierten Berechnungsnetzes für die einzelnen Baugruppen zur Verwendung in den Vergleichssimulationen mit Ansys CFX, hier dargestellt die Variante der komplexen Geometrie an den beiden Rohrenden.

### Simulation und numerische Randbedingungen

Das Berechnungsmodell für den kryogenen Vergleichsfall umfasst wiederum einen Fluidanteil und einen Festkörperanteil und stellt damit erneut eine Fluid-Struktur-Interaktion (FSI) dar. Bei der Modellierung des Berechnungsgebietes ergibt sich jedoch – im Vergleich zu den Berechnungen am Modellfluid – ein deutlich reduzierter Bauteilumfang. Wie in der Abbildung 3.40 zu erkennen ist, müssen als Festkörper nur die beiden Wärmeübertrager an den Enden der Rohrleitung und die Rohrleitung selbst modelliert werden. Die Fluiddomain im Inneren besitzt die Form eines Zylinders und hat dieselben Dimensionen wie das Experiment.
Die Stoffdaten von Helium bzw. Wasserstoff wurden mit tabellierten Realgasdaten hinterlegt, welche denen des Stoffwertprogramms REFPROP [61] entsprechen. Die Stoffdaten des Edelstahls 316 für die Wärmeübertrager und die Rohrwand sind ebenfalls tabelliert hinterlegt und entstammen dem Stoffwertprogramm CRYOCOMP [66]. Die jeweiligen Temperatur- und ggf. Druckabhängigkeiten der Stoffdaten sind berücksichtigt.
Die beiden Wärmeübertrager wurden mit einer konstanten Temperaturrandbedingung $T_w = 300\,K$ und $T_k = 80\,K$ belegt. In der Abbildung 3.40 sind die Flächen der konstanten Temperaturrandbedingung jeweils farblich gekennzeichnet. Sie entsprechen den Bereichen, in denen auch im Experiment die Kälte- bzw. Wärmequelle angebracht ist.
Eine besondere Schwierigkeit stellt die experimentgerechte Wärmeleitung im Wärmeübertrager und der Verschraubung dar. Im Übergangsbereich des Gewindes erfolgt keine ungehinderte Wärmeleitung. Da die Experimente mit der bereits diskutierten Fußdichtungsvariante durchgeführt wurden, ergibt sich im Gewinde ein theoretisch ermittelter thermischer Widerstand von $R_{th} = 0{,}1\,K/W$. Der Bereich des wirksamen Widerstands ist in Abbildung 3.40 durch gestrichelte, farblich hervorgehobene Trennlinien markiert.
Die weiteren Oberflächen, welche im Experiment in den Vakuumraum ragen, sind mit

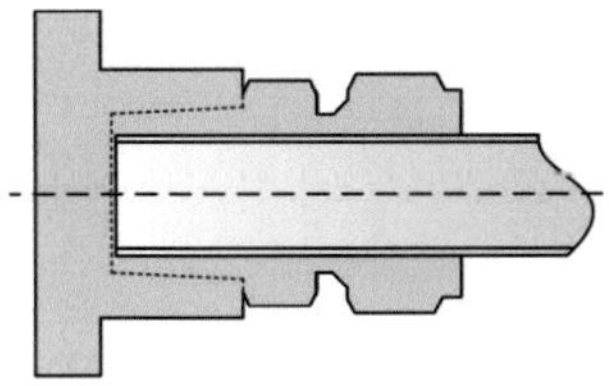

(a) Komplexe Geometrie am Rohrende mit Wärmeübertrager und Verschraubung.

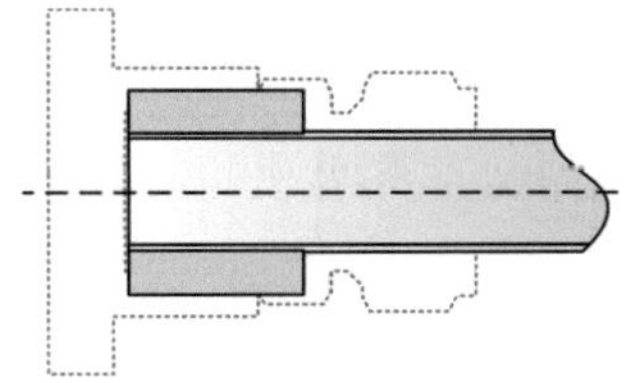

(b) Vereinfachte Geometrie am Rohrende mit konzentrischer Aufdickung.

**Abbildung 3.41:** Darstellung der möglichen Geometrie am Rohrende zur exakten Approximation der thermischen Eigenschaften im Vergleich zum Experiment.

einer adiabaten Randbedingung belegt. Auftretender Strahlungswärmestrom von außen wird nicht berücksichtigt, ebenso nicht die verbleibende Restgaswärmeleitung.
Die Modellierung der Fluiddomain erfolgte analog zu vorhergehenden Simulationen mit dem Turbulenzmodell SST. Turbulenzproduktion und -dissipation durch Auftriebseffekte wurden gemäß den Erfahrungen aus Kapitel 3.8.1 berücksichtigt.
Das erstellte Berechnungsnetz für die Simulation ist in Abbildung 3.40 dargestellt. Im ersten Schritt wurde dazu die originale Geometrie ohne signifikante Modifikationen übernommen. Nach Durchführung der Konvergenzanalyse konnte ein auskonvergiertes Netz mit insgesamt ca. 1 Millionen Knoten bereitgestellt werden. Symmetrievorteile wurden genutzt. Nachteilig wirkt sich die vergleichsweise komplexe Geometrie um die Wärmeübertrager aus.
Auch wenn mit den modernen Vernetzungsalgorithmen keine Gegenargumente gefunden werden können, warum diese komplexe Geometrie nicht abgebildet werden könnte, so hat sich im Rahmen der Studien eine weitere, vereinfachende Art der Körperdarstellung als zweckmäßig erwiesen. Im Vergleich sind die „komplexe" Geometrie und die „vereinfachte" Geometrie in den Abbildungen 3.41 (a) und (b) dargestellt. Demnach kann der Endbereich des Wärmeübertragers auch auf einen konzentrischen Festkörperbereich mit äquivalenter Wandstärke reduziert werden. Der angenommene thermische Widerstand des Gewindes bleibt weiterhin erhalten. Das Wärmeübertragungsverhalten ist analog bei Verwendung der konstanten Temperaturrandbedingungen. Ein weiterer Vorteil ist, dass die Anteile des eingetragenen Wärmestroms in den Festkörper bzw. das Fluid separat ausgewertet werden können. Die Anzahl der Knoten im Berechnungsnetz kann insbesondere im Festkörperbereich noch einmal gesenkt werden.
Die begleitenden Simulationen zu den Experimenten wurden stationär, jedoch mit einer künstlichen Zeitschrittweite von 0,2 $s$ für die Fluiddomain und 20 $s$ für die Soliddomain durchgeführt. Auch wenn einige Simulationen kein vollständig stationäres Strömungsverhalten aufweisen, z. B. die Randfälle bei 75° oder 90°, so konnte durch die konstante Zeitschrittweite eine hinreichend genaue Mittelung der Ergebnisse vorgenommen werden. Diese Vorgehensweise erscheint zunächst fragwürdig, die Ergebnisse konnten jedoch in vorausgegangenen Studien mit instationären Simulationen hinreichend gut bestätigt werden. Bei Durchführung aller Simulationen unter instationären Bedingungen wären die Simulationszeiten durch die Vielfältigkeit der Varianten unverhältnismäßig hoch und nur

unter unrealistischen Zeitskalen zu bewältigen gewesen. Bereits für die durchgeführten, stationären Simulationen müssen jeweils Rechenzeiten von etwa 90 CPU-Stunden angesetzt werden – besonders durch die vergleichsweise langen Konvergenzzeiten der Energiebilanzen in Fluid und Solid.

### Diskussion der Ergebnisse

Der Vergleich zwischen experimentell gewonnenen und numerisch berechneten Ergebnissen soll anhand von 3 Testfällen demonstriert werden. Im Rahmen dieser Arbeit wurde eine Vielzahl von ähnlichen Vergleichen angestellt. Die diskutierten Testfälle sind sorgfältig ausgewählt und widerspiegeln die typische Charakteristik aller anderen Vergleiche. Die drei gewählten Testfälle sind wie folgt definiert:

- Testfall 1: Rohrleitung $20x2x500\,mm$, gefüllt mit Helium, Druck $100\,bar$
- Testfall 2: Rohrleitung $20x2x500\,mm$, gefüllt mit Helium, Druck $200\,bar$
- Testfall 3: Rohrleitung $20x2x500\,mm$, gefüllt mit Wasserstoff, Druck $100\,bar$

**Vergleich der übertragenen Wärmeströme** Zunächst sollen die berechneten und simulierten Wärmeströme diskutiert werden. Die Ergebnisse der Testfälle 1 und 2 sind im direkten Vergleich dargestellt. Sie sind Inhalt der Abbildung 3.42. Dort dargestellt ist der gesamte übertragene Wärmestrom $\dot{Q}_{ges}$ über dem Neigungswinkel $\gamma$. Aus Übersichtsgründen ist der Winkelbereich $-90° \leq \gamma \leq -30°$ zusätzlich in den Diagrammen eingetragen, obwohl er nicht für jeden Testfall Gegenstand der Experimente und der CFD-Rechnungen gewesen ist. In vorausgegangenen Untersuchungen hat sich gezeigt, dass im jeweiligen Fall hier in guter Näherung der Wärmestrom durch reine Wärmeleitung angegeben werden kann. Er setzt sich aus dem Anteil der Rohrwand und dem Anteil der innen liegenden Fluidsäule zusammen. Im Testfall 1, Helium bei $100\,bar$, beträgt dieser minimal mögliche Wärmestrom $0{,}724\,W$. Im Testfall 2, Helium bei $200\,bar$, ist er nur minimal höher bei $0{,}727\,W$. Damit zeigt sich, dass der Fluiddruck nur einen marginalen Anteil an der Größe der Wärmeleitung besitzt. Vielmehr ist es die große Wandstärke bedingt durch den hohen Fluiddruck, die den Anteil der Festkörperwärmeleitung vergleichsweise stark ansteigen lässt.

Für den Winkel $\gamma = -15°$ stimmen die Ergebnisse der Simulation mit dem Experiment gut überein. In der Simulation ergeben sich im Testfall 1 etwa $1{,}5\,W$, im Experiment $1{,}4\,W$. Für den Testfall 2 liegen die Werte in der Simulation bei $1{,}6\,W$ und im Experiment bei $1{,}3\,W$. Damit ist der gesamte übertragene Wärmestrom für beide Testfälle bei einem Winkel von $-15°$ etwa doppelt so hoch wie die reine Wärmeleitung. Es entsteht erwartungsgemäß eine geringe Fluidbewegung in dem Bereich der Rohrleitung, welcher durch den Neigungswinkel keine stabile Schichtung mehr zulässt. Davon sind besonders die Rohrenden betroffen. Dieser Effekt wird zusätzlich verstärkt, wenn die Rohrleitung ein vergleichsweise großes Aspektverhältnis $D/L$ besitzt – also sehr kurz ist. Dann werden angefachte Fluidbewegungen in der Fluidsäule weniger stark abgedämpft und es kann zusätzlich zu leichten Bewegungen im kompletten Fluidbereich kommen, nicht nur nahe den Endflächen.

Im Winkelbereich zwischen $-15° \leq \gamma \leq 15°$ steigt der Wärmestrom stark an. Dies wird

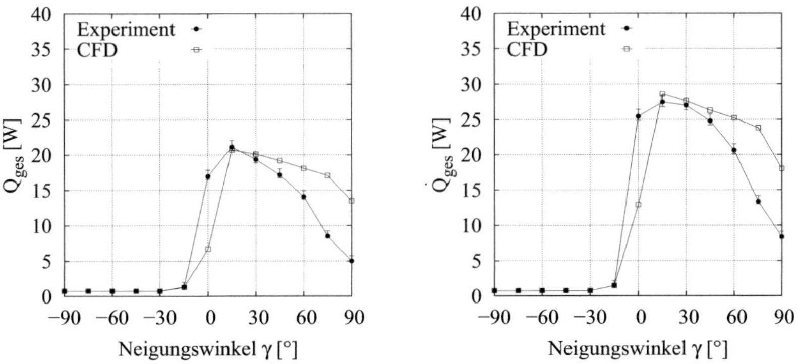


(a) Testfall 1, Druck $p = 100\,bar$. (b) Testfall 2, Druck $p = 200\,bar$.

**Abbildung 3.42:** Vergleich der gesamten übertragenen Wärmeströme $\dot{Q}_{ges}$ von CFD-Simulation und Experiment über dem Neigungswinkel $\gamma$ für **Testfall 1**, Helium $100\,bar$ und **Testfall 2**, Helium $200\,bar$.

zunächst durch Simulation und Experiment von der Charakteristik her übereinstimmend abgebildet. Auch die Maximalwerte bei $\gamma = 15°$ stimmen für beide Testfälle zwischen Simulation und Experiment gut überein. Für den geringeren Druck von $100\,bar$ liegt der Maximalwert bei 20,7 bzw. 21,1 $W$, für den größeren Druck von $200\,bar$ erwartungsgemäß höher bei 25,4 bzw. 28,6 $W$. Der dazwischen liegende Bereich um $\gamma = 0°$ zeigt jedoch in der Simulation deutlich geringere übertragene Wärmeströme im Vergleich zum Experiment. Dieses Verhalten ist sowohl bei Testfall 1 als auch Testfall 2 zu beobachten. Auch andere Vergleiche im Rahmen dieser Arbeit zeigen dasselbe Verhalten. Der erreichte Wert in der Simulation liegt im Testfall 1 bei $7\,W$, im Experiment dagegen bei etwa $17\,W$ – und damit mehr als doppelt so hoch. Im Testfall 2 bei $200\,bar$ ergibt sich ebenfalls ungefähr eine Verdopplung von 12,9 $W$ gegenüber 25,4 $W$. Über den Grund für diese vergleichsweise starken Abweichungen können nur Vermutungen angestellt werden. Sehr wahrscheinlich ist, dass in der Simulation der Winkel von 0° ideal eingestellt werden kann, im Experiment dagegen immer eine geringe Fehlstellung zu erwarten ist. Zusätzlich liegt im Experiment eine leichte Verbiegung der Rohrleitung bedingt durch die Masse des frei hängenden, warmen Wärmeübertragers vor. Der warme Wärmeübertrager wird dadurch leicht nach unten versetzt. Diese Durchbiegung ist vergleichsweise gering, sie gibt der Strömung im Inneren aber eine begünstigende Ausgangsposition. Durch die recht gute Übereinstimmung zwischen Experiment und Simulation an den benachbarten Punkten, $-15°$ und $15°$, kann also von einer geminderten Konvergenz zwischen Simulations- und Experimentalbedingungen ausgegangen werden.

Nach Überschreitung des Maximalwertes bei $\gamma = 15°$ sinkt der Wärmestrom sowohl in der Simulation als auch im Experiment zunächst homogen bis zu einem Winkel von etwa $\gamma = 75°$ ab. Der Gradient ist jedoch im Experiment deutlich stärker als in der Simulation. Dieses Verhalten kann sowohl im Testfall 1 bei $100\,bar$ als auch im Testfall 2 bei $200\,bar$ beobachtet werden. In konkreten Zahlen fällt der Wärmestrom im Testfall 1 von 20,7 $W$ auf 17,1 $W$ in der Simulation und von 21,1 $W$ auf 8,5 $W$ im Experiment zurück. Damit

ergibt sich eine Absenkung von gerade 17,5% in der Simulation und bereits 59,7% im Experiment. Für den Testfall 2 sinkt der Wärmestrom in der Simulation von 28,6 $W$ auf 23,8 $W$ und im Experiment von 27,4 $W$ auf 13,3 $W$ zurück. Die Absenkung für die Simulation liegt damit bei 16,7%, für das Experiment wiederum deutlich höher bei 51,5%.
Nach einer Erklärung für dieses Verhalten wurde recht lang gesucht. Zweifel dahingehend, ob Experiment und Simulation unter gleichen Bedingungen ablaufen, konnten weitestgehend ausgeschlossen werden. Der Fokus der Untersuchungen legt sich damit auf die Wärmeübertragung in der Scherschicht. Über die theoretischen Vorgänge und die Interaktion zwischen warmem aufsteigenden und kaltem absteigenden Fluidstrom sind in Kapitel 3.4 ausführlich diskutiert worden. Die Vermutung liegt also nahe, dass das verwendete Turbulenzmodell nicht in der Lage ist, die existierenden Wärmeströme über die Scherschicht korrekt zu berechnen. Dazu zählen die konvektiven Wärmeströme durch den Massestrom über die Scherschicht und die neigungswinkelabhängige Zunahme der turbulenten Wärmeströme. Das SST-Modell als Vertreter der modernen Zweigleichungsmodelle zeigt hier offenbar Schwächen. Der dort getroffene Ansatz der isotropen Turbulenzbeschreibung wirkt sich vergleichsweise stark auf den turbulenten Wärmetransport aus. Hinzu kommt, dass der im konkreten Fall vorliegende laminar-turbulente Überschlag nur unzureichend mit dem SST-Modell wiedergegeben werden kann. Die mögliche Modellierung des laminar-turbulenten Überschlagsverhaltens setzt die Kenntnis der kritischen Reynoldszahl voraus. Diese ist jedoch, durch die neigungswinkelabhängige Turbulenzentwicklung unbekannt.

Um den Sachverhalt experimentell weiter zu analysieren, ist die bestehende Geometrie des Rohres modifiziert worden. In den Bereich der Scherschicht wurde ein dünnes Kupferblech eingeklebt. Dieses verhindert den Massentransport über die Scherschicht und die turbulente Wärmeleitung. In der Abbildung 3.43 (a) ist die beschriebene Konfiguration dargestellt. Diese modifizierte Rohrleitung wurde dann im Winkelbereich zwischen 0°..90° unter analogen Bedingungen zum Testfall 1 nachgemessen. Die Ergebnisse sind in Abbildung 3.43 (b) dargestellt.
Das Ergebnis zeigt, dass die Messung mit eingelegtem Kupferblech eine sehr ähnliche Charakteristik zur Berechnung des Testfalls 1 aufweist. Der abfallende Wärmestrom nach Überschreiten des Maximums bei 15° besitzt nahezu den gleichen Anstieg wie in der Simulation. Die Absolutwerte liegen, bedingt durch die vollständige Unterbindung des turbulenten Wärmestroms über die Scherschicht, gering darüber. Damit lassen sich die vorher getroffenen Annahmen gut bestätigen. Der Wärmestrom wird in der Simulation vom SST-Modell also offensichtlich nur unzureichend berücksichtigt. Im zugehörigen Experiment ist der innere Wärmetransport deutlich höher. Dies führt folglich zu geringeren Gesamtwärmeströmen. Unterbindet man im modifizierten Experiment diesen Wärmestrom weitestgehend mit dem Kupferblech, so stimmt das gemessene Ergebnis aus Sicht der Verlaufscharakteristik mit der Simulation überein.

In diesem Zusammenhang soll zusätzlich noch der Testfall 3 diskutiert werden. Dabei wurden die Testbedingungen von Testfall 1 verwendet, nur als Arbeitsfluid wird nun Wasserstoff verwendet. Die Ergebnisse des Vergleichs sind in Abbildung 3.44 dargestellt. Der Hintergrund der erweiterten Untersuchung mit Testfall 3 liegt in der Prüfung, ob das Fluid im Inneren einen signifikanten Einfluss auf die Charakteristik des übertragenen Gesamtwärmestroms hat. Durch die leicht höhere Rayleighzahl von Wasserstoff unter

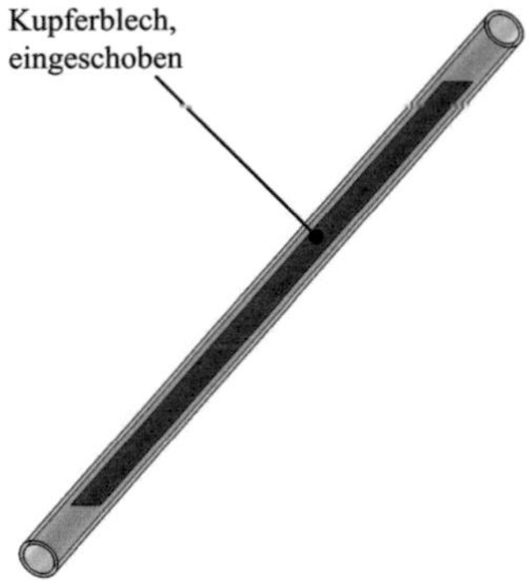


(a) Modifizierte Geometrie mit eingeschobenem Kupferblech.

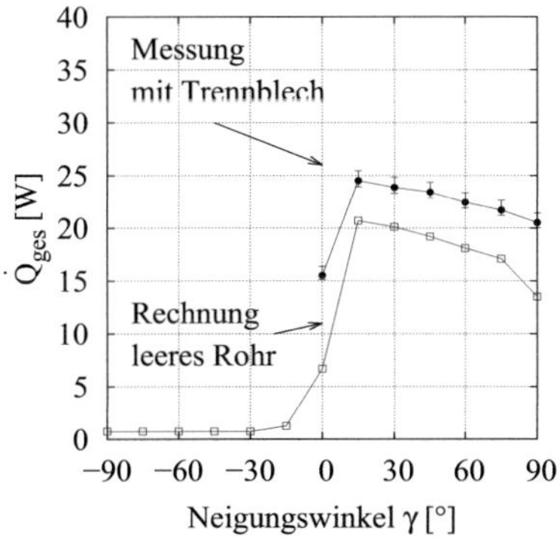


(b) Übertragener Wärmestroms $\dot{Q}_{ges}$, Simulation von Testfall 1, Helium 100 *bar* und modifiziertes Experiment mit eingeschobenem Trennblech.

**Abbildung 3.43:** Modifizierte Geometrie mit eingeschobenem Kupferblech in die Scherschicht zur Unterbindung des Wärmetransportes, die zugehörigen Messergebnisse sind im Vergleich zu den Simulationsergebnisse des Testfalls 1 aufgetragen.

sonst konstanten Bedingungen ist auch mit einem leicht höheren Maximalwert des Gesamtwärmestroms zu rechnen. Dies bestätigt sich. Der Maximalwert liegt bei 22,5 $W$ in der Simulation und im Experiment nur leicht darüber bei 24 $W$. Damit lässt sich also auch für Wasserstoff der maximale übertragene Wärmestrom mit dem SST-Modell vergleichsweise gut berechnen. Im Winkelbereich bei $-15° \leq \gamma \leq 15°$ treten auch bei Wasserstoff die bekannten Unzulänglichkeiten der Berechnung auf. Der Winkelbereich von $30° \leq \gamma \leq 75°$ zeigt dieselbe Charakteristik zwischen Messung und Experiment wie schon in den Testfällen 1 und 2. Der Wärmestrom fällt im Experiment deutlich stärker ab als in der Simulation. Das Problem der Berechnung der Wärmeübertragung durch die Scherschicht ist demzufolge fluidunabhängig und keine Eigenheit eines spezifischen Stoffes.

In der Konsequenz kann festgestellt werden, dass die numerische Simulation die Charakteristik als auch die Maximalwerte des Wärmestroms für die durchgeführten Testfälle gut wiedergeben kann. Insbesondere im Winkelbereich $30° \leq \gamma \leq 90°$ kommt es jedoch zu Abweichungen der Absolutwerte, eventuell ausgelöst durch den zu gering berechneten Wärmestrom durch Turbulenzeffekte über die Scherschicht. Angestellte Untersuchungen mit anderen statistischen Turbulenzmodellen zeigen, dass eine große Sensitivität der Ergebnisse vorliegt. Studien mit dem k-$\varepsilon$ Modell ergeben eine ähnliche Charakteristik, jedoch sind die berechneten Absolutwerte des übertragenen Wärmestroms im Vergleich zum SST-Modell um mehr als Faktor 2 geringer und stimmen damit noch schlechter mit dem Experiment überein. Bei Verwendung von statistischen Reynoldsspannungsmodellen ergibt sich auch bei stark verfeinerten Netzen das Problem numerischer Instabilitäten. Gesicherte Erkenntnisse ließen sich dahingehend im Rahmen dieser Arbeit nicht erzielen.

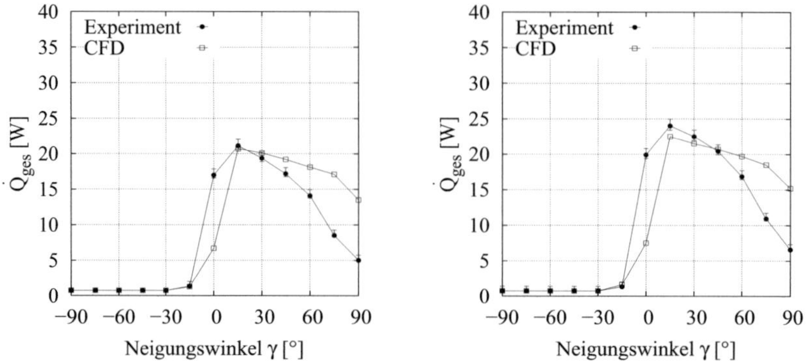


(a) Testfall 1, Fluid Helium, Druck $p = 100\,bar$.

(b) Testfall 3, Fluid Wasserstoff, Druck $p = 100\,bar$.

**Abbildung 3.44:** Vergleich der gesamten übertragenen Wärmeströme $\dot{Q}_{ges}$ von CFD-Simulation und Experiment über dem Neigungswinkel $\gamma$ für **Testfall 1**, Helium $100\,bar$ und **Testfall 3**, Wasserstoff $100\,bar$.

**Vergleich der Temperaturverteilung** In einem weiteren Schritt sollen nun für die Testfälle 1 und 2 die berechneten und gemessenen Temperaturprofile an der Ober- und Unterseite der Rohrleitung verglichen werden. Dazu wurden zwei Neigungswinkel definiert, 30° und 60°. Der Winkel von 30° ist ausgewählt worden, weil dort sowohl für Testfall 1 bei $100\,bar$ als auch für Testfall 2 bei $200\,bar$ die berechneten und gemessenen Wärmeströme gut übereinstimmen. Im Vergleich dazu gab es bei 60° größere Abweichung für beide Testfälle. Die Ergebnisse dieses Vergleichs sind in den Abbildungen 3.45 dargestellt.

Die Charakteristik des Temperaturverlaufs für beide Winkel kann zunächst wie folgt beschrieben werden. Sie beginnt jeweils an den Enden der Rohrleitung mit den festgelegten Temperaturen $T_w$ und $T_k$. Dort ist die Temperatur durch die thermische Ankopplung sowohl in der CFD-Rechnung als auch im Experiment für alle Vergleichsfälle gleich auf Ober- und Unterseite. Im Folgenden ergibt sich in den Umlenkbereichen ein starker Temperaturgradient. Gleichzeitig trennen sich die Temperaturverteilungen auf Ober- und Unterseite bereits leicht voneinander. Die Oberseite ist naturgemäß wärmer, die Unterseite kälter. Im Mittelbereich der Rohrleitung liegt dann ein annährend linearer Temperaturverlauf vor. Der Anstieg dieses Bereichs in Verbindung mit der Spreizung der Temperaturverteilung über dem Rohrquerschnitt gibt qualitativ Auskunft über die tatsächliche Größe des übertragenen Wärmestroms für eine konkrete Rohrleitung.

Die Länge des Umlenkbereiches wurde im Rahmen dieser Arbeit mit etwa $6\,D$ definiert. Für die hier verwendete Rohrleitung beträgt damit die Länge des Umlenkbereiches etwa $100\,mm$. Sowohl die Experimente als auch die numerischen Simulationen können diese Annahme parallel bestätigen.

Im konkreten Beispiel für Testfall 1, 30° stimmt die gemessene Temperaturverteilung mit

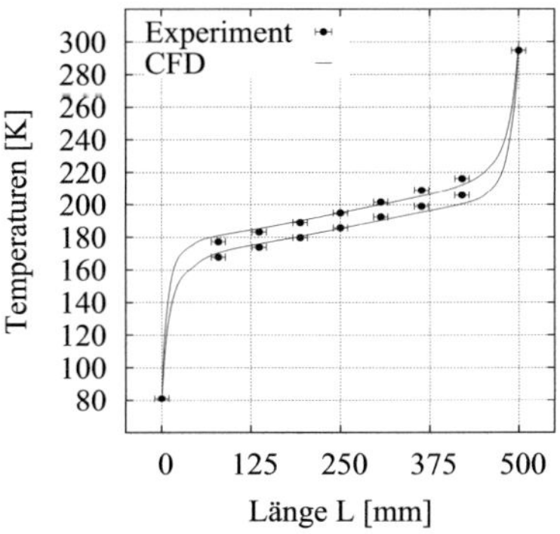


(a) Testfall 1, $\gamma = 30°$, Helium, $p = 100\,bar$.

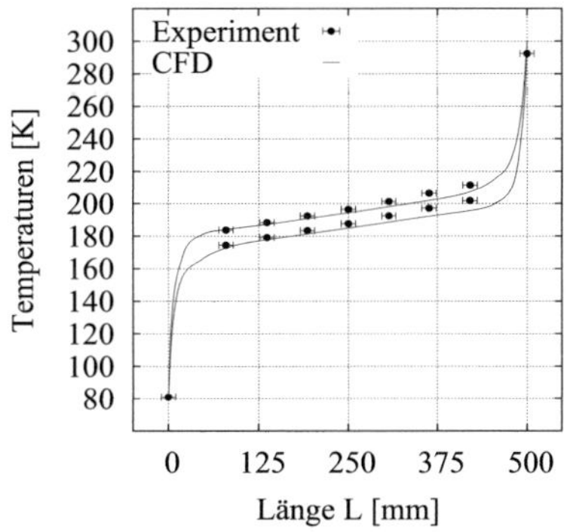


(b) Testfall 2, $\gamma = 30°$, Helium, $p = 200\,bar$.

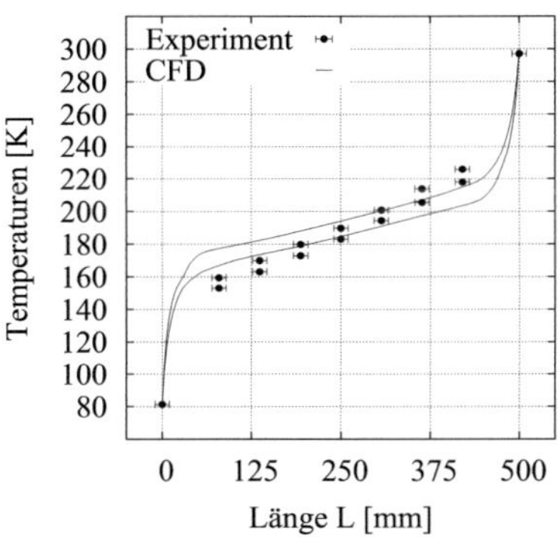


(c) Testfall 1, $\gamma = 60°$, Helium, $p = 100\,bar$.

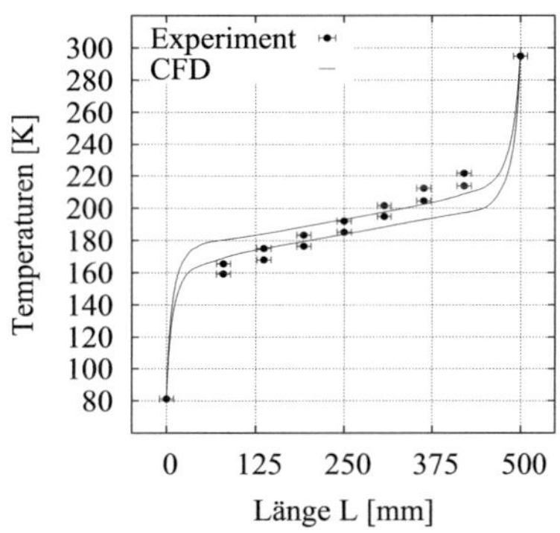


(d) Testfall 2, $\gamma = 60°$, Helium, $p = 200\,bar$.

**Abbildung 3.45:** Vergleich der Temperaturverteilung von CFD-Simulation und Experiment auf der Ober- und Unterseite der Rohrleitung für **Testfall 1**, Helium $100\,bar$ und **Testfall 2**, Helium $200\,bar$.

der Simulation sehr gut überein. Die gemessenen Temperaturen liegen – bis auf leichte Abweichungen in den Übergängen zum Umlenkbereich – exakt auf den berechneten Profilen. Für die Messung ergibt sich ein Temperaturgradient von $90\,K/m$ und eine mittlere Spreizung zwischen Ober- und Unterseite von $9{,}5\,K$. In der Simulation liegt der Temperaturgradient etwas geringer bei $85\,K/m$, die mittlere Spreizung beträgt ebenfalls $9{,}5\,K$. Der Mittelpunkt bei $L = 250\,mm$ ist für Messung und Simulation identisch. Es ergibt sich kein Temperatur-Offset wie es im vorangegangenen Modellexperiment im Kapitel 3.8.1 der Fall gewesen ist.

Ein ähnliches Bild ergibt sich für den Testfall 2 bei 30°. Auch hier stimmen die berechneten Temperaturprofile mit den experimentell ermittelten Werten sehr gut überein. Leichte Abweichungen über die Fehlertoleranz des Sensors hinaus ergeben sich nur in Richtung

des warmen Endes der Rohrleitung im Übergang zum Umlenkbereich. Der Temperaturgradient im Mittelbereich besitzt einen Wert von $85\,K/m$ im Fall des Experiments, für die Simulation ist der Wert wieder leicht geringer bei etwa $81\,K/m$. Die mittleren Spreizungen ergeben in der Simulation $9{,}5\,K$, für die Messung liegt der Wert bei $9{,}1\,K$. Die mittlere Temperatur bei $L = 250\,mm$ beträgt etwa $190\,K$ und zeigt somit die erwarteten Symmetrieeigenschaften.
Durch den höheren transportierten Wärmestrom in Testfall 2 im Vergleich zu Testfall 1 ist der Temperaturgradient entsprechend geringer. Dies zeigt zusätzlich die Plausibilität der Testfälle untereinander. Unter der Annahme einer konstanten thermischen Leitfähigkeit wäre ein Grenzfall die reine Wärmeleitung ohne Konvektion. Der Temperaturverlauf ist dann etwa linear. Unter der Annahme, dass keine Wärmeleitung zwischen dem auf- und absteigenden Fluidstrom existiert, ergibt sich der zweite Grenzfall. Ausschließliche Konvektion würde demnach zu einer maximalen Spreizung zwischen beiden Fluidströmen führen.
Für den Testfall 1, 60° und den Testfall 2, 60° ergaben die Simulationen zum übertragenen Wärmestrom im Vergleich zu den Messungen recht deutliche Abweichungen. Die Simulationswerte lagen in den Betrachtungen deutlich flacher. Folglich ist auch eine Abweichung in den Temperaturverteilungen zu erwarten.
Das Ergebnis für Testfall 1, 60° zeigt, dass der Temperaturgradient im Mittelbereich für die Simulation erwartungsgemäß mit $111\,K/m$ deutlich kleiner ist als im zugehörigen Experiment. Dort liegt der Wert bei $191\,K/m$. Die Temperaturspreizung dagegen ist in der Simulation mit etwa $8{,}5\,K$ höher als im Experiment mit etwa $7\,K$. Es ergibt sich damit zwar eine vergleichsweise große Abweichung zwischen Simulation und Experiment, wie auch in Abbildung 3.45 (c) zu sehen, jedoch bestätigen die Ergebnisse die Begründungen zum deutlich erhöhten Wärmetransport in der Simulation. Dort war davon ausgegangen worden, dass der vom Turbulenzmodell unterschätzte Wärmetransport durch die Scherschicht maßgeblich für diese Diskrepanz verantwortlich ist. Die Temperaturverteilung muss demnach flacher ausfallen, der höhere übertragene Wärmestrom „entfernt" die Lösung weiter vom Grenzfall der reinen Wärmeleitung. Da zusätzlich die Temperaturspreizung größer und im Mittelbereich konstant ist, erfolgt also offensichtlich ein deutlich geminderter Wärmeübergang über die Scherschicht. Die gefundene Erklärung erscheint demnach auch aus Sicht der zugehörigen Temperaturverteilung plausibel.
Analog verhält sich auch der Vergleich im Testfall 2, 60°. Die Temperaturverläufe der Simulation zeigen zwar die gleiche Charakteristik wie im Experiment, der Temperaturgradient im Mittelbereich ist jedoch im Experiment deutlich größer als in der Simulation. Es ergeben sich Absolutwerte von $153\,K/m$ bzw. $83\,K/m$. In der Mitte der Rohrleitung stimmen Experiment und Simulation jedoch sehr gut überein. Lediglich die Spreizung ist hier unterschiedlich. Sie zeigt ein ähnliches Verhalten wie im Testfall 1. Die Spreizung ist konstant und beträgt in der Simulation etwa $9\,K$. Im Experiment liegt sie bei $7{,}1\,K$, bedingt durch den höheren Wärmetransport in der Scherschicht.

**Fazit der Vergleichsuntersuchung bei kryogenen Bedingungen** Die im Rahmen der zweiten Untersuchung durchgeführten Vergleiche zwischen CFD-Simulation und Experimenten haben gezeigt, dass der kommerzielle Code Ansys CFX unter Verwendung des SST-Turbulenzmodells nur bedingt geeignet ist, um unter kryogenen Bedingungen die Wärmeübertragungsvorgänge in einer geneigten Rohrleitung abzubilden. Besonders die

Behandlung des neigungswinkelabhängigen laminar-turbulenten Überschlags müsste zur weiteren Optimierung modifiziert werden. Typischerweise ist das Turbulenzmodell jedoch in der Lage, die grobe Charakteristik des Wärmestromverlaufs über dem Neigungswinkel darzustellen. Ebenso ist es möglich die Lage und die Größe des maximal übertragenen Wärmestroms vergleichsweise gut zu ermitteln. Zu Fehlberechnungen der Absolutwerte des Wärmestroms kommt es besonders im Winkelbereich $30° \leq \gamma \leq 90°$. Dort werden im Experiment typischerweise deutlich geringere Wärmeströme gemessen. Die Berechnungsergebnisse können die Messwerte um Faktor 2 übersteigen.
Im Hinblick auf die Berechnung der Temperaturverteilung zeigt sich ein ähnliches Bild. Die generellen Charakteristiken können recht gut berechnet werden. Im Fall einer guten Konvergenz zwischen experimentell ermitteltem Wärmestrom und entsprechender Simulation zeigt sich auch eine gute Übereinstimmung in den Temperaturprofilen.
Umfangreiche experimentelle Untersuchungen lassen die Vermutung zu, dass besonders die laminar-turbulente Strömungscharakteristik und die daran gekoppelte Wärmeübertragung über die Scherschicht mit einfachen statistischen Turbulenzmodellen nur unzureichend berechnet werden können. Besonders in Winkelbereichen, in denen die Turbulenzeigenschaften in der Scherschicht ohnehin verstärkt werden, treten die Berechnungsabweichungen verstärkt auf. Dieser Effekt kommt besonders bei Rohrleitungen mit kleinem Aspektverhältnis $D/L$ bzw. großem Aspektverhältnis $L/D$ zum Tragen. Darin liegt auch ein wesentlicher Unterschied zu den Ergebnissen der Vergleichsuntersuchungen mit dem Modellfluid in Kapitel 3.8.1.
Aus der Erfahrung der umfangreichen Simulationsserien sollten folgende Punkte – zusätzlich zu Hinweisen aus Kapitel 3.8.1 – beachtet werden, um hinreichend genaue numerische Ergebnisse mit CFX zu erzielen:

1. Erweiterung der Stoffdatenapproximationen bis in den kryogenen Temperaturbereich
2. Sorgsame Modellierung der Randbedingung zur thermischen Anbindung der Rohrleitung
3. Hinreichende Validierung der Turbulenzmodelle und spezielle Behandlung für den neigungswinkelabhängigen laminar-turbulenten Übergangsbereich

Wird im Rahmen von Detailuntersuchungen der exakte übertragene Wärmestrom durch eine geneigte Rohrleitung benötigt, so sollten die numerisch ermittelten Ergebnisse in jedem Fall experimentell abgesichert oder zumindest mit anderen Vergleichsexperimenten auf Plausibilität gegengeprüft werden.

**Bemerkungen zu experimentellen Messfehlern** Die experimentellen Messergebnisse sind mit einer Reihe von systematischen Messfehlern mit verschiedener Größe verbunden. Systematische Messfehler werden hervorgerufen durch Unvollkommenheit der Messgeräte, der Messverfahren und des Messgegenstandes sowie von messtechnisch erfassbaren Einflüssen der Umwelt und des Beobachters.
Das Messergebnis zur elektrischen Leistungsmessung ist eine Funktion der Messgrößen Spannung und Widerstand. Der Gesamtfehler der Messung ergibt sich nach dem Fehlerfortpflanzungsgesetz. Werden die entsprechenden Berechnungen anhand der bekannten Ungenauigkeiten von Spannungs- und Widerstandsmessgerät durchgeführt, ergibt

sich ein jeweils zugehöriger Messfehler zur gemessenen Leistung. Dieser ist jedoch im Vergleich zu anderen Fehlerquellen vergleichsweise gering. In erster Näherung kann die Messungenauigkeit – bei äußerst konservativer Betrachtung – mit etwa $\Delta\dot{Q}/\dot{Q} = \pm 0{,}1\%$ angenommen werden.
Der maximale Fehler der Druckmessung bedingt durch den Messumformer und das Auslesen beträgt 1,5% des maximalen Messbereiches und damit $\Delta p = \pm 3{,}8\,bar$ mit Bezug auf $250\,bar$.
Die Temperatursensoren vom Typ PT 100 besitzen eine Genauigkeit in der Messkette von $\Delta T = \pm 0{,}75\,K$.
Der eingestellte Winkel der Rohrleitung kann nur von außen am Kryostatdeckel überwacht werden. Durch einen vorhergehenden Abgleich der Orthogonalität von Deckelflansch und Rohrleitung kann über einen Präzisionswinkelmesser der Neigungswinkel eingestellt werden. Der Präzisionswinkelmesser besitzt nach halber Skalenregel eine Messungenauigkeit von $\pm 0{,}5°$. Durch die äußere Messung wird zusätzlich von einem Versatz des wahren Rohrleitungswinkels ausgegangen. In Summe kann eine äußerst konservativ angenommene Messungenauigkeit der Winkelmessung von $\pm 1°$ angesetzt werden. Im Rahmen einer weiterführenden Studie ist dieser Winkelfehler und sein möglicher Einfluss auf die Charakteristik der Wärmestromkurve detaillierter untersucht worden. Dazu wurde mit Hilfe der gemessenen Gradienten $\partial\dot{Q}/\partial\gamma$ am Messpunkt der zu erwartende Abweichungswert ermittelt. Es ergaben sich in diesem Zusammenhang zwar zusätzliche Abweichungen, eine signifikante Änderung wurde jedoch nicht festgestellt.
Eine weitere Unzulänglichkeit des Versuchsaufbaus liegt in der elastischen Verbiegung der einseitig eingespannten Rohrleitung. Die Eigenmasse des warmen Wärmeübertragers beträgt ca. $700\,g$. Mit Hilfe eines Ersatzsystems kann aus dem Flächenträgheitsmoment der Rohrleitung und der am Ende angebrachten Masse eine maximale Durchbiegung abgeleitet werden. Sie beträgt für das Rohr $20x2x500\,mm$ gerade $0{,}3\,mm$ und ist damit sehr gering. Für andere Rohrleitungen, insbesondere mit größerer Länge kann die Durchbiegung jedoch unter Umständen einen größeren Einfluss bekommen. Beispielsweise wäre die maximal zu erwartende Durchbiegung bei einer Rohrleitung mit $12x1x1000\,mm$ bereits mit ca. $20\,mm$ anzusetzen.
Im Zusammenhang mit parasitären Wärmeeinträgen in die Rohrleitung von außen ist durch das Vakuum nur die Restgaswärmeleitung und der Strahlungswärmestrom möglich. Diese stellen zwar keinen „echten“ Messfehler dar, sollen aber in gleicher Weise behandelt werden. Die Restgaswärmeleitung kann ohne näheren Nachweis als hinreichend gering gelten, um an dieser Stelle vernachlässigt zu werden. Der Strahlungswärmestrom dagegen besitzt einen diskutablen Einfluss. Ebenfalls im Rahmen einer weiterführenden Studie wurde der Strahlungseinfluss experimentell und theoretisch untersucht. In der experimentellen Betrachtung konnte die Rohrleitung mit einer vorgefertigten Superisolationshülle versehen werden. Es wurden dahingehend Testmessungen im Vergleich mit und ohne eine entsprechende Superisolation durchgeführt. Im Ergebnis konnte zwar teilweise eine bessere Isolationswirkung mit Superisolation nachgewiesen werden, der Einfluss rechtfertigt aber in keiner Weise die großen Mühen zum Anbringen der Isolation vor jeder Messung. Aus diesem Grund ist der theoretisch zu erwartende Messfehler durch die Superisolation abgeschätzt worden. Dazu ist die Rohrleitung in entsprechende Segmente verschiedener Temperatur zerlegt worden und mit üblichen Berechnungsmethoden zum Strahlungswärmestrom aus dem VDI-Wärmeatlas [5] analysiert worden. Damit ergibt sich für die Rohrleitung $20x2x500\,mm$ unter Verwendung typischer Emissionskoeffizien-

ten ein zusätzlicher Wärmestrom von ca. 600 $mW$. Da der Strahlungswärmestrom den gemessenen Gesamtwärmestrom in jedem Fall verringert, ist in den Diagrammen nur der positive Anteil am Fehlerbalken angetragen.
Bei Betrachtung der Summe aller Messungenauigkeiten und parasitären Wärmeeintragskomponenten besteht an der Güte der erzielten Messergebnisse kein Zweifel. Die eingetragenen Fehlerbalken in den entsprechenden Diagrammen berücksichtigen die hier genannten Fehler in geeigneter Weise.

# 3.9 Untersuchungen zur Vermeidung von erhöhtem Wärmetransport

## 3.9.1 Definition des Optimierungsfalls

Neben den Erkenntnissen zu verschiedenen Einflussgrößen auf den Wärmeübergang durch eine geneigte Rohrleitung soll auch der Fragestellung nachgegangen werden, wie sich der üblicherweise unerwünschte Wärmetransport vermeiden oder zumindest verringern lässt. Im folgenden Kapitel sollen dazu anhand eines vorgegeben Optimierungsfalls verschiedene Ansätze und ihr jeweiliger Einfluss auf den Wärmetransport diskutiert werden.
Der verwendete Optimierungsfall ist vergleichsweise einfach aufgebaut. In Abbildung 3.46 (a) ist eine schematische Darstellung ersichtlich. Es soll eine beidseitig geschlossene Rohrleitung ein warmes Reservoir ($T_w = 300\,K$) mit einem kalten Reservoir ($T_k = 80\,K$) verbinden. Die Dimension der Rohrleitung ist mit $20x2x500\,mm$ festgelegt. Die zu überbrückende Länge beträgt also $L = 500\,mm$. Als Rohrwandmaterial wurde der häufig eingesetzte Edelstahl 316 zugrunde gelegt. Der Höhenunterschied und folglich auch der Abstand der beiden Reservoire ist abhängig vom Neigungswinkel, der im Bereich zwischen $\gamma = 0°..90°$ variiert werden darf. Gefüllt ist die Rohrleitung mit Helium oder Wasserstoff unter einem konstanten Druck von $100\,bar$.
Ziel ist es, einen möglichst niedrigen Wärmestrom durch die Rohrleitung zuzulassen. Der minimal mögliche Wärmestrom durch Wärmeleitung in der Rohrwand und der innen liegenden Fluidsäule beträgt etwa $\dot{Q}_{Leit} = 720\,mW$. Der Unterschied zwischen Helium und Wasserstoff bei $100\,bar$ ist in diesem Fall vernachlässigbar klein. In Abbildung 3.46 (b) ist der experimentell ermittelte Verlauf des Wärmestroms in Abhängigkeit vom Neigungswinkel für Helium und Wasserstoff dargestellt. Würde also die Rohrleitung in

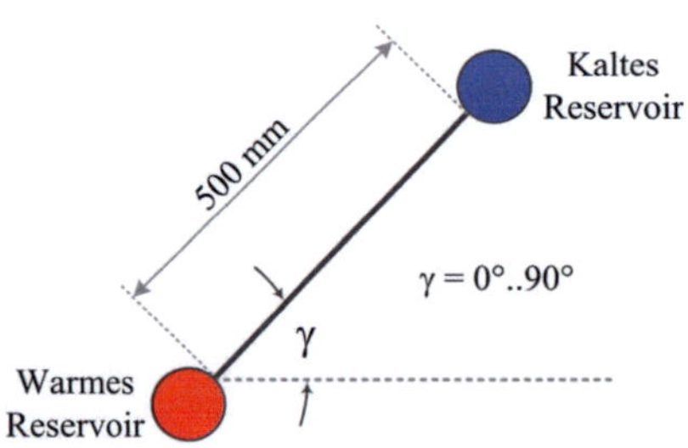


(a) Optimierungsfall

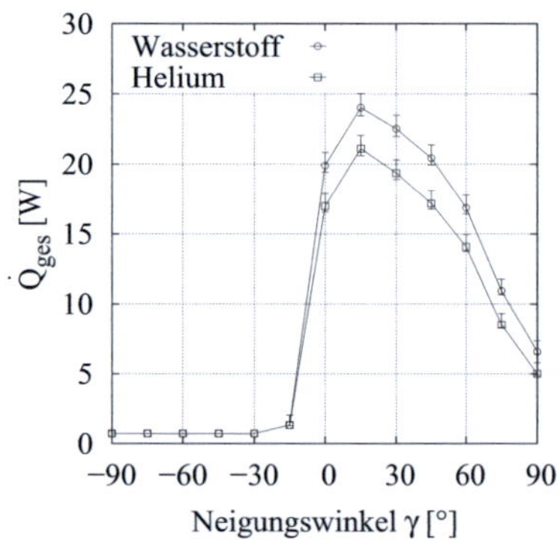


(b) Wärmeströme

**Abbildung 3.46:** Darstellung des schematischen Modells zum zugrunde liegenden Optimierungsfall sowie die erzielten Messergebnisse zum gesamten übertragenen Wärmestrom für Helium und Wasserstoff.

„klassischer" Art und Weise einfach zwischen dem warmen und dem kalten Reservoir angeordnet, so ergibt sich bei $\gamma = 15°$ der maximale Wärmestrom im Fall von Helium um das 29-fache und im Fall von Wasserstoff sogar um das 33-fache höher im Vergleich zur reinen Wärmeleitung. Diese Werte sind im Rahmen von Kapitel 3.8.2 bereits ausführlich diskutiert worden.Sie sollen daher im Folgenden nur als Ausgangspunkt der Optimierung angesehen werden.

### 3.9.2 Thermische Verankerungsmöglichkeiten an den Rohrleitungsenden

Die Methode zur Befestigung der Rohrleitung an den entsprechend benachbarten Bauteilen, z. B. am Behälter oder einem Ventilkörper, ist bisher nicht im Detail betrachtet worden. Im Verlauf der Arbeit hat sich aber bereits angedeutet, dass hier ein wesentlicher Einflussfaktor hinsichtlich des übertragenen Gesamtwärmestroms zu vermuten ist.
Mögliche Befestigungsvarianten können eine geschraubte – und damit wieder lösbare – Verbindung oder aber eine geschweißte bzw. gelötete – und damit nur schwer wieder lösbare – Verbindung sein. Im Fall der geschraubten Verbindung kommt, wie auch im Versuchsaufbau in Kapitel 3.8.2, eine Verschraubung pro Rohrleitungsende hinzu. Der jeweils entstehende Verbund zwischen Rohr, Verschraubung und Reservoir muss folglich mit geeigneten Dichtungen versehen sein. Bei einer dicht verschweißten oder verlöteten Verbindung würde dies entfallen.
Der wesentliche Unterschied aus Sicht der Wärmeübertragung besteht aber nicht in der Art der Verbindung sondern in den zusätzlichen Festkörperanteilen und deren thermischer Anbindung an das entsprechende Reservoir. In der Abbildung 3.47 sind drei Varianten der Verbindung dargestellt, die im Rahmen dieser Arbeit untersucht worden sind. Dabei handelt es sich um zwei Varianten mit Verschraubungen aber unterschiedlichem Dichtungskonzept und einer geschweißten Variante. Im Detail stellen sich die Varianten wie folgt dar.

- **Variante 1:** Die Verschraubung ist in das Reservoir eingedreht. Das Gewinde ist mit Indiumfolie ausgekleidet und dichtet vollständig ab. Der Flansch der Verschraubung liegt vollständig am thermisch verankerten Reservoir an.

- **Variante 2:** Die Verschraubung ist in das Reservoir eingedreht. Die Dichtheit wird mit einer speziellen Fußdichtung aus Kupfer realisiert. Die Gewindegänge sind ohne Dichtmittel nur an den üblichen Auflageflächen thermisch verbunden. Zwischen dem Flansch der Verschraubung und der thermisch angebundenen Reservoirfläche liegt ein Abstand von etwa $1\,mm$.

- **Variante 3:** Die Rohrleitung ist auf Stoß mit einer Kehlnaht an das thermisch verankerte Reservoir angeschweißt. Die Größe der Kehlnaht ist vergleichsweise klein.

Variante 1 und Variante 2 lassen sich problemlos auf dem Versuchsstand experimentell untersuchen. Bei experimenteller Umsetzung von Variante 3 wäre der Versuchsstand durch die Verschweißung für weitere Versuche unbrauchbar. Aus diesem Grund wurde die Variante 3 numerisch untersucht und entsprechend angepasst.

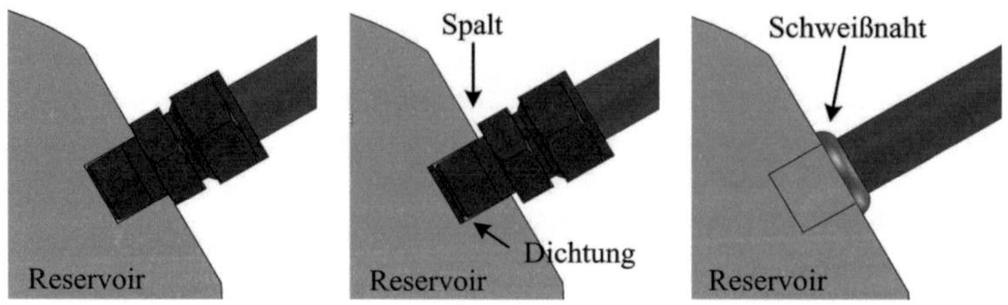


(a) Variante 1 (b) Variante 2 (c) Variante 3

**Abbildung 3.47:** Darstellung der untersuchten Varianten zur Befestigung des Rohrendes am jeweiligen Reservoir. **Variante 1:** Verschraubung mit indiumverfülltem Gewinde und anliegendem Flansch; **Variante 2:** Verschraubung mit Fußdichtung aus Kupfer und Spalt zum Flansch; **Variante 3:** Schweißverbindung des Rohrendes mit dem Reservoir.

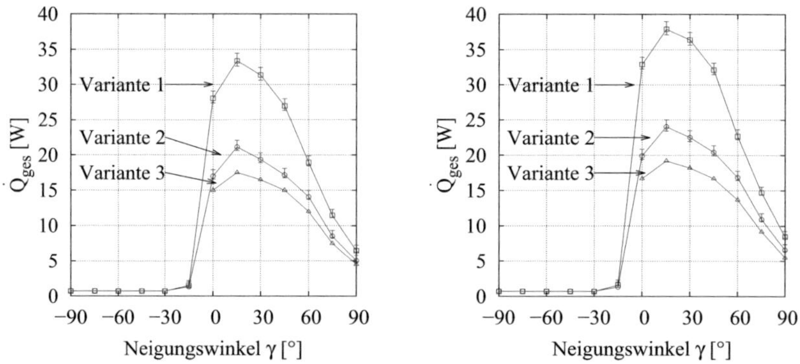


(a) Helium (b) Wasserstoff

**Abbildung 3.48:** Ergebnisse der experimentellen und numerisch angepassten Untersuchung zu den Varianten der thermischen Verankerung des Rohrleitungsendes. **Variante 1:** Verschraubung mit indiumverfülltem Gewinde und anliegendem Flansch; **Variante 2:** Verschraubung mit Fußdichtung aus Kupfer und Spalt zum Flansch; **Variante 3:** Schweißverbindung des Rohrendes mit dem Reservoir.

Die Ergebnisse der Untersuchungen für Helium und Wasserstoff sind in den Diagrammen 3.48 (a) bzw. (b) dargestellt. Aus Sicht der thermischen Anbindung des Rohrendes stellt Variante 1 einen gewissen Extremfall dar. Dies wird sowohl für Helium als auch für Wasserstoff ersichtlich. Im Kapitel 3.4 ist bereits herausgearbeitet worden, dass der Wärmeeintrag in die ersten Zentimeter der Rohrwand nach dem Rohrleitungsende einen signifikanten Einfluss auf den gesamten Wärmetransport hat. In Variante 1 kommen daher mehrere ungünstige Faktoren zusammen, die den Wärmestrom auf bis zu $33\,W$ bzw. $37\,W$ ansteigen lassen. Zum einen wirkt die Verschraubung als zusätzlicher wärmeleitender Festkörper, der das Rohrende umfasst. Zum anderen ist dieser zusätzliche Körper hervorragend durch den anliegenden Flansch thermisch am Reservoir angebunden. Der Wärmeeintrag setzt sich also zu großen Teilen auch durch den Anteil des

Wärmeeintrags über die Verschraubung zusammen.
Variante 2 zeigt einen deutlich geringeren Wärmestrom von maximal 20,7 bzw. 24 $W$. Dies entspricht einer Absenkung um jeweils mehr als 35% allein durch die Änderung der Dichtungsvariante und der Positionierung der Verschraubung. Aus Sicht der thermischen Anbindung hat sich also eine große Änderung eingestellt. Die Stirnseiten der Rohrleitung sind durch die Kupferdichtung gut an die Verschraubung angebunden. Das Gewinde ist ohne Indiumfüllung ausgeführt und bietet aufgrund der Gewindegänge und Luftpalte einen gewissen thermischen Widerstand zwischen Reservoir und Verschraubung. Zusätzlich ist auch noch der Flansch der Verschraubung thermisch durch den Spalt vom Reservoir entkoppelt. Die Wärmeübertragung kann also nur noch durch die Fußdichtung und das Gewinde übertragen werden. Der Einfluss auf den maximal übertragenen Wärmestrom ist dadurch signifikant.
In Variante 3 ist nun im Gegensatz zu Variante 1 der zweite Extremfall dargestellt. Man versucht die Anbindung des Rohres in jeder Hinsicht gering zu halten. Die Schweißnaht trägt nur dünn auf und das Rohrende liegt praktisch am Reservoir auf. Der Wärmeeintrag erfolgt nur in minimaler Weise in die Rohrwand – praktisch nur über die Stirnseiten. Gegenüber der Variante 2 kann damit der maximal übertragene Wärmestrom noch einmal um etwa $15 - 20\%$ auf maximal 17,4 bzw. 19,4 $W$ abgesenkt werden. Das Reduzierungspotential ist aber schon deutlich geringer gegenüber dem vorherigen Fall Variante 1 zu Variante 2.

#### Fazit dieser Untersuchung

- Das Verschweißen bzw. Verlöten der Rohrleitung erscheint aus den Untersuchungen die wirksamste Methode der Befestigung an den Enden zu sein, um den transportierten Wärmestrom zumindest zu minimieren.
- Eine Änderung der üblichen zu erwartenden Wärmestromcharakteristik über dem Neigungswinkel ist aufgrund der Änderung der Befestigungsmethode am Rohrleitungsende nicht zu erwarten.
- Bei Verwendung von Verschraubungen ist dafür Sorge zu tragen, dass die eventuelle Materialaufdickung am Rohrleitungsende eine möglichst schlechte thermische Anbindung erfährt. In jedem Fall ist eine überhöhte Wärmeleitung in den Kragen der Rohrleitung zu vermeiden.

Variante 2 stellt im Rahmen der durchgeführten Untersuchungen die optimierte Variante im Hinblick auf die Verwendung von Verschraubungen – also lösbaren – Verbindungen am Rohrleitungsende dar. Sie ist daher auch für alle durchgeführten Experimente im Rahmen dieser Arbeit die Basis.

### 3.9.3 Gezielte Dimensionierung und Ausrichtung

Eine weitere Untersuchung zur Reduzierung des übertragenen Gesamtwärmestroms umfasst die Dimensionierung der Rohrleitung hinsichtlich des Durchmessers in Verbindung

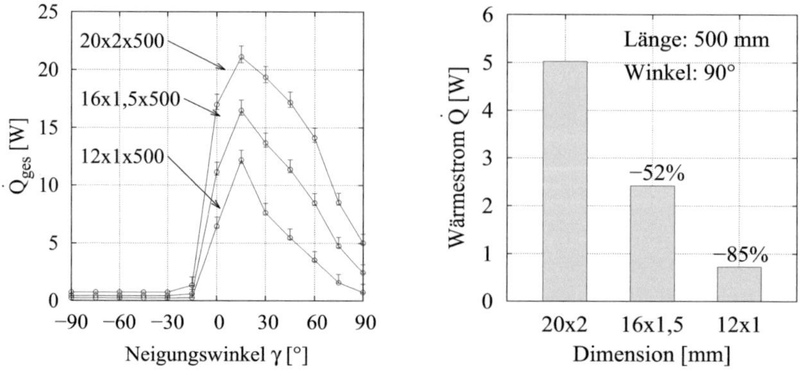


(a) Wärmestromverlauf, Helium. (b) Detailbetrachtung für $\gamma = 90°$.

**Abbildung 3.49:** Ergebnisse der experimentellen Untersuchung des übertragenen Gesamtwärmestroms $\dot{Q}_{ges}$ für drei verschiedene Rohrleitungsquerschnitte, linke Abbildung in Abhängigkeit vom Neigungswinkel $\gamma$, rechte Abbildung als Detaildarstellung für $\gamma = 90°$, Arbeitsfluid Helium, $p = 100\,bar$.

mit der optimalen Positionierung. Diese zunächst offensichtliche Variante zur Reduzierung des Gesamtwärmestroms liegt nach den Erkenntnissen der vorausgegangenen Kapitel eigentlich nahe, sie soll aber trotzdem im Detail diskutiert werden.
Ausgangspunkt der Optimierung war die Rohrleitung mit der Dimension $20x2x500\,mm$. Betrachtet werden sollen nun zwei weitere Rohrleitungen mit gleicher Länge aber unterschiedlichem Innendurchmesser – $16x1{,}5\,mm$ und $12x1\,mm$.
Aus Sicht der Wärmeübertragung ergibt sich die übliche und bekannte Charakteristik nach 3.49 (a). Die Reduzierung des inneren Durchmessers der Rohrleitung führt zu einer vergleichsweise starken Absenkung des übertragenen Wärmestroms unter den gegebenen Randbedingungen. Das Diagramm zeigt, dass aus rein praktischer Sicht der Winkel $\gamma = 90°$ am besten für eine wärmeeintragsoptimierte Positionierung geeignet ist. Der Wärmestrom sinkt dabei gegenüber $\gamma = 15°$ noch einmal sehr stark ab. Aus diesem Grund soll die weitere Diskussion anhand Abbildung 3.49 (b) durchgeführt werden. Hier sind nun nur die Werte des Wärmetransports bei $\gamma = 90°$ für alle drei Rohrleitungen dargestellt. Danach kann bei Verwendung der Rohrleitung $16x1{,}5x500\,mm$ experimentell eine Verringerung des Wärmestroms um etwa 52% erreicht werden, bei Verwendung der noch kleineren Rohrleitung $12x1x500\,mm$ sogar um 85%.
Auf den ersten Blick erscheint also die Überwindung von geometrischen Höhen mit einem Winkel von $\gamma = 90°$ bei gleichzeitiger Verwendung kleiner Rohrinnendurchmesser das probate Mittel zur Umgehung von großen Wärmeströmen.
Auf den zweiten Blick müssen jedoch die üblichen Folgen einer solchen Maßnahme berücksichtigt werden. Der resultierende Druckverlust durch Rohrstücken mit geringerem Querschnitt steigt exponentiell an. In der Tabelle 3.6 sind dazu die geometrischen Größen wie Innendurchmesser und Querschnittsfläche und exemplarische Druckverluste angegeben. Unter einem üblichen Volumenstrom würde man bei der Rohrleitung $20x2x500\,mm$ von wenigen $mbar$ Druckverlust ausgehen – hier konkret $10\,mbar$. Wird dieser Wert

**Tabelle 3.6:** Übersicht zur Entwicklung des Druckverlustes bei Verwendung eines kleineren Rohrquerschnittes zur Überbrückung des kritischen Stücks bei Annahme entsprechender Randbedingungen.

| Rohrleitung $[mm]$ | 20x2x500 | 16x1,5x500 | 12x1x500 |
|---:|---:|---:|---:|
| $D$ $[mm]$ | 16 | 13 | 10 |
| $A$ $[mm^2]$ | 201 | 133 | 79 |
| $\Delta p$ $[mbar]$ | 10 | 30 | 110 |

auf die beiden anderen Rohrleitungen umgerechnet, so ergeben sich bei der Variante $16x1{,}5x500\,mm$ etwa $30\,mbar$ und bei der Variante $12x1x500\,mm$ bereits $110\,mbar$. Aus rein praktischer Sicht würde daher letztere Variante sicher bereits ausscheiden.
Es existiert jedoch noch eine weitere Möglichkeit, den geringeren Wärmetransport durch dünne Rohrleitungen zu nutzen und gleichzeitig den erhöhten Druckverlust einzudämmen. Unter Umständen kann die Rohrleitung mit einem dickeren Querschnitt im kritischen Segment in Rohrleitungen dünneren Querschnitts aufgeteilt werden. Im konkreten Fall wäre vorstellbar, die Variante $20x2x500\,mm$ durch drei Rohrleitungen der Dimension $12x1x500\,mm$ zu ersetzen. Der Wärmetransport wäre mit etwa $3 \cdot 0{,}7\,W = 2{,}1\,W$ deutlich geringer als bei der Variante $20x2x500\,mm$, der Druckverlust aber praktisch vergleichbar groß bei etwa $10\,mbar$. Konstruktiv aufwendig ist möglicherweise in diesem Zusammenhang die Realisierung der Dreierrohrleitung und die entsprechenden Übergänge. Es ist besonders dafür Sorge zu tragen, dass sich in parallel angeordneten Rohrleitungen nicht große Konvektionsströmungen ausbilden. Diese würden vermutlich den erzielten Effekt umkehren.

#### Fazit dieser Untersuchung

- Bei Verwendung einer Standard-Rohrleitung mit üblicher Wärmeübertragungscharakteristik wird zur Überwindung von Höhendistanzen immer der Neigungswinkel $\gamma = 90°$ empfohlen.
- Unter sorgfältiger Berücksichtigung des Druckverlustes sollten Rohrleitungen im kritischen Segment immer mit möglichst kleinem Innendurchmesser ausgeführt sein.
- Durch geschicktes Aufteilen des Fluidstroms aus einer großen Rohrleitung in mehrere dünnere Rohrleitungen kann üblicherweise der Wärmetransport auch bei ähnlichem Druckverlust signifikant reduziert werden.

### 3.9.4 Rohrleitungseinsätze

Eine weitere Methode zur möglichen Reduzierung des Wärmetransports wurde bereits in der Literatur von Scurlok und Beduz [51] sowie Kasthuriengan et al. [52] vorgeschlagen. Dabei sollen verschiedene Einsätze in die Rohrleitung geschoben werden, die

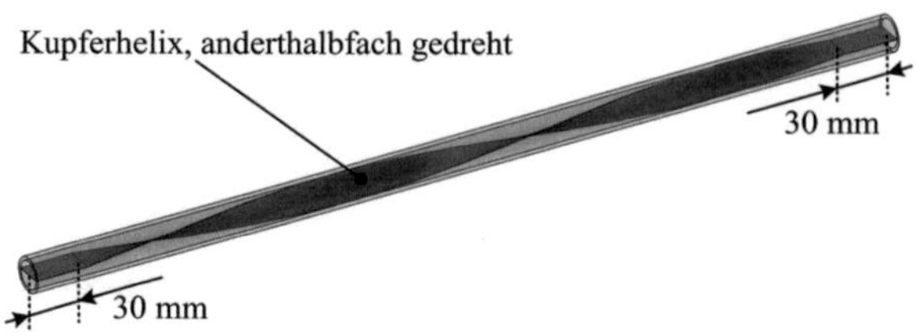


**Abbildung 3.50:** Rohrleitung mit eingesetztem Spiralblech aus Kupfer, anderthalbfach verdreht und an den Enden befestigt.

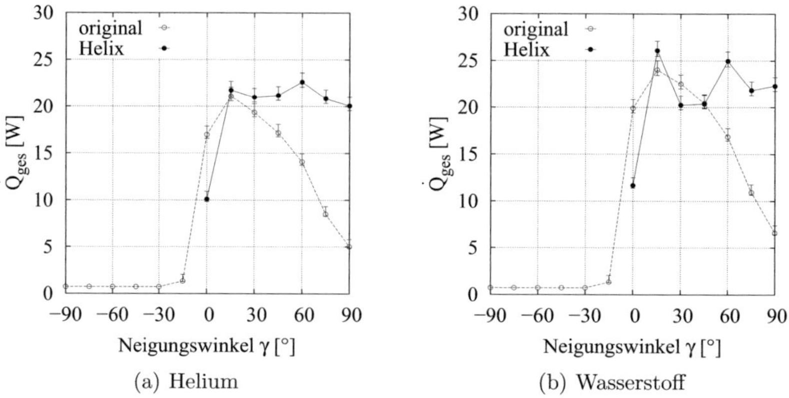


**Abbildung 3.51:** Ergebnisse der experimentellen Untersuchung für ein anderthalbfach verdrehtes Kupferblech als Rohreinsatz, dargestellt ist der übertragene Gesamtwärmestrom $\dot{Q}_{ges}$ in Abhängigkeit vom Neigungswinkel $\gamma$ für Helium und Wasserstoff, $p = 100\,bar$.

die Ausbildung der Konvektionsbewegung einschränken oder unterbinden. Jedoch ist die Wirkungsweise von SCURLOK und BEDUZ [51] innerhalb ihrer Veröffentlichung weder numerisch noch experimentell nachgewiesen worden. KASTHURIENGAN et al. [52] vermerken zumindest für den Fall eines Pulsrohrkühlers eine signifikante Unterbindung des Effekts.

Im Rahmen der hier diskutierten Untersuchung ist in die Rohrleitung ein verdrehtes Kupferblech mit 0,2 $mm$ Dicke eingeschoben worden. In Abbildung 3.50 ist die Anordnung mit Bemaßung dargestellt. Das Kupferblech ist dabei 1,5-fach um die eigene Achse verdreht und besitzt jeweils an den Enden, bedingt durch das Einspannen, einen geraden Teil von ca. 30 $mm$. Beim Einbau der Rohrleitung in den Testkryostaten ist darauf geachtet worden, dass diese geraden Enden der Bleche orthogonal zur Drehrichtung – und damit gegen die Konvektionsbewegung im Umlenkbereich – angeordnet waren. Um ein reibungsloses Einschieben zu gewährleisten, muss technisch bedingt immer ein kleiner Spalt zwischen der Rohrwand und dem verdrehten Blech existieren. Auch wenn sehr sorgsam darauf geachtet wurde, dass dieser Spalt minimal gehalten wird, so sind kleine Leckströme nahe der Wand nicht auszuschließen. Durch das Einstecken der Rohrenden in die Verschraubungen ergibt sich am warmen bzw. kalten Ende eine kleine, etwa 1 $cm^2$

große Spaltfläche zur Wand, durch die das Fluid umgelenkt werden kann. Diese Anordnung wurde bewusst so gewählt, da auch in späteren Anwendungsfällen eine vollständige Abdichtung des Umlenkbereichs nur schwer sicherzustellen wäre.
Die so modifizierte Rohrleitung wurde unter Verwendung von Helium und Wasserstoff experimentell untersucht. Die Ergebnisse für beide Fluide sind in Abbildung 3.51 (a) und (b) dargestellt. Zu erkennen ist zunächst für beide Fluide, dass sich nicht die erhoffte Verringerung des Wärmetransports einstellt. Im Gegenteil, der Wärmestrom wird in seiner Charakteristik stark verändert und die Maximalwerte übersteigen die der Originalkonfiguration sogar teilweise erheblich. Die Messwerte widersprechen damit der allgemeinen Literaturmeinung, sie wurden jedoch sorgsam nachgeprüft und können in jedem Fall als reproduzierbar gelten. Im Detail ergeben sich folgende Ergebnisse. Im Bereich $15° \leq \gamma \leq 90°$ stellt sich ein stark neigungswinkelabhängiges Schwanken des Wärmestroms ein. Zwischen Helium und Wasserstoff sind jedoch in den entsprechenden Winkellagen gleiche „Spitzen“ zu erkennen. Der üblicherweise stark abfallende Wärmestrom hin zu größeren Neigungswinkeln wird praktisch völlig unterbunden. Der übertragene Wärmestrom bleibt mit Spiralblech stark schwankend im Bereich 20..25 $W$. Einzig für kleinere Winkel um $\gamma = 0°$ stellen sich im Vergleich zur originalen Rohrleitung geringere Wärmeströme ein. Auch wenn keine direkten Einblicke in das tatsächliche Strömungsverhalten in der Rohrleitung möglich sind, so zeigen die gemessenen Temperaturen auf der Ober- und Unterseite der Rohrleitung, dass das Fluid der Form des Spiralbleches folgt. Die Temperaturen sind an einigen Stellen an der Oberseite geringer als an der darunterliegenden Stelle der Unterseite. Die Temperaturen folgen also dem Spiralweg.
Weitere Testmessungen mit anderen Einsätzen, wie z. B. einem geraden Blech (vgl. Kapitel 3.8.2), zeigen ähnliche Effekte und führen auch zu keiner nennenswerten Absenkung des übertragenen Gesamtwärmestroms. Die Erhöhung der Verdrehungszahl des Spiralblechs oder eine Verminderung der Leckströme an den Enden würde vermutlich zu einer Verbesserung des Ergebnisses führen. Solche stark behindernden Einsätze müssen jedoch wieder sehr kritisch im Zusammenhang mit dem resultierenden Druckverlust begutachtet werden. Aus technischer Sicht sind Rohrleitungseinsätze in kryogenen Speichersystemen z. B. dem Kryodrucktank nicht nur unüblich, sondern häufig auch unerwünscht. Das Risiko der Ablösung einzelner Bestandteile und die resultierende Verstopfung von nachfolgenden Bauteilen, etwa Ventilen, wird üblicherweise als sehr hoch eingestuft. Aus diesem Grund wären Rohreinsätze ohnehin nur bei äußerst günstiger Wärmestromreduzierung eine zu diskutierende Alternative.

#### Fazit dieser Untersuchung

- Rohreinsätze in Form einer Spirale können entgegen der Literaturmeinung nicht ohne Weiteres zur Reduzierung des übertragenen Gesamtwärmestroms eingesetzt werden.
- Für Neigungswinkel im Bereich $15° \leq \gamma \leq 90°$ führen sie teils sogar zu einer Erhöhung des übertragenen Gesamtwärmestroms.
- Die zu erwartende signifikante Erhöhung des Druckverlustes beim Durchströmen der Rohrleitung macht Rohreinsätze zusätzlich uninteressant für den technischen Einsatz.

### 3.9.5 Rohrleitungsummantelungen

Die Studien zur Wärmeleitung in der Rohrwand zeigen einen Einfluss sowohl in den Umlenkbereichen als auch im Mittelbereich der Rohrleitung. In den Umlenkbereichen (vgl. Kapitel 3.9.2) ist die Wärmeleitung durch Rohrwand und Anbauteile eher negativ zu sehen. Sie vergrößert den gesamten übertragenen Wärmestrom. Im Mittelbereich dagegen übernimmt die Rohrwand als wärmeleitendes Glied einen gewissen Anteil beim Wärmetransport zwischen den beiden Fluidströmen (vgl. Kapitel 3.4). Der aufsteigende, warme Fluidstrom gibt dabei Wärme die Rohrwand ab, diese leitet die Wärme nach unten wo sie vom kalten Fluidstrom aufgenommen wird. Es ergibt sich daraus ein – wenn auch sehr begrenztes – Potential, den übertragenen Gesamtwärmestrom durch eine Erhöhung der Wärmeleitfähigkeit in der Rohrwand des Mittelbereiches zu senken. Diese Art der „Wärmeumleitung“ sollte jedoch allenfalls bei kleineren Neigungswinkeln $15° \leq \gamma \leq 30°$ eine Wirkung erzielen, darüber hinaus ist ohnehin der innere Wärmetransport über das Interface zwischen den Fluidströmen dominierend.
Der zu erwartende Einfluss soll – trotz dem begrenzten Potential – experimentell untersucht werden. Durch verschiedene Ummantelungen wird die thermische Leitfähigkeit in der Rohrwand und damit auch die effektive Wärmetransportfähigkeit erhöht. Es stehen verschiedene Ansätze zur Verfügung:

1. Vergrößerung der Wandstärke und damit der effektiven Querschnittsfläche
2. Verwendung von Materialien mit großer thermischer Leitfähigkeit senkrecht zur Wand
3. Kombination aus beiden genannten Varianten

In der praktischen Umsetzung kann mit vergleichsweise einfachem Aufwand ein Rohrmantel aus gut leitendem Material – im konkreten Fall Kupfer – auf die originale Rohrleitung aufgelötet werden.
Die isotropen Wärmeleitungseigenschaften von Kupfer bedingen dabei jedoch einen Anstieg der effektiven thermischen Leitfähigkeit der Rohrwand in alle Richtungen – auch entlang der Rohrhauptachse. Um diesen Effekt zumindest zu differenzieren, sind zwei experimentelle Varianten untersucht worden. In Variante 1 ist ein Kupfervollmantel auf das Rohr aufgebracht. In Variante 2 sind entsprechende Kupferringe mit Zwischenraum aufgelötet worden. Als Grundkörper wurde ein Kupferrohr mit $30\,mm$ Außendurchmesser und $5\,mm$ Wandstärke verwendet und entsprechend bearbeitet. Die thermische Leitfähigkeit der verwendeten Kupferlegierung beträgt etwa $250\,W/m\,K$, die thermische Leitfähigkeit der Rohrwand aus Edelstahl dagegen nur etwa $10\,W/m\,K$.

#### Kupfervollmantel

In Abbildung 3.52 ist Variante 1 mit Kupfervollmantel dargestellt. Der Mantel ist über die Länge des Mittelbereiches der Rohrleitung aufgelötet. Zum Vergleich sind auf der Ober- und Unterseite der Rohrleitung Temperatursensoren angebracht worden, die eine Aussage darüber geben können, ob die dort existierende Temperaturdifferenz durch den Kupfermantel beeinflusst wird. Die Ergebnisse der experimentellen Untersuchung sind für Helium in den Diagrammen 3.53 (a) und (b) dargestellt. Für Wasserstoff entsprechen

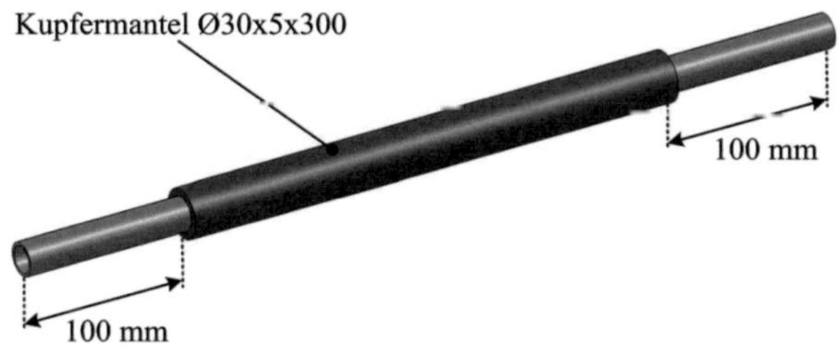


**Abbildung 3.52:** Rohrleitung mit aufgelötetem Mantel aus Kupfer zur Erhöhung der thermischen Leitfähigkeit der Rohrwand im Mittelbereich.

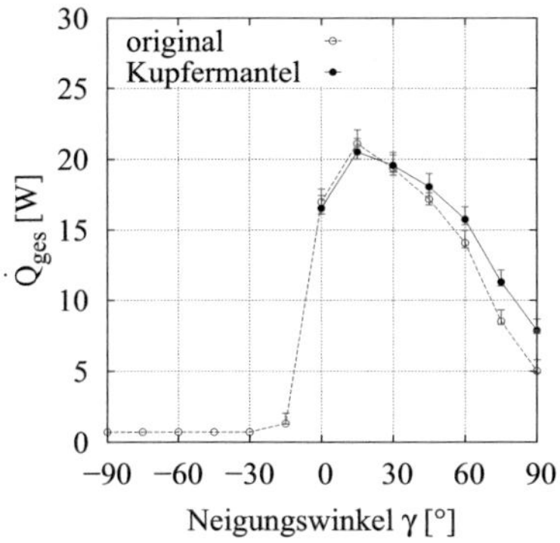


(a) Wärmestromverlauf, Helium.

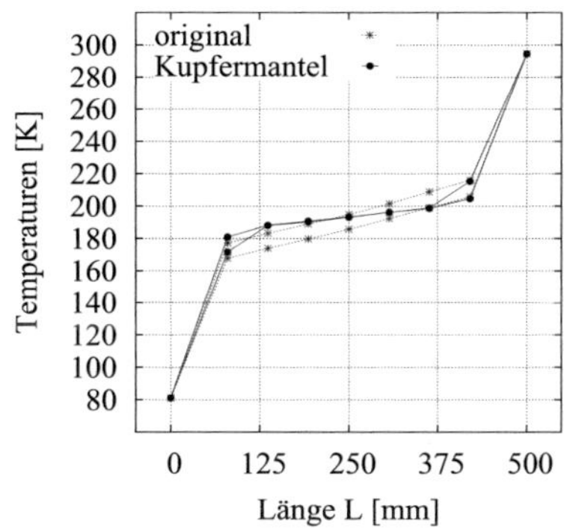


(b) Temperaturverlauf, Helium, $\gamma = 30°$.

**Abbildung 3.53:** Ergebnisse der experimentellen Untersuchung nach Auflöten des Kupfermantels; dargestellt ist der übertragene Gesamtwärmestrom $\dot{Q}_{ges}$ in Abhängigkeit vom Neigungswinkel $\gamma$ sowie die zugehörige Temperaturverteilung an Ober- und Unterseite der Rohrleitung bei einem Neigungswinkel von $\gamma = 30°$ für Helium, $p = 100\,bar$.

die Ergebnisse in der Charakteristik exakt denen von Helium, lediglich leicht erhöht. Aus Übersichtsgründen werden sie daher nicht aufgeführt.

Der Wärmestrom in Abhängigkeit vom Neigungswinkel in Abbildung 3.53 (a) zeigt für kleine Winkel $0° \leq \gamma \leq 30°$ leicht geringere Absolutwerte, die sich aber innerhalb der zu erwartenden Messungenauigkeit befinden. Es kann also in diesem Bereich von einem unveränderten Wärmestrom ausgegangen werden. Für größere Neigungswinkel $45° \leq \gamma \leq 90°$ ergibt sich mit der Kupferummantelung ein größerer Wärmestrom im Vergleich zum originalen Rohr. Damit kann zunächst festgehalten werden, dass sich mit einer Kupferummantelung dieser Art keine Absenkung des übertragenen Wärmestroms erzielen lässt.

Es entsteht allerdings die Frage, ob der Kupfermantel tatsächlich zu einem thermischen Ausgleich in der Rohrwand führt. In Abbildung 3.53 (b) ist dazu für den konstanten Neigungswinkel von $\gamma = 30°$ der Temperaturverlauf aufgetragen. In der originalen Rohrleitung existierte eine Temperaturdifferenz von $\Delta T \approx 10\,K$ zwischen Ober- und Unterseite im Mittelbereich. Für die Variante mit Rohrummantelumg zeigt sich ein anderes Verhalten. Wo der Kupfermantel aufgelötet ist, existiert kein messbarer Temperaturunterschied mehr. Im Umlenkbereich, dort wo der Kupfermantel nicht hin ragt, existiert wieder die zuvor gemessene Temperaturdifferenz.

Der generelle Trend der Temperaturen mit Rohrummantelung ist außerdem flacher im Vergleich zur originalen Rohrleitung. Damit hat die Maßnahme der Ummantelung in jedem Fall einen thermischen Ausgleich ohne messbaren Temperaturunterschied an der Oberfläche der Rohrleitung erzielt. Ein größerer Effekt könnte auch bei noch höherer Wärmeleitfähigkeit der Rohrwand nicht erreicht werden.
Fraglich bleibt, inwiefern die Längswärmeleitung des vollen Kupfermantels eine Rolle spielt und ggf. zur Erhöhung des axialen Wärmestroms bei höheren Neigungswinkeln beiträgt. Dazu soll der Vollmantel nun in einzelne Ringe unterteilt werden, die eine axiale Wärmeleitung im Vollmantel zumindest teilweise unterbinden sollen.

### Kupferringe

Die Variante 2 mit den 15 einzeln aufgelöteten Kupferringen ist in Abbildung 3.54 dargestellt. Die Kupferringe sind in gleichem Abstand von 10 $mm$ angebracht. Die Temperatursensoren an Ober- und Unterseite der Rohrleitung befinden sich jeweils wieder an den Kupferringen befestigt.
Die Ergebnisse der experimentellen Untersuchungen sind analog zu Variante 1 nur für Helium in den Diagrammen 3.55 (a) und (b) dargestellt. Im generellen Trend kann festgestellt werden, dass der transportierte Wärmestrom bei den meisten Neigungswinkeln im Vergleich zum originalen Rohr tatsächlich etwas absinkt. Vergleichsweise groß ist die Reduzierung um ca. 20% bei $\gamma = 0°$. Dieses Verhalten bestätigt insofern die Theorien zur Wärmeleitung in der Rohrwand aus Kapitel 3.4, als dass nur bei kleinen Neigungswinkeln die Rohrwandwärmeleitung spürbar wird. Für größere Neigungswinkel $45° \leq \gamma \leq 90°$ gleicht sich der transportierte Wärmestrom langsam an den, der originalen Geometrie an. Bestätigt wird aber auch die zunächst getroffene Behauptung, dass das Potential zur Absenkung des Wärmestroms vergleichsweise gering ist.
Im Hinblick auf die Frage, ob auch die Kupferringe einen thermischen Ausgleich in der

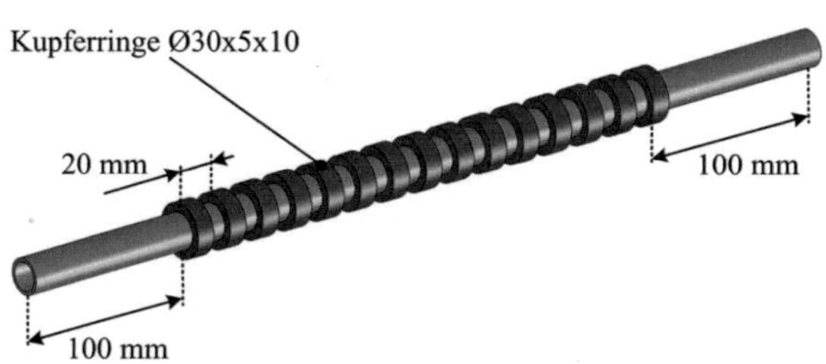


**Abbildung 3.54:** Rohrleitung mit aufgelöteten Kupferringen in gleichem Abstand zur Erhöhung der thermischen Leitfähigkeit im Rohrwandquerschnitt, aber gleichzeitiger Eindämmung des Wärmeflusses entlang der Rohrhauptachse.

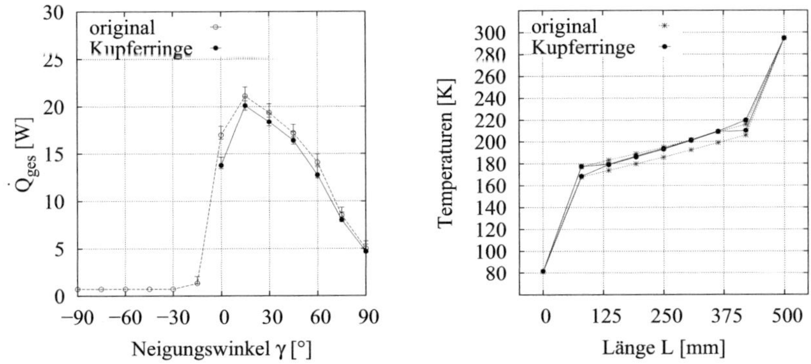


(a) Wärmestromverlauf, Helium.

(b) Temperaturverlauf, Helium, $\gamma = 30°$.

**Abbildung 3.55:** Ergebnisse der experimentellen Untersuchung nach Auflöten der Kupferringe; dargestellt ist der übertragene Gesamtwärmestrom $\dot{Q}_{ges}$ in Abhängigkeit vom Neigungswinkel $\gamma$ sowie die zugehörige Temperaturverteilung an Ober- und Unterseite der Rohrleitung bei einem Neigungswinkel von $\gamma = 30°$ für Helium, $p = 100\,bar$.

Rohrwand herbeiführen, ist in Abbildung 3.55 (b) der Vergleich der Temperaturprofile an Ober- und Unterseite der Rohrleitung dargestellt. In der originalen Rohrleitung existiert die diskutierte Temperaturdifferenz von etwa $\Delta T \approx 10\,K$ im Mittelbereich. Die Variante mit Kupferringen zeigt ein ähnliches Verhalten wie schon der Kupfermantel. Wo Kupferringe aufgelötet sind, existiert keine messbare Temperaturdifferenz mehr. In den Umlenkbereichen, wo keine Kupferringe befestigt sind, stellt sich wieder eine messbare Temperaturdifferenz ein. Im Gegensatz zur Variante 1 mit voller Ummantelung ist der generelle Trend der Temperaturen aber nicht etwa flacher, sondern bildet einen ähnlichen Verlauf ab, wie die originale Rohrleitung. Die Maßnahme zur Verminderung der Längswärmeleitung in axialer Richtung durch Kupferringe ist also durchaus erfolgreich.

### Fazit dieser Untersuchung

- Die Erhöhung der thermischen Leitfähigkeit ist in jedem Fall nur im Mittelbereich der Rohrwand eine Möglichkeit zur Absenkung des transportierten Wärmestroms.
- Um eine messbare Absenkung des transportierten Wärmestroms zu erreichen, darf nur die thermische Leitfähigkeit entlang des Rohrumfangs vergrößert werden und nicht die entlang der Rohrhauptachse.
- Für übliche, isotrop wärmeleitende Materialien kann dies nur konstruktiv durch gezielte Materialaufbringungen – etwa Ringe – erfolgen.
- Eine Reduzierung des transportierten Wärmestroms ist auch bei vollständigem

thermischen Ausgleich über dem Rohrwandquerschnitt nur bei kleinen Neigungswinkeln zu erwarten.

- Das maximale Potential zur Absenkung ist vergleichsweise gering und wird vermutlich auch bei geschickter Konstruktion etwa 20% nicht übersteigen können.

### 3.9.6 Verformte oder gekrümmte Rohrleitungen

Einen nachweislich großen Einfluss auf den transportierten Wärmestrom besitzt die Scherschicht zwischen warmen aufsteigenden Fluid und kälterem absteigenden Fluid. Neben den bereits diskutierten Rohreinsätzen sollen in diesem Zusammenhang auch verformte oder gekrümmte Rohrleitungen untersucht werden. Verformte Rohrleitungen sind in diesem Zusammenhang immer noch als gerade zu verstehen, lediglich der Querschnitt wird gezielt verändert. Gekrümmte Rohrleitungen dagegen sind gezielt gebogen.
Der über die Scherschicht stattfindende Wärmetransport wird maßgeblich durch die dortigen Turbulenzeigenschaften und die resultierenden konvektiven Flüsse beeinflusst (vgl. Kapitel 3.4). Gelänge es nun über geschickte Verformung die Scherschicht lokal zu stören oder aufzulösen, so könnte auch der transportierte Wärmestrom durch zusätzlichen inneren Wärmetransport abgesenkt werden. Die Geometrie der Rohrleitung soll dafür in den folgenden Varianten geändert werden.

1. Einbringung von Eindellungen an Ober und- Unterseite entlang des Mittelbereiches zur lokalen Störung der Strömung, die Rohrleitung selbst bleibt gerade.
2. Abplattung der Rohrleitung im gesamten Mittelbereich zur Verschmälerung des durchströmten Querschnitts, die Rohrleitung selbst bleibt gerade.
3. Die Rohrleitung wird gekrümmt in Form eines S-Schlags.

Die Varianten werden nachfolgend einzeln beschrieben.

#### Eindellungen im Mittelbereich

In der Abbildung 3.56 ist das zugrundeliegende Modell dieser Variante abgebildet. Es wurden jeweils an der Ober- und Unterseite im Mittelbereich gegenüberliegende Eindellungen eingebracht. Die ursprünglich runde Innenform mit ø16 $mm$ der Rohrleitung wird dadurch an den drei Stellen zu einem ausgebauchten Rechteck zusammengedrückt. Der Abstand zwischen oberer und unterer Wand beträgt im engsten Querschnitt nur noch 11 $mm$.
Die Eindellungen bewirken in jedem Fall eine Einschnürung der beiden Fluidströme, es entstehen „Stolperstellen“. Inwieweit sich diese Störungen auf die Scherschicht auswirken, soll das Experiment zeigen.
Die Ergebnisse dazu sind in den Abbildungen 3.57 dargestellt. Sowohl für Helium als auch für Wasserstoff kann sehr eindeutig festgehalten werden, dass die Eindellungen keinen spürbaren Effekt auf den transportierten Wärmestrom haben. Für keinen Neigungswinkel konnten signifikante Unterschiede außerhalb der Messtoleranz nachgewiesen werden. Offensichtlich führt damit die lokale Einschnürung zu keiner Störung der Scherschicht

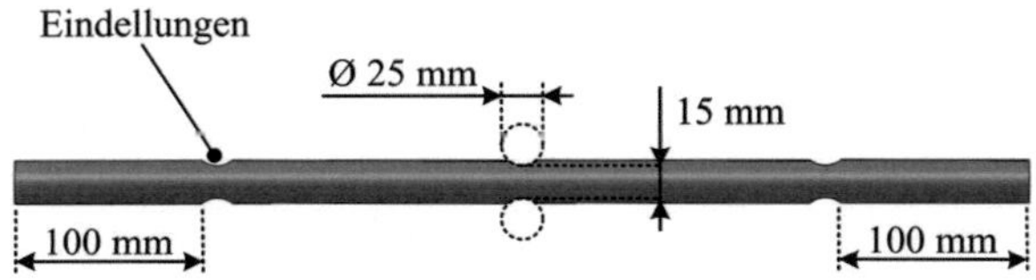


**Abbildung 3.56:** Rohrleitung mit 3 jeweils gegenüberliegenden Eindellungen im Mittelbereich zur Störung der lokalen Scherschicht.

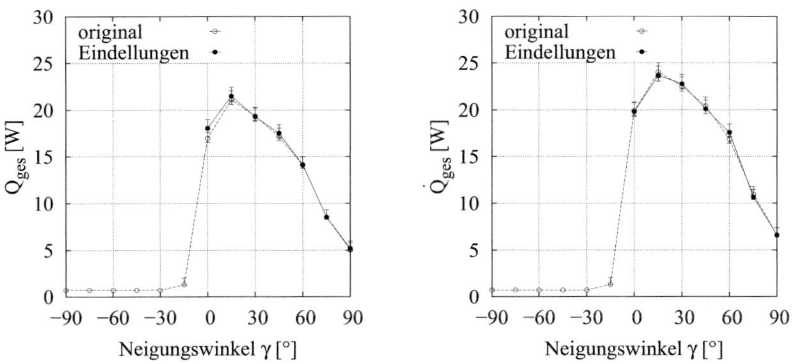


(a) Helium (b) Wasserstoff

**Abbildung 3.57:** Ergebnisse der experimentellen Untersuchung mit Eindellungen im Rohr; dargestellt ist der übertragene Gesamtwärmestrom $\dot{Q}_{ges}$ in Abhängigkeit vom Neigungswinkel $\gamma$ für Helium und Wasserstoff, $p = 100\,bar$.

bzw. effektiven Erhöhung des inneren Wärmetransports. Es kann also davon ausgegangen werden, dass die Strömung die Störstelle angelegt an die innere Wand passiert. Eine weitere Vertiefung der Eindellungen oder scharfe Kanten könnten das Problem lösen, führen jedoch zwangsläufig auch zu weiteren Druckverlusterhöhungen bei Durchströmung der Rohrleitung. Zusätzlich haben die Verformungen noch den Nachteil, dass die Druckfestigkeit der Rohrleitung herabgesetzt wird. Im schlimmsten Fall kommt es bei übermäßigen Eindellungen sogar zum Rückbeulen durch den hohen Innendruck.
Lokale Eindellungen sind demzufolge in keiner Weise zur Reduzierung des transportierten Wärmestroms geeignet.

### Abplattung des Mittelbereichs

Die lokalen Eindellungen haben keinen nennenswerten Einfluss auf den transportierten Wärmestrom gezeigt. In der Folge soll der komplette Mittelbereich abgeplattet werden. Die Umlenkbereiche bleiben unverändert. Im Mittelbereich ergibt sich auf voller Länge eine innere Höhe von $11\,mm$. Der Querschnitt entspricht – analog den Eindellungen – einem ausgebauchten Rechteck. Die Geometrie ist in Abbildung 3.58 dargestellt.

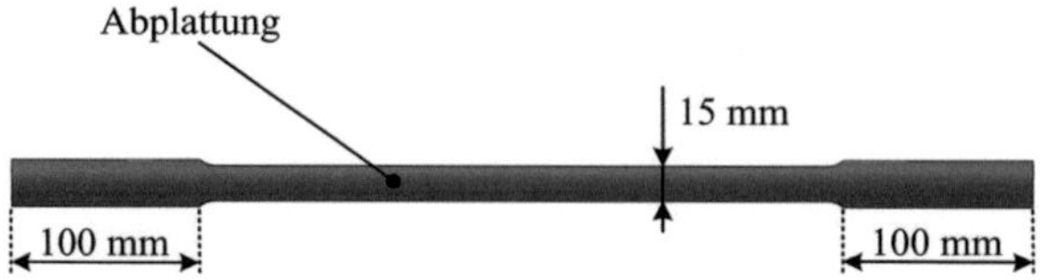


**Abbildung 3.58:** Rohrleitung mit vollständiger Abplattung im Mittelbereich zur Steigerung des lokalen Wärmeaustauschs über die Scherschicht.

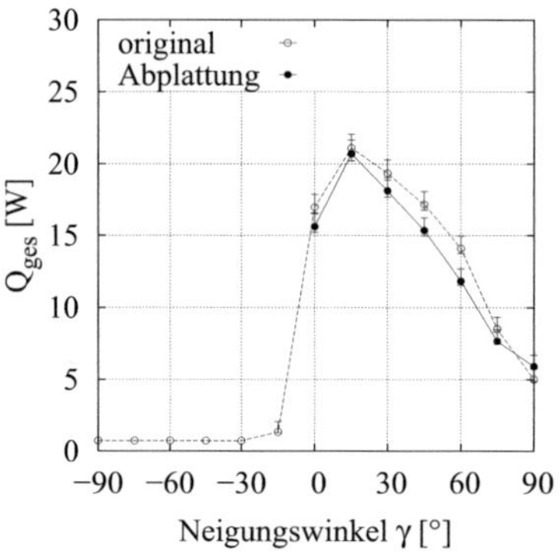


(a) Helium

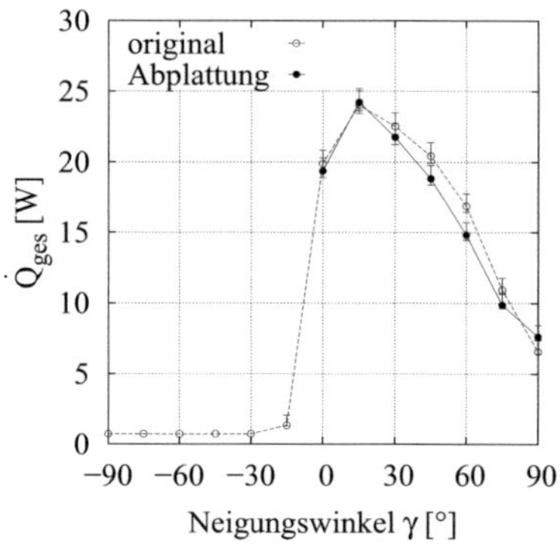


(b) Wasserstoff

**Abbildung 3.59:** Ergebnisse der experimentellen Untersuchung zur Abplattung der Rohrleitung im Mittelbereich; dargestellt ist der übertragene Gesamtwärmestrom $\dot{Q}_{ges}$ in Abhängigkeit vom Neigungswinkel $\gamma$ für Helium und Wasserstoff, $p = 100\,bar$.

Die Ergebnisse der Experimente für Helium und Wasserstoff werden in den Diagrammen 3.59 (a) und (b) gezeigt. Daraus ist zu erkennen, dass sowohl für Helium als auch für Wasserstoff eine Wirkung durch die Abplattung erzielt wird. Im Neigungswinkelbereich zwischen $15° \leq \gamma \leq 75°$ ergibt sich eine leichte Verringerung des transportierten Wärmestroms. Dies ist insofern schlüssig als dass gerade bei höheren Neigungswinkel auch die turbulenten Eigenschaften in der Scherschicht üblicherweise stärker ausgeprägt sind (vgl. Diagramm 3.12). Die Abplattung bewirkt also die engere Kanalisierung der Strömung, die Geschwindigkeitsgradienten über die Scherschicht werden größer. Die zusätzlich wirkende, turbulenzinduzierte Mischung erhöht den inneren Wärmetransport. Das Maximum dieser Absenkung liegt etwa im Bereich $45° \leq \gamma \leq 60°$ und beträgt im konkreten Fall etwa $2..3\,W$ absolut. Dies entspricht etwa 20% in Bezug auf die Absolutwerte.

Für das vertikale Rohr $\gamma = 90°$ stellt sich dagegen ein leicht erhöhter Wärmetransport ein. Die Abplattung bewirkt hier offensichtlich eine geringere Durchmischung bei den instationären Fluidbewegungen im Inneren. Die runde Original-Rohrleitung begünstigt dies geometriebedingt. Der ausgebauchte Rechteckquerschnitt dagegen begünstigt eine weitere Kanalisierung und somit eine gewisse Trennung von aufsteigendem und absteigendem Fluid.

Analog zu den Erläuterungen der Eindellungen ist anzunehmen, dass eine weitere Verstärkung der Abplattung auch eine größere Reduzierung des transportierten Wärmestroms herbeiführen kann. Jedoch sprechen wiederum ein steigender Druckverlust und die Absenkung des maximalen zulässigen Drucks der Rohrleitung dagegen.

### S-Schlag Rohrleitung

In der Literatur gibt es bereits Hinweise darauf, dass eine Krümmung der Rohrleitung den transportierten Wärmestrom senken sollte, so zum Beispiel bei SCURLOK und BEDUZ [51]. Eine konkrete Form ist jedoch an keiner Stelle gegeben. Die letzte zu untersuchende Variante im Rahmen der hier durchgeführten Experimente ist die Krümmung der Rohrleitung in Form eines S-Schlags. Die Geometrie ist deshalb gewählt worden, weil sie in den kritischen Winkelbereichen, wo für die originale Rohrleitung besonders hohe Wärmeströme transportiert werden, mindestens eine Sektion aufweist, die „oben" warm und „unten" kalt ist. In dieser geplanten Mischzone soll die Scherschicht in jedem Fall zerstört werden und eine Mischung beider Fluidströme erfolgen. Die exakte Geometrie des S-Schlags ist in Abbildung 3.60 dargestellt. Die Länge der Rohrleitung ändert sich von $L = 500\,mm$ auf $736\,mm$. Dies zieht im Fall der reinen Wärmeleitung zunächst eine Verringerung des Wärmestroms von $720\,mW$ auf $550\,mW$ nach sich.
In den Abbildungen 3.61 (a) und (b) sind die experimentellen Ergebnisse dargestellt. Sie zeigen eine erstaunliche, aber nicht unerwartete Charakteristik. Sowohl für Helium als auch für Wasserstoff ist der transportierte Wärmestrom bei geringeren Neigungswinkeln $0° \leq \gamma \leq 30°$ dramatisch reduziert. Bei $\gamma = 0°$ liegt er mit $750\,mW$ nur etwa 1,5-fach höher im Vergleich zur reinen Wärmeleitlösung. Mit steigendem Neigungswinkel steigt dann auch der Wärmestrom an und besitzt sein Maximum bei etwa 60°. Bei $\gamma = 75°$ sind die Wärmeströme der originalen Geometrie und des S-Schlags praktisch identisch. Damit stellt die Krümmung der Rohrleitung die nachweislich einzige wirkungsvolle Methode zur signifikanten Absenkung des transportierten Wärmestroms dar.
Besonders vorteilhaft ist die Erkenntnis, dass gerade bei kleinen Neigungswinkeln eine signifikante Reduzierung des Wärmestroms beobachtet werden kann. Genau in diesen Winkelbereichen überträgt bekanntlich die originale Rohrleitung besonders viel Wärme. Die Erklärung, warum nun eine geschickt gebogene Rohrleitung solche Effekte erzielt, ist eng mit den Erkenntnissen zur thermischen Anbindung an den Rohrenden (vgl. Kapitel

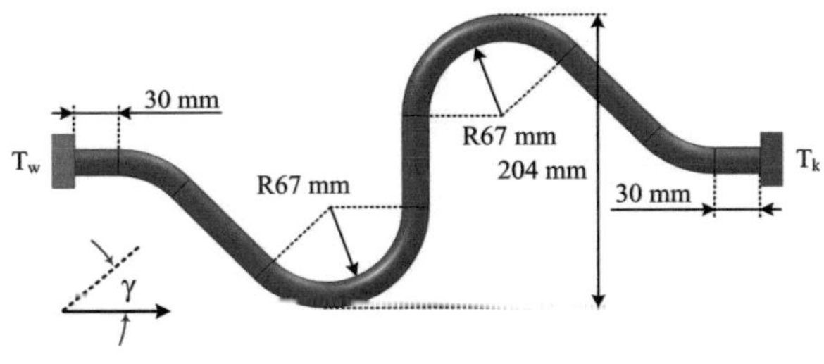


**Abbildung 3.60:** Rohrleitung, gebogen in Form eines S-Schlags; Gesamtlänge $736\,mm$ im Vergleich zur originalen Rohrleitung mit $500\,mm$.

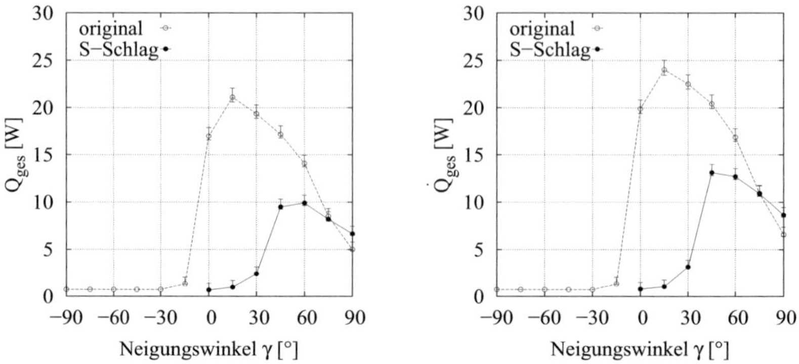


(a) Helium

(b) Wasserstoff

**Abbildung 3.61:** Ergebnisse zur experimentellen Untersuchung der gebogenen Rohrleitung in Form eines S-Schlags; dargestellt ist der übertragene Gesamtwärmestrom $\dot{Q}_{ges}$ in Abhängigkeit vom Neigungswinkel $\gamma$ für Helium und Wasserstoff, $p = 100\,bar$

3.9.2) verknüpft. Ein konvektiver Wärmestrom kann immer nur so groß werden, wie das angekoppelte System Wärme nachführen kann. Im konkreten Fall des hier untersuchten S-Schlags liegt nahe dem warmen Ende ein um 30° nach unten geneigtes Rohrstück, am kalten Ende ein um 30° nach oben geneigtes Rohrstück. Diese wirken zunächst als thermischer Kurzschluss. Der Mittelteil mit einem senkrechten Rohrstück entwickelt zwar eine Fluidbewegung im Inneren, die zu transportierende Wärme ist jedoch im Zufluss bzw. Abfluss begrenzt. Wird die Rohrleitung nun weiter gedreht, so dass die beiden geneigten Rohrstücke ab $\gamma = 30°$ horizontal liegen, so ist dieser thermische Kurzschluss aufgehoben. Ab dieser Lage übertragen beide Rohrstücke deutlich mehr Wärme durch innere Konvektionsvorgänge. Im Bereich $\gamma \geq 30°$ steigt der gesamte transportierte Wärmestrom im Diagramm deutlich an. Der thermische Kurzschluss ist vollständig aufgehoben. Es findet ein hinreichend geordneter Fluidstrom aufwärts und im Gegenzug auch abwärts statt.
Damit wird klar, dass eine gebogene Rohrleitung nicht automatisch eine dramatische Absenkung des übertragenen Wärmestroms nach sich zieht. Vielmehr ist das geschickte Anordnen der Bögen zur Erzeugung von thermischen Entkopplungen der entscheidende Vorgang. Im Umkehrschluss bedeutet dies, dass eine ungeschickt gebogene Rohrleitung, die im Inneren einen konsequenten Fluidstrom vom warmen zum kalten Ende zulässt, sehr wahrscheinlich einen vergleichsweise hohen Wärmestrom transportiert.
Auch gebogene Rohrleitungen besitzen jedoch einen gewissen Nachteil im Hinblick auf den Druckverlust im durchströmten Zustand. Biegungen erhöhen gerade bei Ablösungserscheinungen oder induzierten Sekundärströmungen den Druckverlust im Vergleich zur geraden Rohrleitung teils erheblich. Hier ist im Bedarfsfall eine geeignete Kompromisslösung zu finden. Der Effekt des reduzierten Wärmestroms kann bei intelligenter Gestaltung durchaus auch mit ablösefreien und somit druckverlustarmen Rohrbiegungen erreicht werden.

### Fazit dieser Untersuchung

- Mit einer punktuellen Verformung des Rohrquerschnitts im Mittelbereich kann keine signifikante Reduzierung des transportierten Wärmestroms in der Rohrleitung erreicht werden. Die Maßnahme führt nicht zur wirkungsvollen Störung der Scherschicht.
- Mit einer kompletten Abplattung des Rohrquerschnitts über den Mittelbereich kann eine Reduzierung des transportierten Wärmestroms genau dann erreicht werden, wenn die turbulenzinduzierten, konvektiven Flüsse über die Scherschicht den dortigen inneren Wärmetransport begünstigen. Dies ist besonders bei Neigungswinkeln im Bereich oberhalb $\gamma > 30°$ der Fall. Die Maßnahme besitzt jedoch nur ein begrenztes Reduzierungspotential von ca. 20% im optimalen Wirkungsbereich.
- **Die Verwendung von geschickt gebogenen Rohrleitungen ist neben der Verwendung von dünneren, parallel angeordneten Rohrleitungen die einzige, experimentell nachgewiesene Methode zur signifikanten Senkung des transportierten Wärmestroms.**
- Die Biegungen der Rohrleitung sind so anzuordnen, dass vermutlich kritische Sektionen mit instabiler Schichtungskonfiguration (unten warm, oben kalt) durch beidseitig vorgeschaltete, stabile Konfigurationen (oben warm, unten kalt) thermisch entkoppelt werden. Unter diesen Umständen kann erreicht werden, dass der übertragene Wärmestrom unter günstigen Bedingungen nur wenige Vielfache der Wärmeleitlösung beträgt.
- Sowohl gekrümmte als auch verformte Rohrleitungssegmente erhöhen den Druckverlust im Vergleich zu einer ideal geraden Rohrleitung. Im Bedarfsfall ist geeignet abzuschätzen, ob der zu erwartende Druckverlust im durchströmten Rohr den Anforderungen weiterhin genügt.

## 3.10 Empirische Berechnungsansätze für den Wärmetransport

### 3.10.1 Verfügbare Korrelationen und Messdaten aus der Literatur

Im Kapitel 1.3 „Einordnung in die Literatur“ ist bereits eine Anzahl von Veröffentlichungen diskutiert worden, die eine gewisse Affinität zur Konvektion in geneigten Rohrleitungen besitzen. Dabei ist klar geworden, dass nur wenige Veröffentlichungen dieses Thema behandeln. Im Hinblick auf verfügbare Korrelationen oder explizite Messdaten zur Abschätzung des transportierten Wärmestroms ist die verfügbare Anzahl nochmals geringer.
In einem ersten Schritt sollen diese wenigen, als sinnvoll erachteten Literaturkorrelationen im Detail vorgestellt und auf ihre Verwendbarkeit hin geprüft werden.
Im weiteren Verlauf dieses Kapitels sollen die gewonnenen Ergebnisse aus eigenen Messdaten genutzt werden, um Vorschläge für eine korrelative Beschreibung des transportierten Wärmestroms durch Rohrleitungen der hier diskutierten Dimensionen und Randbedingungen zu unterbreiten.

#### Korrelation nach Schneider und Straub

Eigenschaften der Korrelation nach Schneider und Straub [43]:

- Charakteristische Länge: innerer Durchmesser $D$ der Kavität
- Gültigkeitsbereich Rayleighzahl: $Ra_D < 8 \cdot 10^4$
- Gültigkeitsbereich Prandtlzahl: $0{,}023 \leq Pr \leq 135$
- Gültigkeitsbereich Aspektverhältnis: $\frac{1}{2} \leq \frac{L}{D} \leq 2$
- Keine Berücksichtigung des Wandeinflusses

Die Gleichung der Korrelation ergibt sich wie folgt:

$$Nu = 1 + 0{,}052 \left( \frac{\frac{L}{D} - 0{,}1}{0{,}9} \right)^{-\frac{1}{2}} \left[ \sqrt{\sin(90^\circ - \gamma)} + 1{,}3 \left( \frac{L}{D} \right)^{\frac{3}{4}} \sqrt{(1 + \cos(90^\circ - \gamma)} \right]^3 + 0{,}42 \left[ Ra_D^{\frac{1}{4}} - 5000^{\frac{1}{4}} \right] \left[ 2\sqrt{\cos\left(\frac{90^\circ - \gamma}{2}\right)} - \cos\left(\frac{90^\circ - \gamma}{2}\right) \right]^4 \tag{3.29}$$

### Korrelation nach Kurian et al.

Eigenschaften der Korrelation nach KURIAN et al. [78]:

- Charakteristische Länge: (innerer Durchmesser $D$ der Kavität), Länge $L$ der Kavität
- Gültigkeitsbereich Rayleighzahl: $1 \cdot 10^3 \leq Ra_D, Ra_L \leq 3{,}1 \cdot 10^4$
- Gültigkeitsbereich Prandtlzahl: $Pr = 0{,}71$
- Gültigkeitsbereich Aspektverhältnis: $L/D = 1$
- Keine Berücksichtigung des Wandeinflusses

Durch die Beschränkung des Aspektverhältnisses auf $L/D = 1$ ist die originale Beschreibung der Korrelation nach KURIAN et al. [78] unabhängig von der Bezugslänge zur Berechnung der Rayleighzahl. Im hier betrachteten Anwendungsfall $L/D > 1$ musste die Korrelation demzufolge hinsichtlich der verwendeten Bezugslänge leicht modifiziert werden. Unterbleibt dies, ist die Korrelation überhaupt nicht verwendbar. Die leicht modifizierten Gleichungen der Korrelation ergeben sich in Abhängigkeit vom Neigungswinkel wie folgt:

$$\begin{aligned}
&-90^\circ \leq \gamma < 0^\circ && Nu = 1 + 0{,}086 \left(\frac{Ra_L}{1034{,}25}\right)^{0{,}71} \left(\frac{\pi}{2} + \gamma \frac{\pi}{180}\right)^{1{,}9} \\
&\gamma = 0^\circ && Nu = 0{,}915 \left(\frac{Ra_L}{1034{,}25}\right)^{0{,}35} \\
&0^\circ < \gamma < 90^\circ && Nu = 0{,}78 \left(\frac{Ra_L}{1034{,}25}\right)^{0{,}36} \left[1{,}36 \sin\left(\frac{\pi}{2} - \gamma \frac{\pi}{180}\right) + \cos\left(\frac{\pi}{2} - \gamma \frac{\pi}{180}\right)\right]^{0{,}46} \\
&\gamma = 90^\circ && Nu = 1 + 0{,}71 \left(\frac{Ra_L}{3800} - 1\right)^{0{,}77}
\end{aligned} \tag{3.30}$$

### Korrelation nach Thummes et al.

Die Korrelation nach THUMMES et al. ist ursächlich eine Zusammenstellung verschiedener Korrelationen von FUJII UND IMURA [45], HOLLANDS et al. [46, 47] und GLOBE UND DROPKIN [48]. Der Übersicht halber soll sie jedoch unter dem Namen von THUMMES geführt werden.
Eigenschaften der Korrelation nach THUMMES et al. [44]:

- Charakteristische Länge: innerer Durchmesser $D$ der Kavität, Länge $L$ der Kavität
- Gültigkeitsbereich Rayleighzahl: $Ra_D < 1 \cdot 10^{10}$, für $Ra_L$ keine Angabe
- Gültigkeitsbereich Prandtlzahl: keine Einschränkungen
- Gültigkeitsbereich Aspektverhältnis: $L/D < 10$

- Keine Berücksichtigung des Wandeinflusses

Die Gleichungen der Korrelation ergeben sich in Abhängigkeit vom Neigungswinkel der Kavität wie folgt:

$$\begin{aligned}
&\gamma = -90^\circ && Nu = 1 \\
&-90^\circ < \gamma \leq 0^\circ && Nu \approx 0{,}58\,(Ra_D \sin(\gamma + 90^\circ))^{\frac{1}{5}} \\
&10^\circ < \gamma < 90^\circ && Nu \approx 1{,}44 + \left(\frac{Ra_L \cdot \cos(90^\circ - \gamma)}{5830}\right)^{\frac{1}{3}} \\
&\gamma = 90^\circ && Nu = 0{,}069 \cdot Ra_L^{\frac{1}{3}} \cdot Pr^{0{,}074}
\end{aligned} \tag{3.31}$$

### Experimentelle und numerische Daten nach Thummes et al. und He et al.

Neben den Korrelationen gibt es nur zwei Literaturstellen, die explizite Messdaten und dazu gehörende numerische Berechnungen darlegen. Die Messdaten stammen von THUMMES et al. [44], die numerischen Berechnungen veröffentlichten HE et al. [54]. Die folgende Zusammenstellung zeigt die geltenden Bedingungen im Detail:

- Dimensionen: Durchmesser $D = 18{,}7\,mm$, Länge $L = 250\,mm$
- Aspektverhältnis: $L/D = 13{,}4$
- Temperaturdifferenz: $\Delta T = 220\,K$
- Arbeitsfluid: Helium bei $p = 18\,bar$
- Rayleighzahl: $4{,}5 \cdot 10^6$

Die Daten wurden im Zusammenhang mit Untersuchungen an typischen Pulsrohrkühlern aufgenommen.

### Vergleich der Korrelationen

Die vorgestellten Korrelationen sollen nun unter gleichen Randbedingungen miteinander verglichen werden. Um unabhängige Werte in Bezug auf diese Arbeit zu erlangen, stellen die experimentellen und numerischen Daten nach THUMMES et al. [44] und HE et al. [54] die Vergleichsbasis dar. In Abbildung 3.62 sind die Ergebnisse des Korrelationsvergleichs dargestellt. Die zugrundeliegenden Messdaten nach THUMMES et al. [44] zeigen ab $\gamma = -20^\circ$ ein starkes Ansteigen des übertragenen Wärmestroms bis zu einem Maximum von ca. $5{,}9\,W$ bei etwa $30^\circ$. Danach fällt der übertragene Wärmestrom in bekannter Weise bis $\gamma = 90^\circ$ auf ca. $3{,}1\,W$ ab.
Die numerischen Berechnungen nach HE et al. [54] bestätigen das Experiment in seiner generellen Charakteristik, überschätzen jedoch den übertragenen Wärmestrom um $1 - 2\,W$ abhängig vom Neigungswinkel.
Die Korrelation nach THUMMES et al. [44] zeigt erst ab $\gamma = 0^\circ$ ein Ansteigen des Wärmestroms, welcher in der Folge jedoch sein Maximum bei $2{,}8\,W$ bei $90^\circ$ besitzt.

Die Korrelation von Schneider und Straub [43] zeigt bereits ab einem Winkel von $\gamma = -90°$ ein stetiges Ansteigen des Wärmestroms. Der Maximalwert wird bei ca. 75° mit 1 $W$ vorausgesagt. Danach fällt der Wärmestrom wieder leicht zurück.
Die modifizierte Korrelation nach Kurian et al. [78] ergibt auf den ersten Blick die beste Übereinstimmung mit den experimentellen Daten. Die Charakteristik verläuft zwischen $-90° \leq \gamma \leq 0°$ stetig ansteigend bis auf ca. 1,8 $W$. Bei $\gamma = 0°$ erfolgt eine Unstetigkeit. Der nachfolgende Kurvenverlauf beginnt wieder bei etwa 8,4 $W$ und steigt bis zu einem Neigungswinkel von 35° leicht an. Dort liegt das prognostizierte Maximum mit etwa 9,2 $W$. Im Folgenden fällt der transportierte Wärmestrom wieder bis 90° ab. Damit zeigt diese Korrelation eine zumindest ähnliche Charakteristik wie die experimentellen Daten. Die gute Übereinstimmung ist jedoch mit großer Wahrscheinlichkeit zufällig. Die modifizierte Form der Kurian-Gleichung arbeitet nach eingehender Prüfung nur im hier dargelegten Fall der Randbedingungen verlässlich. Größere Änderungen führen zu teilweise unphysikalischen Kurvenverläufen. Eine Vergrößerung der Kavitätenlänge $L$ führt beispielsweise mit dieser Gleichung zu einem höheren transportierten Wärmestrom. Dies ist entgegen der Erfahrung aus den vorangegangenen Untersuchungen dieser Arbeit. Die Korrelation ist daher nur mit großer Vorsicht zu verwenden.

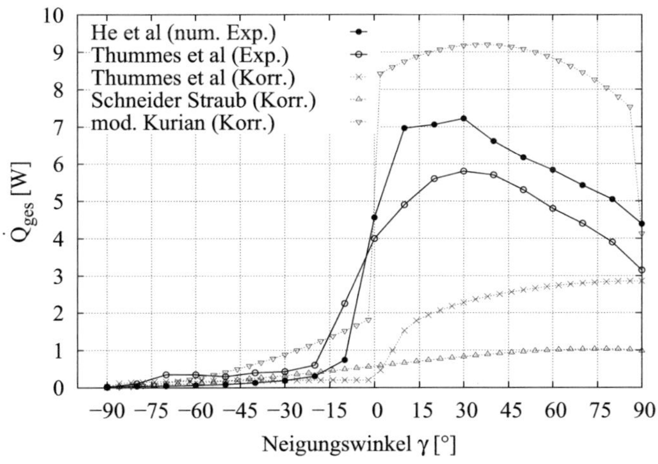


**Abbildung 3.62:** Vergleich vorhandener Literaturkorrelationen von Thummes et al. [44], Schneider und Straub [43] und Kurian et al. [78] in leicht modifizierter Form mit experimentellen Daten an einem geneigten Pulsrohr eines Cryocoolers von Thummes et al. [44] sowie dazu angestellten numerischen Rechnungen von He et al. [54], experimentelle Randbedingungen $L = 250\,mm$, $L/D = 13{,}4$, $\Delta T = 220\,K$, Heliumdruck $p = 18\,bar$.

### 3.10.2 Anwendung des Buckingham-Prinzips

Um den transportierten Wärmestrom durch eine geneigte Rohrleitung abschätzen zu können, wäre eine einfache Berechnungsvorschrift eine Bereicherung. Ein möglicher Weg ist das Ableiten einer empirischen Berechnungsgleichung basierend auf den Ähnlichkeitskennzahlen des konvektiven Wärmeübergangs. In der Literatur sind viele Beispiele bekannt, wie der freie konvektive Wärmestrom innerhalb von Kavitäten verschiedenster geometrischer Form und Ausrichtung abgeschätzt werden kann. Die typische Form solcher Gleichungen ist in Kapitel 2.1 bereits diskutiert worden. Basis war die Bestimmung der Nusseltzahl anhand funktionaler Beziehungen von üblichen Ähnlichkeitskennzahlen – häufig darunter die Rayleighzahl.
Für den Fall der geneigten Rohrleitung ist deutlich geworden, dass eine starke Interaktion der inneren Konvektionsvorgänge mit dem Wärmeleitvermögen der Rohrwand existiert. Dieser Umstand wurde in der Literatur bisher selten diskutiert. Meist werden die Wände als adiabat und nicht leitend angenommen. Allgemein etablierte Ähnlichkeitskennzahlen, die eine Kombination von innerer Konvektion und Wärmeleitung im umliegenden Festkörper beschreiben, liegen nach Durchführung einer entsprechenden Literaturstudie nicht vor.
Eine Möglichkeit, systemspezifische Ähnlichkeitskennzahlen zu generieren, bietet die Dimensionsanalyse. Sie kann z. B. mit Hilfe des Prinzips nach BUCKINGHAM durchgeführt werden. Die theoretischen Grundlagen und die mathematische Ableitung sind unter anderem bei KUHLMANN [59] dargestellt.
Die Nusseltzahl soll dazu als eine Funktion aller möglichen Einflussparameter des Systems aufgefasst werden.

$$Nu = f\left(D, L, A_W, \lambda_W, \rho, c_p, \lambda, \beta, \mu, \Delta T, g, \gamma\right). \tag{3.32}$$

Diese sind neben den geometrischen Randbedingungen und den unterschiedlichen Stoffdaten auch die Temperaturdifferenz $\Delta T$, die Erdbeschleunigung $g$ und der Neigungswinkel $\gamma$. Die große Anzahl von 12 Parametern kann durch die Erkenntnisse zur Wandwärmeleitung zumindest auf 11 reduziert werden, wenn das Produkt $\lambda_W \cdot A_W$ in Form des Wärmeleitprodukts fortan als ein Parameter zusammengefasst wird.
Diese 11 Parameter sind in Form einer Dimensionsmatrix aufzureihen. Dabei werden alle Einheiten der Parameter in die Fundamentaleinheiten von Länge $[m]$, Masse $[kg]$, Zeit $[s]$, Temperatur $[K]$ und Winkel $[°]$ aufgetrennt. Die Tabelle 3.7 zeigt den Inhalt der Dimensionsmatrix. Aus dieser Dimensionsmatrix kann ein lineares, homogenes Gleichungssystem abgeleitet werden, welches sechs linear unabhängige Lösungen hat. Diese sind

$$\begin{aligned} k_1 &= \frac{D \cdot g}{c_p \cdot \Delta T}, \quad k_2 = \frac{L \cdot g}{c_p \cdot \Delta T}, \quad k_3 = \frac{A_W \lambda_W \cdot g^6}{\rho^2 \cdot c_p^9 \cdot \Delta T^7} \\ k_4 &= \frac{\lambda^2 \cdot g^2}{\rho^2 \cdot c_p^5 \cdot \Delta T^3}, \quad k_5 = \frac{\nu^2 \cdot g^2}{c_p^3 \cdot \Delta T^3}, \quad k_6 = \beta \cdot \Delta T. \end{aligned} \tag{3.33}$$

Der Neigungswinkel $\gamma$ fällt in der Lösung des Gleichungssystems heraus, da die Fundamentaleinheit nur einmal vorkommt. Es kann demnach keine kombinierte Ähnlichkeitskennzahl geben. Der Neigungswinkel muss direkt in die Berechnung der Nusseltzahl eingehen.

**Tabelle 3.7:** Dimensionsmatrix nach Reduktion der Einflussparameter auf die Fundamentaleinheiten.

| | $D$ | $L$ | $A_W \cdot \lambda_W$ | $\lambda$ | $\nu$ | $\beta$ | $\rho$ | $c_p$ | $\gamma$ | $g$ | $\Delta T$ |
|---|---|---|---|---|---|---|---|---|---|---|---|
| $L[m]$ | 1 | 1 | 3 | 1 | 2 | 0 | -3 | 2 | 0 | 1 | 0 |
| $m[kg]$ | 0 | 0 | 1 | 1 | 0 | 0 | 1 | 0 | 0 | 0 | 0 |
| $t[s]$ | 0 | 0 | -3 | -3 | -1 | 0 | 0 | -2 | 0 | -2 | 0 |
| $T[K]$ | 0 | 0 | -1 | -1 | 0 | -1 | 0 | -1 | 0 | 0 | 1 |
| $°[rad]$ | 0 | 0 | 0 | 0 | 0 | 0 | 0 | 0 | 1 | 0 | 0 |

Die Lösungen $k_1$-$k_6$ können nun kombiniert werden, um möglichst sinnvolle oder bereits bekannte dimensionslose Kennzahlen abzuleiten. Eine mögliche Aufstellung lautet wie folgt:

1. Aspektverhältnis
$$\frac{k_1}{k_2} = \frac{D}{L}$$

2. Grashofzahl (Durchmesser D bezogen)
$$Gr_D = \frac{k_5 \cdot k_6 \cdot k_1^3}{k_4^2} = \frac{g \cdot \beta \cdot \Delta T \cdot D^3}{\nu^2}$$

3. Grashofzahl (Länge L bezogen)
$$Gr_L = \frac{k_5 \cdot k_6 \cdot k_2^3}{k_4^2} = \frac{g \cdot \beta \cdot \Delta T \cdot L^3}{\nu^2}$$

4. Prandtlzahl
$$Pr = \sqrt{\frac{k_5}{k_4}} = \frac{\nu \cdot \rho \cdot c_p}{\lambda}$$

5. Wärmeleitvergleich (Durchmesser D bezogen)
$$Wv_D = \frac{4}{\pi}\left(\frac{k_4}{k_3}\sqrt{\frac{k_3}{k_4}}k_1^2\right)^{-1} = \frac{4}{\pi}\frac{A_W \cdot \lambda_W}{\lambda \cdot D^2} = \frac{A_W \cdot \lambda_W}{A \cdot \lambda}$$

6. Wärmeleitvergleich (Länge L bezogen)
$$Wv_L = \left(\frac{k_4}{k_3}\sqrt{\frac{k_3}{k_4}}k_2^2\right)^{-1} = \frac{A_W \cdot \lambda_W}{\lambda \cdot L^2}$$

Das Aspektverhältnis $D/L$ wird je nach getroffener Definition auch im Kehrwert angegeben und ist eine wichtige dimensionslose Kennzahl, die auch für die geneigte Rohrleitung große Relevanz besitzen wird.
Die Grashofzahl kann in Abhängigkeit der charakteristischen Länge mit $D$ oder $L$ angegeben werden. Die relevante Fläche für den Wärmeübergang ist in jedem Fall gekoppelt an den inneren Durchmesser $D$. Die Verbindung zur Länge der Rohrleitung wird durch das Aspektverhältnis berücksichtigt.
Die Rayleighzahl als Produkt von Grashof- und Prandtlzahl wird bevorzugt für freie Konvektionsvorgänge innerhalb einer Kavität eingesetzt. Damit lassen sich beide Kennzahlen auch im Hinblick auf die geneigte Rohrleitung kombinieren.
Die beiden Kennzahlen zum Wärmeleitvergleich sind bisher unbekannte dimensionslose Kennzahlen. Lediglich bei BEJAN UND TIEN [37] ist in der Vergangenheit eine ähnliche Definition vorgenommen worden. $Wv_D$ beschreibt das Verhältnis zwischen eingetragener bzw. abgegebener Wärme in Festkörper und Fluid jeweils am Ende der Rohrleitung. $Wv_L$ beschreibt dagegen das Verhältnis des inneren Wärmetransports zwischen warmem, aufsteigenden und kaltem, absteigenden Fluidstrom über die Scherschicht oder im Umweg über die Rohrwand. Da der Einfluss des Wärmeeintrags an den Rohrleitungsenden deutlich größer ist als die innere Wärmeübertragung im Mittelbereich (vgl. Kapitel 3.9.2 und 3.9.5), kann davon ausgegangen werden, dass der Wärmeleitvergleich $Wv_D$ dominierend gegenüber $Wv_L$ sein wird.
Damit ergibt sich die mögliche Struktur für eine Korrelation der Nusseltzahl in der folgenden Form

$$Nu = f_1 \cdot (1 + Wv_D)^{f_2} \cdot Ra_D^{f_3} \cdot \left(\frac{D}{L}\right)^{f_4}. \tag{3.34}$$

Die entsprechenden Funktionen $f_1$ bis $f_4$ sind durch geeignete Ansätze abzubilden und vorkommende Modellkonstanten anhand von Messdaten oder numerischen Simulationsergebnissen zu kalibrieren. Der Wärmeleitvergleich $Wv_D$ wird physikalisch sinnvoll um $1+..$ ergänzt, um Fälle abzudecken, in denen die Wandwärmeleitung vernachlässigt wird. Andernfalls würde der Faktor $Wv_D = 0$ und damit das Ergebnis physikalisch unsinnig. Die Rayleighzahl könnte auch in zwei Terme – bestehend aus Grashofzahl und Prandtlzahl – aufgetrennt werden. Die Grashofzahl ändert sich für die geneigte Rohrleitung unter verschiedenen Randbedingungen stark. Die Prandtlzahl dagegen ändert sich für Gase oder überkritische Fluide nur gering. Es kann folglich keine genaue Kalibrierung anhand der gesammelten experimentellen Daten erfolgen. Beide Terme sollen deshalb als Rayleighzahl zusammengefasst betrachtet werden.

### 3.10.3 Ableitung einer neuen Korrelation

#### Neigungswinkelbereich 0° bis 90°

Die notwendige Struktur der Ansatzfunktion im Neigungswinkelbereich $\gamma = 0° - 90°$ basiert auf der Nusseltzahl, welche unter Verwendung des inneren Durchmessers $D$ und der reinen Stoffdaten des Fluids gebildet wird. Die Rohrwand und ihre Eigenschaften spielen zunächst keine direkte Rolle.

$$Nu = \frac{\alpha \cdot D}{\lambda} \tag{3.35}$$

Der darin enthaltene Wärmeübergangskoeffizient $\alpha$ kann über die Beziehung des gesamten, transportierten Wärmestroms abgeleitet werden.

$$\dot{Q}_{ges} = \frac{1}{4}\alpha \cdot \pi \cdot D^2 \cdot \Delta T \tag{3.36}$$

Wird diese Beziehung, umgestellt nach dem Wärmeübergangskoeffizienten $\alpha$, in die Gleichung (3.35) eingesetzt, ergibt sich der Zusammenhang zwischen der dimensionslosen Nusseltzahl und dem zugehörigen Wärmestrom.

$$Nu = \frac{4 \cdot \dot{Q}_{ges}}{\lambda \cdot \pi \cdot D \cdot \Delta T} \tag{3.37}$$

Ausgehend von der vorgeschlagenen Ansatzfunktion (3.34) kann nun ein Zusammenhang zwischen dem gesamtem transportierten Wärmestrom und den dimensionslosen Kennzahlen hergestellt werden

$$\dot{Q}_{ges} = \underbrace{\frac{\lambda \cdot \pi \cdot D \cdot \Delta T}{4}}_{\text{Vorfaktor}} \cdot f_1 \cdot (1 + Wv_D)^{f_2} \cdot Ra_D{}^{f_3} \cdot \left(\frac{D}{L}\right)^{f_4}. \tag{3.38}$$

Der Wärmestrom und der Vorfaktor sind bekannte Größen aus den durchgeführten Experimenten. Die unbekannten Funktion $f_1$ bis $f_4$ müssen nun über alle gemessenen Datensätze ausgewertet werden.

Zur Bestimmung der unbekannten Funktionen $f_1$ bis $f_4$ ist im Rahmen dieser Arbeit eine Vielzahl von Experimenten durchgeführt worden. Dabei wurden mit dem in Kapitel 3.8.2 beschriebenen Versuchsaufbau eine große Anzahl von verschiedenen Rohrleitungen unter definierten Bedingungen vermessen. Die Tabelle 3.8 zeigt die verschiedenen Dimensionen. Jede dieser Testrohrleitungen wurde unter den Drücken 50, 100, 150 und 200 *bar* bei Neigungswinkeln zwischen $\gamma = -15°..90°$ untersucht. Unter Verwendung von Helium als Fluid und Edelstahl der Sorte 316 für die Rohrwand ergeben sich spezifische Ähnlichkeitskennzahlen für die spätere Auswertung nach Gleichung (3.38). Der Übersicht halber sind diese im Anhang A.2 tabelliert.
Die Bedingungen, unter denen die Messkampagne durchgeführt wurde, entsprechen im Wesentlichen denen aus Kapitel 3.8.2. Da die Befestigungsmethode am Rohrleitungsende einen vergleichsweise großen Einfluss auf den übertragenen Gesamtwärmestrom hat, sei nochmals darauf hingewiesen, dass hier die Variante mit Kupferdichtung verwendet wurde.
Die einzelnen Ergebnisse der durchgeführten Messungen sollen an dieser Stelle nicht im Detail diskutiert werden. Eine Übersicht mit allen Diagrammen zu den gesamten übertragenen Wärmeströmen sind im Anhang A.2 in den Diagrammen A.13, A.14 und A.15 dargestellt. Für den aktuell diskutierten Winkelbereich $\gamma = 0° - 90°$ soll der zusätzlich vermessene Winkel $\gamma = -15°$ zunächst nicht betrachtet werden. Die dort gewonnenen Datensätze werden später verwendet.

**Tabelle 3.8:** Übersicht über die Dimensionen der untersuchten Rohrleitungen im Rahmen der Experimente zur Bestimmung der unbekannten Funktionen $f_1$ bis $f_4$.

| Bezeichnung | $D+2s$ $[mm]$ | $D$ $[mm]$ | L $[mm]$ |
|---|---|---|---|
| $12x1x250$ | 12 | 10 | 250 |
| $12x1x500$ | 12 | 10 | 500 |
| $12x1x1000$ | 12 | 10 | 1000 |
| $16x1{,}5x250$ | 16 | 13 | 250 |
| $16x1{,}5x500$ | 16 | 13 | 500 |
| $16x1{,}5x1000$ | 16 | 13 | 1000 |
| $20x2x250$ | 20 | 16 | 250 |
| $20x2x500$ | 20 | 16 | 500 |
| $20x2x1000$ | 20 | 16 | 1000 |

In Summe ergeben sich im angesprochenen Winkelbereich 252 Einzelmessungen zur Korrelation der unbekannten Funktionen $f_1$ bis $f_4$ anhand von experimentellen Messdaten. Es soll angenommen werden, dass die unbekannten Funktionen $f_1$ bis $f_4$ nur eine Abhängigkeit zum Neigungswinkel $\gamma$ besitzen. Deshalb werden die durchgeführten Einzelmessungen für jeden Neigungswinkel geordnet und als separater Stapel behandelt. Zwischen den analysierten Messpunkten wurden bei Bedarf zusätzliche Stützstellen approximiert. Unter Verwendung der Methode der kleinsten Fehlerquadrate können nun die unbekannten Funktionen für jeden Stapel mit $\gamma = const$ als Konstante bestimmt werden. Werden alle so ermittelten Konstanten $f_1$ bis $f_4$ für ihren zugehörigen Winkel zwischen $0° - 90°$ aufgetragen, ergeben sich die später gezeigten Diagramme 3.63 (a-d). Die entstandene Punkteschar kann nun durch eine geeignete Ansatzfunktion wiederum nach der Methode der kleinsten Fehlerquadrate approximiert werden. Es entstehen daraus vier stetige Funktionen $f_i(\gamma)$. Die Ansatzfunktion muss die Punkteschar in praktisch jedem Punkt extrem gut approximieren. Andernfalls führt dies zu einem starken Einfluss auf die spätere Form der $\dot{Q}_{ges}(\gamma)$ Funktion. Diese Genauigkeit war nur mit Polynomen höheren Grades hinreichend zu gewährleisten. Diese sollten daher auch nur in exakt dieser, hier angegebenen Form verwendet werden.

$$\begin{aligned} f_1(\gamma) = \; & +4{,}44575 \cdot 10^{-11}\gamma^6 - 1{,}503 \cdot 10^{-8}\gamma^5 + 1{,}8205 \cdot 10^{-6}\gamma^4 \\ & -8{,}38902 \cdot 10^{-5}\gamma^3 - 7{,}3992 \cdot 10^{-5}\gamma^2 + 0{,}082434 \cdot \gamma + 0{,}3709 \end{aligned} \tag{3.39}$$

$$\begin{aligned} f_2(\gamma) = \; & -7{,}16134 \cdot 10^{-9}\gamma^4 + 1{,}11381 \cdot 10^{-6}\gamma^3 - 7{,}8532 \cdot 10^{-5}\gamma^2 \\ & +1{,}16731 \cdot 10^{-3}\gamma + 0{,}2667 \end{aligned} \tag{3.40}$$

$$\begin{aligned} f_3(\gamma) = \; & +2{,}03224 \cdot 10^{-15}\gamma^8 - 8{,}37487 \cdot 10^{-13}\gamma^7 + 1{,}47201 \cdot 10^{-10}\gamma^6 \\ & -1{,}42305 \cdot 10^{-8}\gamma^5 + 8{,}22125 \cdot 10^{-7}\gamma^4 - 2{,}96896 \cdot 10^{-5}\gamma^3 \\ & +7{,}20954 \cdot 10^{-4}\gamma^2 - 1{,}0705 \cdot 10^{-2}\gamma + 0{,}258683 \end{aligned} \tag{3.41}$$

$$f_4(\gamma) = \begin{array}{l} +2{,}61031 \cdot 10^{-8}\gamma^4 - 5{,}72867 \cdot 10^{-6}\gamma^3 + 4{,}46573 \cdot 10^{-4}\gamma^2 \\ -8{,}26729 \cdot 10^{-3}\gamma + 0{,}2538 \end{array} \tag{3.42}$$

Durch die Kenntnis der zunächst unbekannten Funktionen $f_1$ bis $f_4$ ist es nun möglich, eine neue Korrelation für den Winkelbereich 0°..90° mit der Gleichung (3.34) anzugeben. In analoger Weise lässt sich zur expliziten Berechnung des Wärmestroms die Gleichung (3.38) benutzen. Für beide Varianten der Korrelation ist der Neigungswinkel $\gamma$ in Grad einzusetzen. Die Funktion $f_1$ (vgl. Abbildung 3.63 (a)) kann als eine reine Formfunktion angesehen werden. Sie gibt zunächst die grobe Charakteristik des Wärmestromverlaufs über dem Neigungswinkel vor. Durch die Einflüsse der weiteren Funktionen $f_2$ bis $f_4$ (vgl. Abbildungen 3.63 (b-d)), die die Randbedingungen des jeweils betrachteten Falls

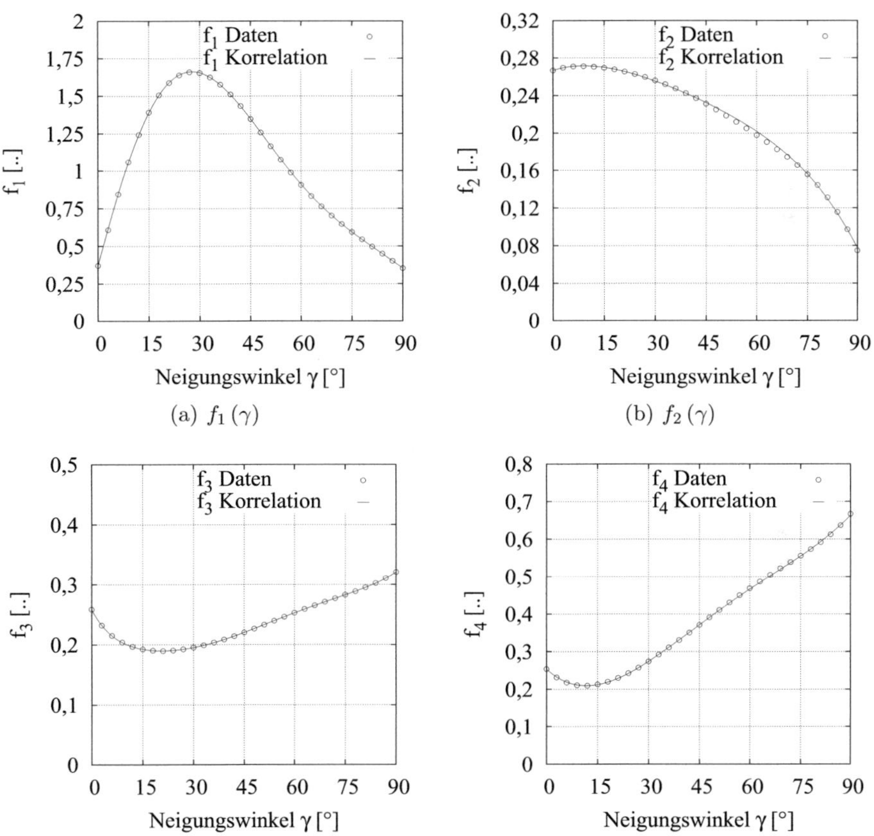


(a) $f_1(\gamma)$ (b) $f_2(\gamma)$ (c) $f_3(\gamma)$ (d) $f_4(\gamma)$

**Abbildung 3.63:** Darstellung der Konstanten $f_1$ bis $f_4$ für jeden inkrementellen Neigungswinkel der Rohrleitung.

wiederspiegeln, wird die Charakteristik des Wärmestromverlaufs ggf. leicht abgeändert. Die entsprechenden Gültigkeitsgrenzen und die Genauigkeit der Korrelation – basierend auf den experimentellen Randbedingungen – werden später für alle untersuchten Winkelbereiche gemeinsam angegeben.

Im Folgenden sollen nun kurz die Einflüsse der einzelnen Randbedingungen in Anlehnung an Gleichung (3.38) abgeschätzt werden.
Der Einfluss der geometrischen Randbedingungen Durchmessers $D$ und Länge $L$ auf den transportierten Wärmestrom kann nach Gleichung (3.38) folgendermaßen analysiert werden:
Für den Durchmesser gilt die Relation

$$\dot{Q}_{ges} \propto D^{1+3\cdot f_3+f_4}. \tag{3.43}$$

Er ist außer in der Formfunktion $f_1$ in jedem Term der Korrelation und im Vorfaktor vorhanden. Der Durchmessereinfluss auf den Wärmeleitvergleich $Wv_D$ bleibt hier jedoch unberücksichtigt. Der Wärmeleitvergleich wird vorrangig durch das Verhältnis der thermischen Leitfähigkeiten $\lambda_W/\lambda$ beeinflusst.
Für die Länge gilt die Relation

$$\dot{Q}_{ges} \propto L^{-f_4}. \tag{3.44}$$

Sie ist nur im Aspektverhältnis vertreten. In den Diagrammen 3.64 (a) und (b) sind die Relationen für den Durchmesser und die Länge über dem Neigungswinkel dargestellt. Der Exponent des Durchmesser schwankt je nach Neigungswinkel zwischen 1,8 und 2,6. Ein ähnlicher Bereich für den Exponenten wurde bereits im Kapitel 3.5 festgestellt. Damit hat der Durchmesser einen näherungsweise quadratischen Einfluss auf den transportierten Wärmestrom. Für größer werdende Neigungswinkel nimmt der Einfluss sogar noch etwas zu.

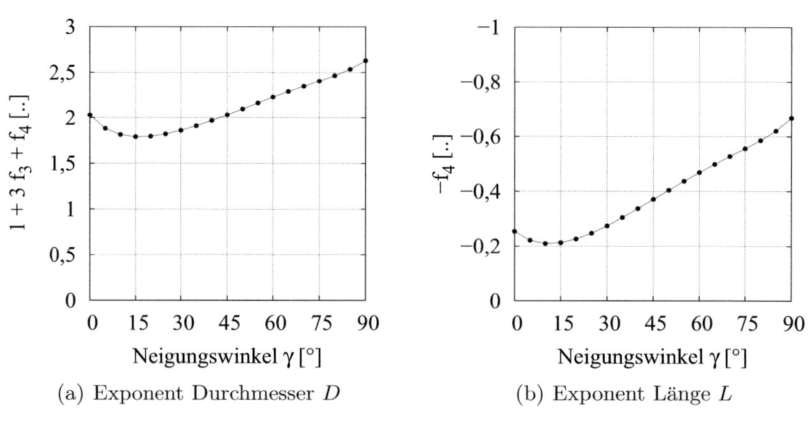


(a) Exponent Durchmesser $D$ (b) Exponent Länge $L$

**Abbildung 3.64:** Einfluss der geometrischen Randbedingungen auf den transportierten Wärmestrom nach der neu gewonnenen Korrelation

Der Exponent der Länge schwankt zwischen −0,2 und −0,65. Es liegt also eine indirekte Abhängigkeit vor – analog zu den Untersuchungen im Kapitel 3.5. Bei einer Halbierung der Rohrleitungslänge würde damit der transportierte Wärmestrom bei kleinen Neigungswinkeln um den Faktor 1,2 ansteigen, für größere Neigungswinkel um den Faktor 1,5. Die Begründung liegt in der deutlich erhöhten inneren Wärmeübertragung zwischen dem warmen und dem kalten Fluidstrom bei größeren Neigungswinkeln.
Der Einfluss der thermischen Randbedingungen – also der Temperaturdifferenz $\Delta T$ – auf den transportierten Wärmestrom kann ebenfalls mit Hilfe einer Relation in Anlehnung an Gleichung (3.38) abgeleitet werden. Es gilt

$$\dot{Q}_{ges} \propto \Delta T^{1+f_3}. \tag{3.45}$$

Die Temperaturdifferenz ist im Vorfaktor und in der Rayleighzahl vorhanden. Die Funktion $f_3$ ist bereits im Diagramm 3.63 (c) dargestellt worden. Addiert man nun noch eine 1 aus der Relation dazu, so ergibt sich ein Exponent etwa zwischen 1,2 und 1,3. Der Einfluss der Temperaturdifferenz ist demnach etwas größer als linear. Dies ist ebenfalls übereinstimmend mit den Erkenntnissen aus Kapitel 3.5.
Der Einfluss der thermischen Leitfähigkeit der Rohrwand $\lambda_W$ spiegelt sich im Wärmeleitvergleich wieder. Da das Verhältnis der thermischen Leitfähigkeiten $\lambda_W/\lambda$ im Allgemeinen sehr groß ist (z. B. Stahl-Helium $\approx 90$), kann die Relation zum transportierten Wärmestrom mit

$$\dot{Q}_{ges} \propto {\lambda_W}^{f_2} \tag{3.46}$$

angegeben werden. Damit wird der Einfluss der Rohrwand an beiden Rohrenden auf den Wärmeübergang ausgedrückt. Der Exponent der Relation liegt – analog zur Funktion $f_2$ (vgl. Abbildung 3.63 (b)) zwischen 0,1 und 0,28. Eine Verdopplung der Wärmeleitfähigkeit der Rohrwand bringt demnach gerade eine Erhöhung des transportierten Wärmestroms um gerade 10..15%. Die Verwendung von verschiedenen Stahlsorten hat demnach nur einen sehr geringen Einfluss auf den transportierten Wärmestrom. Würde man jedoch anstatt Stahl Kupfer verwenden, so erhöht sich das Verhältnis $\lambda_W/\lambda$ auf ca. 15..20. Diese Veränderung zieht dann einen deutlichen Anstieg des Wärmestroms nach sich. Im konkreten Fall wäre dies eine Erhöhung um Faktor 1,5..2.
Der Einfluss der verschiedenen Fluideigenschaften drückt sich vorrangig im Vorfaktor und der Rayleighzahl aus. In Anlehnung an Gleichung (3.38) kann unter Vernachlässigung des Wärmeleitvergleichs die folgende Relation

$$\dot{Q}_{ges} \propto \lambda^{1-f_3} \cdot \rho^{2f_3} \cdot (\beta\,\mu\,c_p)^{f_3} \tag{3.47}$$

gebildet werden. Die Funktion $f_3$ ändert sich nur schwach über dem Neigungswinkel (vgl. Abbildung 3.63 (c)) und besitzt einen Wert von 0,2 bis 0,3. Je nach Änderung der einzelnen Stoffeigenschaft kann demzufolge der Einfluss auf den transportierten Wärmestrom abgeschätzt werden. Es ist im Besonderen die Dichte, die durch Druckänderungen im System große Änderungen nach sich ziehen kann. Ändert sich z. B. der Druck in einem Helium-gefüllten Rohr von 1 auf 100 *bar*, so beträgt das Dichteverhältnis etwa 550. Dies würde – bei Unterstellung von sonst konstant gebliebenen Stoffwerten – im Mittel eine Erhöhung des transportierten Wärmestroms um Faktor 25 nach sich ziehen.

### Neigungswinkelbereich -90° bis -15°

Im Gegensatz zum eben diskutierten Bereich für positive Neigungswinkel ist für negative Neigungswinkel mit einem deutlich geringeren Wärmestrom zu rechnen. Gerade zwischen $\gamma = -90° - 15°$ findet der Übergang zwischen reiner Wärmeleitung und einsetzender Konvektion statt. Im Sinne dieser Arbeit ist dieser Bereich jedoch deutlich weniger relevant. Aus diesem Grund ist er auch nur bedingt Gegenstand der Untersuchungen gewesen. Es soll trotzdem eine korrelative Beschreibung anhand der gewonnenen Messdaten vorgenommen werden. Dazu muss der Ansatz nach Gleichung (3.34) leicht abgewandelt werden.
Es ist bekannt, dass bei $-90°$ der analytisch gut berechenbare Wärmestrom für reine Wärmeleitung gilt.

$$\dot{Q}_{leit} = \frac{\bar{\lambda}}{L} \cdot A_{ges} \cdot \Delta T \tag{3.48}$$

Die mittlere Wärmeleitfähigkeit $\bar{\lambda}$ ist dabei der Mittelwert aus Fluid- und Rohrwandanteil auf Basis der Flächenmittelung.

$$\bar{\lambda} = \frac{\lambda \cdot A + \lambda_W \cdot A_W}{A_{ges}} \tag{3.49}$$

Bei einer Neigung der Rohrleitung bilden sich gerade nahe der Umlenkbereiche Konvektionsgebiete aus. Diese unterbinden die idealen Bedingungen der reinen Wärmeleitung zumindest teilweise. Der resultierende Gesamtwärmestrom durch die Rohrleitung steigt erfahrungsgemäß zunächst nur leicht – praktisch nicht messbar – an. Spürbare Erhöhungen des Gesamtwärmestroms waren im Rahmen dieser Arbeit erst ab $\gamma = -15°$ experimentell nachweisbar. Für diesen Wert liegen auch einige Messwerte vor. Die neue, leicht abgewandelte Ansatzfunktion muss die gerade diskutierte, vorwiegend auf Erfahrung beruhende Charakteristik möglichst gut wiedergeben. Die Nusseltzahl gehorcht demnach dem folgenden Ansatz:

$$Nu_L = \frac{\dot{Q}_{ges}}{\dot{Q}_{leit}} = 1 + \sin^4\left(\frac{3}{5}\gamma + 54\right) f_1 \cdot (1 + Wv_D)^{f_2} \cdot Ra_D^{f_3} \cdot \left(\frac{D}{L}\right)^{f_4} \tag{3.50}$$

Für sehr geringe Neigungswinkel $\gamma \approx -90°$ strebt diese Gleichung wie gewünscht gegen die Wärmeleitlösung. Für größer werdende Winkel erhöht sich mit der Charakteristik des modifizierten Sinus auch der Wärmestrom.
Durch die direkte Verbindung zur reinen Wärmeleitlösung kann die charakteristische Länge der Nusseltzahl nicht mehr „beliebig“ definiert werden. Sie ändert sich durch den definierten Quotienten $\frac{\dot{Q}_{ges}}{\dot{Q}_{leit}}$ zur Länge $L$. Die Definitionen der Rayleighzahl und des Wärmeleitvergleichs bleiben davon allerdings unberührt. Diese werden weiterhin mit dem inneren Durchmesser $D$ gebildet.
In der Gleichung (3.50) sind nun die Funktionen $f_1$ bis $f_4$ wieder unbekannt und müssen erneut durch geeignete experimentelle Daten ermittelt werden. Dazu stehen aus den durchgeführten Experimenten die Daten zum Winkel $\gamma = -15°$ zur Verfügung. In Summe ergeben sich damit 36 einzelne Messungen, die nach der Methode der kleinsten Fehlerquadrate korreliert werden.

Es ergeben sich für die unbekannten Funktionen $f_1$ bis $f_4$ folgende Konstanten:

$$\begin{aligned} f_1 &= 0{,}368 \\ f_2 &= -0{,}547 \\ f_3 &= 0{,}137 \\ f_4 &= -0{,}696 \end{aligned} \tag{3.51}$$

Die resultierende Korrelation für den Winkelbereich $\gamma = -90° - 15°$ konform zu Gleichung (3.50) kann nun abgeleitet werden.

$$Nu_L = 1 + \sin^4\left(\frac{3}{5}\gamma + 54\right) \cdot 0{,}368 \cdot (1 + Wv_D)^{-0{,}547} \cdot Ra_D^{0{,}137} \cdot \left(\frac{D}{L}\right)^{-0{,}696} \tag{3.52}$$

Zur Berechnung des gesamten übertragenen Wärmestroms muss die Nusseltzahl noch entsprechend ersetzt werden. Die Formulierung wäre folglich:

$$\dot{Q}_{ges} = \left(\frac{\bar{\lambda}}{L} A_{ges} \Delta T\right) \left(1 + \sin^4\left(\frac{3}{5}\gamma + 54\right) 0{,}368\,(1 + Wv_D)^{-0{,}547} Ra_D^{0{,}137} \left(\frac{D}{L}\right)^{-0{,}696}\right) \tag{3.53}$$

### Neigungswinkelbereich -15° bis 0°

Über den Neigungswinkelbereich zwischen $\gamma = -15°..0°$ sind innerhalb dieser Arbeit keine weiterführenden Studien durchgeführt worden. Es ist bekannt, dass ein signifikanter Anstieg des Wärmestroms in diesem Bereich erfolgt. Aus diesem Grund wird für die Korrelation zwischen $\gamma = -90°.. - 15°$ und $0°..90°$ eine Linearinterpolation vorgeschlagen. Aus mathematischer Sicht wäre die zusätzliche Generierung eines stetigen Funktionsabschnitts mit gleichem Gradienten an den Intervallgrenzen und einem Wendepunkt dazwischen möglich. Dieser Ansatz bringt aber aus wissenschaftlicher Sicht im Vergleich zur linearen Interpolation keine neuen Erkenntnisse. Daher wird darauf verzichtet.

### Anwendung der Stoffdaten innerhalb der Korrelation

Die Stoffdaten der Fluide und Festkörper ändern sich in Abhängigkeit von der Temperatur. Für die Korrelation werden die Rayleighzahl und der Wärmeleitvergleich benötigt. Die zu berücksichtigenden Rayleighfaktoren und ihre Temperaturabhängigkeit sind bereits im Kapitel 2.2.1, Abbildung 2.3 diskutiert worden. Für die meisten Stoffpaarungen (z. B. Helium-Edelstahl) kann auch der Wärmeleitvergleich in erster Näherung als temperaturunabhängig angesehen werden. Vorrangig sind es also die Rayleighfaktoren, die maßgeblich einer Temperaturabhängigkeit unterliegen.

Ändern sich die Rayleighfaktoren zwischen $T_k$ und $T_w$ ungefähr linear über der Temperatur, so kann die Bezugstemperatur für die Stoffwerte nach der Gleichung

$$T_B = (T_w + T_k)/2 \tag{3.54}$$

berechnet werden. Ändern sich die Rayleighfaktoren jedoch zwischen $T_k$ und $T_w$ stark nichtlinear, so ist der Mittelwert nach der Gleichung

$$\frac{\beta\nu}{a}(T_B) = \frac{1}{T_w - T_k} \int_{T_w}^{T_k} \frac{\beta\nu}{a}(T)\, dT \tag{3.55}$$

zu berechnen. Für eine Betrachtung aller anderen benötigten Stoffwerte kann bei Bedarf analog verfahren werden.
Die Verwendung von konstanten Stoffwerten innerhalb der Korrelation kann in guter Näherung deswegen erfolgen, da die Temperaturen in großen Teilen des Mittelbereichs nur vergleichsweise wenig um den Mittelwert $T_B$ (vgl. Temperaturverteilung im Kapitel 3.8.2) schwanken. Erst nahe der Endflächen sinken oder steigen die Temperaturen sehr stark bis zum Erreichen von $T_k$ bzw. $T_w$.

#### Zusammenfassung der Korrelation, Genauigkeit und Gültigkeitsbereich

Die vollständige Korrelation ist mit dem Gültigkeitsbereich und den entsprechenden Neigungswinkelgrenzen im folgenden Formelkasten (3.56) zusammenfassend dargestellt. Die aufgeführten Zusammenhänge sind teilweise identisch mit den vorangegangenen Gleichungen (3.38) und (3.53).
Der Korrelationsfehler bezüglich der Messdaten beträgt $< 20\%$. Für viele Messpunkte liegt jedoch ein deutlich geringerer Fehler vor.
Grundlage der Korrelation sind experimentelle Messungen unter Verwendung von Verschraubungen an den Rohrleitungsenden mit wärmeleitreduzierter Dichtungsvariante (vgl. Kapitel 3.9.2).
Durch die nur begrenzt zur Verfügung stehenden Messungen muss der Gültigkeitsbereich vergleichsweise stark eingeschränkt werden. Eine Prüfung anhand von Vergleichsrechnungen hat jedoch ergeben, dass auch beim leichten Über- bzw. Unterschreiten der Gültigkeitsbereiche sinnvolle Werte für den transportierten Wärmestrom erwartet werden können. Dazu zählt speziell die Erweiterung des Gültigkeitsbereichs für den Wärmeleitvergleich $Wv_D$. Hier konnte der durch Experimente eingeschränkte Gültigkeitsbereichs zwischen $40 \leq Wv_D \leq 60$ durch numerische Berechnungen im erweiterten Bereich zwischen $0 \leq Wv_D \leq 600$ geprüft werden. Eine experimentelle Validierung wird in diesem Fall jedoch immer empfohlen.

**Gültigkeitsbereich:**

Rayleighzahl: $5 \cdot 10^6 \leq Ra_D \leq 2 \cdot 10^8$

Prandtlzahl: $Pr \approx 0{,}6 - 0{,}7$

Aspektverhältnis: $0{,}013 \leq \frac{D}{L} \leq 0{,}064$

Wärmeleitvergleich: $(0)\,40 \leq Wv_D \leq 60\,(600)$

Der Winkel $\gamma$ und Argumente der Winkelfunktionen sind in Grad einzusetzen.

**Winkelabhängige Formulierung:**

$\boxed{-90^\circ \leq \gamma \leq -15^\circ}$

$$\dot{Q}_{ges} = \left(1 + \sin^4\left(\frac{3}{5}\gamma + 54\right) \cdot 0{,}368 \cdot (1 + Wv_D)^{-0{,}547} \cdot Ra_D^{0{,}137}\left(\frac{D}{L}\right)^{-0{,}696}\right)$$
$$\left(\frac{\bar{\lambda}}{L} \cdot A_{ges} \cdot \Delta T\right)$$

$\boxed{-15^\circ < \gamma < 0^\circ}$

Linearinterpolation zwischen den angrenzenden Punkten

$\boxed{15^\circ \leq \gamma \leq 90^\circ}$

$$\dot{Q}_{ges} = \frac{\lambda \cdot \pi \cdot D \cdot \Delta T}{4} \cdot f_1 \cdot (1 + Wv)^{f_2} \cdot {Ra_D}^{f_3} \cdot \left(\frac{D}{L}\right)^{f_4}$$

mit den exakt einzuhaltenden Funktionen$f_i\,(\gamma)$

$$f_1\,(\gamma) = +\,4{,}44575 \cdot 10^{-11}\gamma^6 - 1{,}503 \cdot 10^{-8}\gamma^5 + 1{,}8205 \cdot 10^{-6}\gamma^4 - 8{,}38902 \cdot 10^{-5}\gamma^3$$
$$-\,7{,}3992 \cdot 10^{-5}\gamma^2 + 0{,}082434 \cdot \gamma + 0{,}3709$$

$$f_2\,(\gamma) = -\,7{,}16134 \cdot 10^{-9}\gamma^4 + 1{,}11381 \cdot 10^{-6}\gamma^3 - 7{,}8532 \cdot 10^{-5}\gamma^2 + 1{,}16731 \cdot 10^{-3}\gamma$$
$$+\,0{,}2667$$

$$f_3\,(\gamma) = +\,2{,}03224 \cdot 10^{-15}\gamma^8 - 8{,}37487 \cdot 10^{-13}\gamma^7 + 1{,}47201 \cdot 10^{-10}\gamma^6$$
$$-\,1{,}42305 \cdot 10^{-8}\gamma^5 + 8{,}22125 \cdot 10^{-7}\gamma^4 - 2{,}96896 \cdot 10^{-5}\gamma^3 + 7{,}20954 \cdot 10^{-4}\gamma^2$$
$$1{,}0705 \cdot 10^{-2}\gamma + 0{,}258683$$

$$f_4\,(\gamma) = +\,2{,}61031 \cdot 10^{-8}\gamma^4 - 5{,}72867 \cdot 10^{-6}\gamma^3 + 4{,}46573 \cdot 10^{-4}\gamma^2 - 8{,}26729 \cdot 10^{-3}\gamma$$
$$+\,0{,}2538$$

(3.56)

### 3.10.4 Diskussion der neuen Korrelation

Die neue Korrelation soll nun tiefergehend untersucht und diskutiert werden. Insbesondere steht die Frage im Vordergrund, wie gut diese in der Lage ist, den gesamten transportierten Wärmestrom durch eine geneigte Rohrleitung abzuschätzen.
Für die Diskussion werden drei Testfälle definiert.

- Testfall 1: Überprüfung der Korrelation anhand von drei Rohrleitungen mit verschiedenen Innendurchmessern $D = 10$, 13 und $16\,mm$ aber konstanter Länge $L = 500\,mm$.
- Testfall 2: Überprüfung der Korrelation anhand von drei unterschiedlich langen Rohrleitungen $L = 250$, 500 und $1000\,mm$ mit konstantem Innendurchmesser $D = 16\,mm$.
- Testfall 3: Überprüfung der Korrelation anhand von externen, aus der Literatur stammenden Messdaten von Thummes [44], welche ursprünglich an einem Pulsrohrkühler gemessen wurden.

Die beiden ersten Testfälle beruhen dabei auf den eigenen experimentellen Daten, die im Rahmen der Messkampagne aufgenommen wurden. Da diese Daten zur Generierung der Korrelation dienten, kann nur eine Aussage zur Approximationsgüte der Eingangsdaten gewonnen werden. Aus diesem Grund zielt der Testfall 3 auf die Prüfung anhand von Literaturmesswerten – und damit unabhängigen Daten – ab.

**Testfall 1** Die drei experimentell untersuchten Rohrleitungen im Testfall 1 decken beim gewählten Druck von $100\,bar$ einen Rayleighzahlbereich von $1{,}6 \cdot 10^7..6{,}7 \cdot 10^7$ ab und liegen damit vergleichsweise mittig im angegebenen Gültigkeitsbereich der Korrelation. Für den Wärmeleitvergleich $Wv_D$ ist mit 43..55 bereits ein großer Bereich innerhalb der Gültigkeit abgedeckt. Gleiches gilt für das Aspektverhältnis mit $D/L = 0{,}02..0{,}032$. Betrachtet man nun die Messwerte im Vergleich zur Korrelation im Diagramm 3.65, so können folgende wichtige Merkmale abgelesen werden.
Erwartungsgemäß liegt der transportierte Wärmestrom durch Rohrleitungen mit größerem Durchmesser generell höher. Das Maximum wird bei den Experimenten jeweils im Punkt $\gamma = 15°$ gemessen. Die Korrelation gibt das Verhalten für alle drei untersuchten Rohrleitungen sehr gut wieder. Der charakteristische Verlauf der Korrelationswerte entspricht den Messwerten in guter Übereinstimmung. Bei der Rohrleitung $20x2x500\,mm$ gibt es keine abweichenden Messpunkte bei Berücksichtigung der Messungenauigkeit. Für die beiden anderen Rohrleitungen liegen jeweils leichte Abweichungen im Bereich des maximalen Wärmestroms und im Verlauf gegen $\gamma = 90°$ vor. Die Abweichungen betragen aber jeweils weniger als $2\,W$.
Besonders wichtig ist zusätzlich die Erkenntnis, dass sich nun über den kontinuierlichen Verlauf der Korrelation erstmalig auch die Möglichkeit ergibt, die vermutliche Charakteristik der gesamten Wärmestromkurve darzustellen. Im speziellen Fall ist zu erkennen, dass der Punkt des maximalen Wärmestroms nicht konstant bei 15° liegt, sondern über dem Aspektverhältnis leicht wandert. Für kleinere Aspektverhältnisse $D/L$ liegt das Maximum leicht in Richtung 0° verschoben, für kleinere Aspektverhältnisse entsprechend in

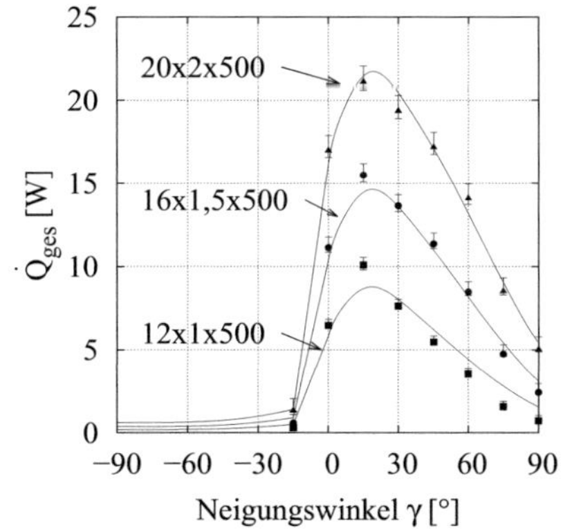


**Abbildung 3.65:** Testfall 1: Überprüfung der neu gewonnenen Korrelation anhand von experimentellen Daten, Variation des Innendurchmessers $D$ im Bereich $10 - 16\,mm$ bei konstanter Länge $L = 500\,mm$ und konstantem Druck $p = 100\,bar$.

Richtung 30°. Diese Erkenntnis hat sich bereits in numerischen Rechnungen, die im Verlauf dieser Arbeit angefertigt wurden, angedeutet.
Die Charakteristik zwischen $\gamma = -90°.. - 15°$ wurde durch die neu gewonnene Korrelation überwiegend aufgrund von Erfahrungen abgeschätzt. Zumindest im Punkt $\gamma = -15°$ stimmen die Messdaten sehr gut mit den Korrelationswerten überein. Der Kurvenverlauf erscheint in jedem Fall schlüssig.

**Testfall 2** Die drei experimentell untersuchten Rohrleitungen im Testfall 2 besitzen eine konstante Rayleighzahl von $2 \cdot 10^8$, bedingt durch den konstanten Innendurchmesser. Dieser Wert markiert formal die obere Grenze des Gültigkeitsbereichs der Korrelation. Größere Innendurchmesser wurden beim größten Druck von $200\,bar$ nicht experimentell untersucht. Durch numerische Simulationen konnte der Gültigkeitsbereich zwar noch erweitert werden, der Testfall 2 soll jedoch als oberer Grenzfall im Sinne der Rayleighzahl angesehen werden.
Der Wärmeleitvergleich $Wv_D$ ist mit ca. 52 ebenfalls konstant und liegt im oberen Bereich der Gültigkeitsspanne.
Das Aspektverhältnis variiert diesmal im Vergleich zu Testfall 1 sehr stark zwischen $D/L = 0{,}016..0{,}064$. Es überdeckt damit fast vollständig den angegebenen Gültigkeitsbereich der Korrelation.
Der Vergleich zwischen den experimentellen Daten und der Korrelation ist im Diagramm 3.66 dargestellt. Ähnlich dem Testfall 1 kann die Korrelation die Messdaten auch im Testfall 2 gut abbilden. Die Maximalwerte liegen in den Messungen für die Rohrleitung mit der Länge $250\,mm$ etwas über der Korrelation, für die Länge $1000\,mm$ etwas darunter.
Zwei wichtige Erkenntnisse können aus den Messdaten in Verbindung mit dem stetigen Verlauf der Korrelation abgeleitet werden. Die erste Erkenntnis betrifft wiederum die Verschiebung des Punkts mit dem maximalen Wärmestrom bei $\gamma \approx 15°$. Dies wurde

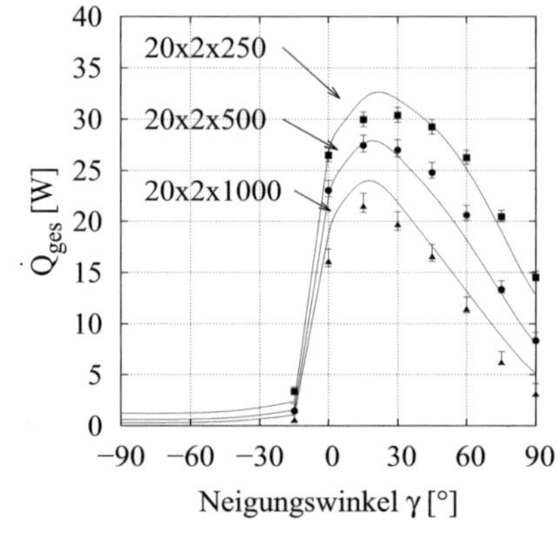


**Abbildung 3.66:** Testfall 2: Überprüfung der neu gewonnenen Korrelation anhand von experimentellen Daten, Variation der Länge bei konstantem Innendurchmesser $D = 16\,mm$ und konstantem Druck $p = 200\,bar$.

jedoch bereits unter Testfall 1 diskutiert. Die zweite Erkenntnis betrifft den charakteristischen Verlauf der Kurve zwischen dem Maximalpunkt und $\gamma = 90°$. Für große Aspektverhältnisse $D/L$ (kurze, dicke Rohrleitungen) in Verbindung mit hohen Rayleighzahlen ergibt sich ein konkaver Verlauf. Für kleiner werdende Aspektverhältnisse $D/L$ (lange, dünne Rohrleitungen) flacht dieser Verlauf ab. Dies zeigen sowohl die Messwerte als auch die Korrelation. Die Rayleighzahl selbst hängt zwar nicht von der Länge ab, doch ist sie ein Maß für die Turbulenz und den damit verbundenen Wärmeaustausch im Mittelbereich des Rohres.
Die Korrelation zeigt im Übrigen, wie schon im Testfall 1, auch zwischen $\gamma = -90°..-15°$ eine gute Übereinstimmung mit den Messdaten.

**Testfall 3** Die experimentellen Daten nach THUMMES [44] sind mit ihren Eigenschaften bereits in Kapitel 3.10.1 erwähnt worden. Die Daten stammen von Messungen an einem geneigten Pulsrohr.
Die Rayleighzahl liegt in diesem Fall bei $4{,}5 \cdot 10^6$. Dies kommt durch den vergleichsweise großen Innendurchmesser von $18{,}7\,mm$ bei geringem Druck von etwa $18\,bar$ zustande. Folglich ist das Aspektverhältnis $D/L$ mit 0,0748 eigentlich schon etwas außerhalb des Gültigkeitsbereiches.
Der Wärmeleitvergleich $Wv_D$ muss nach den Angaben von THUMMES [44] mit etwa 0 angenommen werden, da das Pulsrohr mit hinreichend dünner Wandstärke gefertigt wurde. Die Korrelation ist formal in der Lage diesen eigentlich unphysikalischen Zustand $Wv_D = 0$ abzufangen. Genau dazu besitzt der relevante Term in der Gleichung die Form $(1 + Wv_D)$.
Der Vergleich zwischen den Literaturdaten und der Korrelation ist in Abbildung 3.67 dargestellt. Im Bereich zwischen $\gamma = 0°..90°$ geben die Korrelationswerte die Messdaten sehr gut wieder. Das berechnete Maximum liegt leicht oberhalb von den experimentell ermittelten Daten und ist zusätzlich leicht nach links versetzt. Trotzdem ist die Korrela-

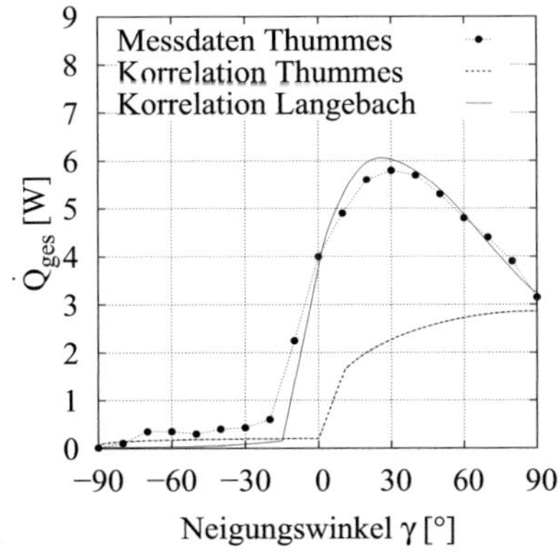


**Abbildung 3.67:** Testfall 3: Überprüfung der neu gewonnenen Korrelation anhand von verfügbaren Literaturdaten und der Korrelation von THUMMES [44].

tion in bemerkenswerter Weise in der Lage, die Charakteristik der THUMMES-Daten gut wiederzugeben. Im Gegensatz dazu ist die Korrelation angegeben, die THUMMES zum Vergleich [44] mit seinen Messdaten herangezogen hat. Diese wurde bereits im Kapitel 3.10.1 diskutiert. Es sei nochmals auf die deutliche Verbesserung durch die neue, in dieser Arbeit aufgestellte Korrelation hingewiesen.
Für den Bereich zwischen $\gamma = -90°..-15°$ ergeben sich größere Abweichungen. Die experimentellen Daten ergeben einen deutlich schnelleren Anstieg bereits bei $\gamma = -75°$. Dieser Level wird dann etwa konstant gehalten. Dies würde den Annahmen der Korrelation widersprechen, wonach sich der Anstieg erst ab etwa $\gamma = -30°$ signifikant ändert. Vermutlich liegt die Ursache für diese Abweichungen der Charakteristik in zwei Punkten begründet. Zum einen ist ein Pulsrohrkühler nur bedingt eine geneigte Rohrleitung im Sinne dieser Arbeit. Der innere Aufbau, insbesondere an den Enden bleibt im Detail unklar. Zum anderen ist das Aspektverhältnis recht gering. Es deutet damit eine mögliche Schwäche der Korrelation zwischen $\gamma = -90°..-15°$ an. Vermutlich kann die Charakteristik nur bedingt in der Form des Sinus angenommen werden. Sie ändert sich mit den geltenden Randbedingungen, besonders mit dem Aspektverhältnis. Dies ist insofern auch logisch, als dass ein Würfel mit dem Aspektverhältnis $D/L = 1$ sicher nicht dem verwendeten Ansatz der Korrelation folgen würde. Allerdings sind auch die Daten von THUMMES in diesem Zusammenhang kritisch zu hinterfragen. Im Rückblick auf das Diagramm 3.62 in Kapitel 3.10.1 zeigt keine der verfügbaren Korrelationen das von den THUMMES-Messungen dargelegte Verhalten. Damit bleibt in jedem Fall Diskussionsbedarf hinsichtlich der experimentellen Durchführung und möglicher Eigenheiten im Versuchaufbau.

### 3.10.5 Wichtige Erkenntnisse aus der neuen Korrelation

Da die neue Korrelation offensichtlich in der Lage ist, die transportierten Wärmeströme und deren Verläufe sowohl für die eigenen Messdaten als auch für externe Literaturda-

ten hinreichend genau wiederzugeben, kann sie sehr gut genutzt werden, um detaillierte Studien zum Wärmestromverlauf zu betreiben – insbesondere im Neigungswinkelbereich zwischen $\gamma = 0°..90°$. Die Ergebnisse sollen noch einmal kurz zusammengefasst werden. Dazu ist in Abbildung 3.68 eine ganz generelle Charakteristik des Wärmestromverlaufs dargestellt. Zusätzlich sind die Einflüsse der verwendeten, dimensionslosen Kennzahlen mit Pfeilen eingetragen.
Folgende Einflüsse können generell abgeleitet werden:

1. Die Verschiebung der Kurve zu höheren oder niedrigeren Wärmeströmen wird ohne Veränderung der generellen Charakteristik vorwiegend durch höhere oder niedrigere Rayleighzahlen erreicht.
2. Die Verschiebung der Kurve zu höheren Wärmeströmen mit Änderung der generellen Charakteristik kann auch durch einen höheren Wärmeleitvergleich oder ein größeres Aspektverhältnis – Durchmesser zu Länge – erzielt werden.
3. Der Gradient des absinkenden Wärmestroms zwischen Maximalpunkt und $\gamma = 90°$ wird maßgeblich durch das Aspektverhältnis beeinflusst. Kurze, dicke Rohrleitungen besitzen einen konkaven, ausgebauchten Verlauf, lange dünne Rohrleitungen einen eher linearen bis konvexen Verlauf.
4. Durch Variation des Wärmeleitvergleichs ändert die sich die Ausbauchung der Kurve um den Maximalpunkt. Die gleichzeitig starke Anhebung bzw. Absenkung der Kurve insgesamt macht diesen Einfluss jedoch nur bedingt darstellbar.

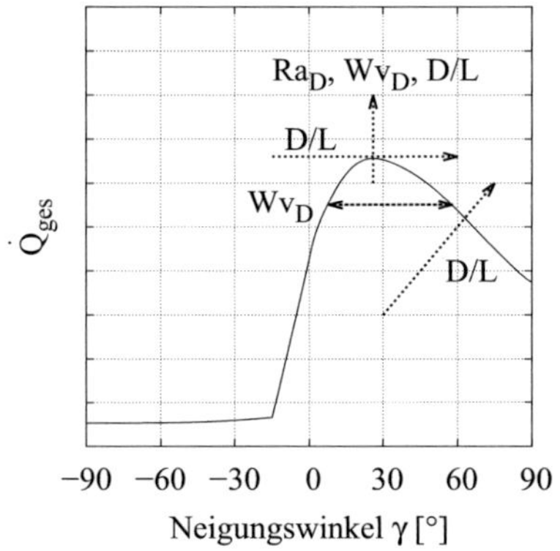


**Abbildung 3.68:** Allgemeine Darstellung der Wärmestromcharakteristik und der Einfluss bei Erhöhung der verwendeten dimensionslosen Kennzahlen.

# 4 Zusammenfassung und Ausblick

In der Kryotechnik spielt die Effizienz von Anlagen eine große Rolle. Um eine definierte Menge an Kälteleistung auf kryogenem Temperaturniveau bereitzustellen, müssen per se vergleichsweise große Mengen an Energie aufgewendet werden – selbst bei ideal arbeitenden Kälteanlagen. Zusätzlich führt die vorhandene Temperaturdifferenz zwischen dem kalten Inneren der Anlage und der warmen Umgebung zu einem ständigen und unvermeidlichen Wärmeeintrag von außen. Ein beträchtlicher Anteil an diesem eingetragenen Wärmestrom wird durch notwendige Rohrleitungen zwischen kaltem Innenbehälter und warmer Umgebung verursacht. Durch reine Wärmeleitung in Fluidsäule und Rohrwand sowie durch auftretenden Strahlungswärmestrom wird immer ein physikalisch bedingter, minimaler Wärmestrom transportiert. Durch einen ungünstigen Neigungswinkel der Rohrleitung kann die ruhende thermische Stratifikation im Fluid zerstört werden und Konvektionsbewegungen treten auf. Der Wärmeeintrag durch die Rohrleitung, bedingt durch den zusätzlichen konvektiven Anteil, kann dramatisch ansteigen. Gerade bei mobilen Speicherbehältern ist dieser zusätzliche Wärmeeintrag mit einer Verkürzung der Speicherdauer und gegebenenfalls sogar mit dem kompletten Verlust des kryogenen Fluids verbunden.

In der Literatur ist dieser Effekt bisher nur am Rande behandelt worden. Es ist bekannt, dass freie Konvektion den Wärmetransport im Vergleich zu reiner Wärmeleitung stark erhöhen kann. Typischerweise liegen vorhandene Untersuchungen aber nicht für die relevanten Rohrleitungsdimensionen vor. Die zusätzlichen, besonderen Umstände im Fall kryogener Bedingungen sind bisher ebenfalls nur im Rahmen von vereinzelten Studien zu Kryokühlern mit einbezogen worden.

Die internen Strömungs- und Wärmeübertragungsvorgänge in der Rohrleitung lassen sich in Abhängigkeit vom Neigungswinkel grob charakterisieren. Für die vertikale Rohrleitung ($\gamma \approx -90°$) mit warmem Ende oben und kaltem Ende unten liegt im Inneren eine nahezu stabile Schichtung vor. Der übertragene Wärmestrom entspricht der Größe der reinen Wärmeleitung oder leicht oberhalb. Eine Neigung der Rohrleitung in Richtung horizontale Anordnung facht von den Rohrleitungsenden beginnend kleinere Konvektionsbewegungen an, die den Wärmetransport erhöhen. Bis zu einem Neigungswinkel von $\gamma \approx -15°$, also knapp unterhalb der Horizontallage, steigt der Wärmetransport stetig, jedoch nicht dramatisch an. Bei weiterer Neigung über die Horizontallage hinaus ($\gamma > 0°$) bildet sich im Fluid ein kontinuierlicher Fluidkreislauf aus, der das warme und das kalte Rohrleitungsende verbindet. Der Wärmetransport durch freie Konvektion steigt dramatisch an. Der effektivste Wärmetransport findet im Allgemeinen bei $\gamma \approx 15°..30°$ statt, bei weiterer Neigung sinkt er wieder bis hin zur vertikalen Anordnung ($\gamma \approx 90°$) mit warmem Ende unten und kaltem Ende oben ab.

Im Hinblick auf die Stoffdaten des Fluids im Inneren spielen die Dichte und die spezifische Wärmekapazität eine tragende Rolle. Ist das Produkt – Dichte mal spezifische

Wärmekapazität – vergleichsweise groß, ist die Wärmeübertragung bei auftretender Konvektion besonders effektiv. Da die Dichte mit dem Druck im System steigt, sind Hochdruckspeichersysteme gegebenenfalls besonders von diesem Effekt betroffen.
Die geometrischen Randbedingungen beeinflussen die freie Konvektion ebenfalls maßgeblich. Besonders eine Vergrößerung des inneren Durchmessers trägt überproportional zur Erhöhung des konvektiven Wärmestroms bei. Eine Verringerung des Aspektverhältnisses der Rohrleitung – Durchmesser zu Länge – senkt den konvektiven Wärmestrom, jedoch sind auch vergleichsweise lange Rohrleitungen von überhöhtem, konvektivem Wärmetransport betroffen.
Ist die Rohrleitung, abweichend vom überwiegend betrachteten Fall mit beidseitig geschlossenen Enden, am kalten Ende geöffnet, so kann im Allgemeinen angenommen werden, dass sich der konvektive Wärmestrom bei Neigungswinkeln zwischen $\gamma = 0°..90°$ im Vergleich zur beidseitig geschlossenen Rohrleitung um den Faktor 2 erhöht.
Ist die Rohrleitung nicht nur an einem Ende, sondern an beiden Enden geöffnet, so kann weiter angenommen werden, dass sich der konvektive Wärmestrom bei Neigungswinkeln zwischen $\gamma = 0°..90°$ noch einmal um den Faktor 2 erhöht. Im Vergleich zur beidseitig geschlossenen Rohrleitung liegt damit eine Erhöhung um etwa Faktor 4 vor.
Für den Strahlungswärmestrom vom warmen zum kalten Ende der Rohrleitung kann auch bei einer ideal reflektierenden, inneren Rohrwand von sehr kleinen Werten ausgegangen werden. Erst bei äußerst kurzen Rohrleitungen oder einem großen Innendurchmesser liefert der Strahlungswärmestrom einen nennenswerten Beitrag zum Gesamtwärmestrom.
In besonderem Maße sind Vergleichsuntersuchungen zwischen numerisch berechneten und experimentell ermittelten Werten zur Geschwindigkeitsverteilung und zum übertragenen Wärmestrom durchgeführt worden. Im Rahmen von zwei Vergleichsexperimenten wurde zum einen unter Zuhilfenahme eines Modellversuchs die Geschwindigkeitsverteilung in einer mit R125 gefüllten Glasröhre vermessen. Zum anderen sind die transportierten Gesamtwärmeströme in typischen Rohrleitungen mit üblichen Dimensionen und unter kryogenen Randbedingungen untersucht worden. Die erzielten Ergebnisse dienen innerhalb der Arbeit in zweierlei Hinsicht. Sie sollen einen umfassenden Einblick in die Vergleichbarkeit von numerisch angesetzten Modellen und dem Experiment geben. Des Weiteren soll mit den Experimenten eine umfangreiche Basis geschaffen werden, um eine Vielzahl an unterschiedlichen Anordnungen zu vergleichen.
Die numerisch berechneten Geschwindigkeitsprofile stimmen im Modellexperiment mit experimentell ermittelten Werten in der überwiegenden Anzahl der betrachteten Testfälle gut bis sehr gut überein. Voraussetzung ist die Verwendung von aufwendigen numerischen Berechnungsmodellen in Verbindung mit fein abgestimmten Berechnungsgittern.
Die numerisch berechneten Wärmeströme durch die Rohrleitung unter kryogenen Randbedingungen stimmen mit den experimentell ermittelten Werten im Winkelbereich um das erwartete Maximum bei $\gamma \approx 15°..30°$ gut überein. Für höhere Neigungswinkel hin zu 90° weichen die numerisch berechneten Werte immer stärker ab. Als Grund hierfür wurde der vom CFD-Code unterschätzte Wärmestrom über die existierende Scherschicht beider Fluidströme im Inneren vermutet.
Trotz ihrer Unzulänglichkeiten lassen sich die numerischen Berechnungen aus der Erfahrung heraus im Verhalten gegenüber den durchgeführten Experimenten trotzdem sehr gut zur Voraussage von Wärmeströmen unter verschiedenen Randbedingungen verwenden.
Auf dieser Grundlage sind kombinierte Untersuchungen – experimentell und numerisch –

zur Vermeidung von erhöhtem Wärmetransport durch Rohrleitungen gerade unter kritischen Randbedingungen und Neigungswinkeln durchgeführt worden. Diese haben gezeigt, dass zunächst die thermische Verankerung der Rohrleitung an ihren Enden einen ganz wesentlichen Einfluss auf den übertragenen Wärmestrom hat. Besonders massive Verschraubungen können unter sonst gleichen Randbedingungen einen fast doppelt so großen Wärmestrom hervorrufen als beispielsweise sorgsam dünn ausgeführte Schweißverbindungen. Insbesondere der Wärmeeintrag in die ersten Zentimeter der Rohrwand hat demnach maßgeblichen Einfluss auf den übertragenen Gesamtwärmestrom.
Im Rahmen einer weiteren experimentellen Messkampagne sind konstruktive Maßnahmen untersucht worden, die den Wärmestrom reduzieren sollen. Dazu zählen diverse Rohrleitungsverbunde, Rohrleitungseinsätze in Helixform, Rohrleitungsummantelungen und die Krümmung bzw. Verformung der Rohrleitung selbst. Im Ergebnis haben nur sehr wenige Varianten hingegen der üblichen Literaturmeinung ein wirklich überzeugendes Potential gezeigt, den übertragenen Gesamtwärmestrom signifikant zu senken. Dazu zählen zum einen abgestimmte Rohrleitungsverbunde, die mit mehreren dünnen Rohrleitungen einen ursprünglich dickeren Querschnitt abbilden. Zum anderen sind es gekrümmte Rohrleitungen. Die hier untersuchte Variante des S-Schlags in der Rohrleitung hat gerade in den kritischen Neigungswinkelbereichen von $\gamma \approx 15°..30°$ drastisch reduzierte Wärmeströme gezeigt.
Aus den Erfahrungen der Arbeit ist weiterhin klar geworden, dass für jeden Anwendungsfall, in dem besonders ungünstige Neigungswinkel einer Rohrleitung unvermeidbar sind, zumindest eine Abschätzung des überhöhten Wärmestroms vorgenommen werden sollte. Dazu liegen aber in der Literatur keine geeigneten Korrelationen vor, die im angegebenen Dimensionsbereich und unter Berücksichtigung der Rohrwand eine Abschätzung zulassen. Die Datenbasis der vielen durchgeführten Experimente konnte abschließend dazu genutzt werden, um eine neue Korrelation herbeizuführen, die dem gesetzten Anspruch einer Abschätzung des Wärmestroms gerecht wird. Diese Korrelation ist in verschiedenen Testfällen auf ihre Tauglichkeit hin untersucht worden und zeigt auch bei Anwendung auf die wenigen, in der Literatur verfügbaren Daten eine gute Übereinstimmung.

Zukünftige Untersuchungen im Rahmen dieses Themas sollten besonders dort ansetzen, wo die vorliegende Arbeit nur bedingt Klärung von Problemstellungen herbeiführen konnte.
Dazu zählt vorrangig das Wärmeübertragungsverhalten über die Scherschicht der beiden Fluidströme. Auch aufgrund der ingenieurtechnischen Betrachtungsweise ist eine tiefgründige Untersuchung mit höherwertigen Turbulenzmodellen im Rahmen dieser Arbeit nur schwer möglich gewesen. Gerade an dieser Stelle besteht durchaus noch wissenschaftlicher Klärungsbedarf.
Des Weiteren sollten die bereits gewonnen experimentellen Daten mit anderen experimentellen Versuchsaufbauten reproduziert werden. Aktuell liegen nur sehr wenige Vergleichsmöglichkeiten vor. Die aktuellen Daten und die daraus hervorgegangene Korrelation beinhalten alle Eigenheiten des benutzten Versuchsaufbaus. An dieser Stelle wäre eine Überprüfung von dritter Stelle durchaus wünschenswert.
Im Rahmen dieser Arbeit ist nur die allgemeine Form einer geraden, beidseitig geschlossenen Rohrleitung intensiv behandelt worden. Am Rande ist auf die einseitig bzw. beidseitig geöffnete Rohrleitung eingegangen worden. In der kryotechnischen Praxis treten freie Konvektionsprobleme mittlerweile in noch weiter gefassten Geometrien auf. So zeigen

z. B. Tankkupplungen für kryogene Wasserstofffahrzeuge ebenso freie Konvektionseffekte in der Konfiguration zweier konzentrischer Rohre. Diese sind nur näherungsweise auf die sehr allgemeine Form der geraden, beidseitig geschlossenen Rohrleitung zurückzuführen. Ein möglicher Schwerpunkt wäre in diesem Zusammenhang die Sondierung nach anderen Bauteilen, die in der üblichen kryotechnischen Praxis ebenfalls mit unerwünschten Konvektionsproblemen konfrontiert sind.
Ein weiterer, aber möglicherweise ganz erheblicher Ansatzpunkt für weitere Forschung ergibt sich daraus, dass es ungemein schwierig ist, den konvektiven Wärmetransport in Rohrleitungen zu unterbinden. Dies legt die Anwendung einer geschickten Anordnung als mögliches Wärmerohr nahe. Typischerweise arbeiten heutige Wärmerohre mit Phasenwechsel. Dies hat viele Vorteile, birgt aber auch Nachteile. Da in der generellen Betrachtung der Wärmetransport durch eine geneigte Rohrleitung gefüllt mit Helium oder Wasserstoff unter Hochdruck etwa vergleichbar mit einem üblichen Wärmerohr ist, könnte die Hochdruckvariante ohne Phasenwechsel eine Alternative darstellen.
Der interessanteste und zugleich wertvollste Weg zur Weiterführung der Thematik liegt zweifelsohne in der interdisziplinären Diskussion. Neben der Kryotechnik gibt es noch andere Wissenschaftsgebiete, die sich ebenfalls mit der freien, einphasigen Konvektion in geneigten Rohrleitungen auseinandersetzen. Im Heizungsbau bewirkt die sogenannte Einrohrzirkulation einen wesentlichen Wärmeverlust in Warmwasserspeichern. Die Einrohrzirkulation ist in der Theorie absolut identisch mit der in dieser Arbeit behandelten Thematik. Lediglich die Randbedingungen sind unterschiedlich. Zur Untersuchung der Einrohrzirkulation ist gerade ein dreijähriges, öffentlich gefördertes Forschungsprojekt an der Leibniz Universität Hannover gestartet worden. Ein wesentliches Ziel sollte demnach sein, die im Rahmen dieser Arbeit gewonnenen Erkenntnisse – insbesondere die neue Korrelation – auch in anderen Wissenschaftsgebieten zu publizieren.

# Literaturverzeichnis


[1] Brunner, Tobias: BMW - Hydrogen Vehicle Technology. In: *Vortrag im Rahmen des European Course of Cryogenics an der TU Dresden*, 2011, S. Folie 63

[2] Aceves, Salvador M. ; Espinosa-Loza, Francisco ; Ledesma-Orozco, Elias ; Ross, Timothy O. ; Weisberg, Andrew H. ; Brunner, Tobias C. ; Kircher, Oliver: High-density automotive hydrogen storage with cryogenic capable pressure vessels. In: *International Journal of Hydrogen Energy* 35 (2010), Nr. 3, S. 1219 – 1226. – ISSN 0360–3199

[3] Langebach, R.: *Numerische Simulation und Analyse der Wärmeübertragungsvorgänge in geneigten Rohrleitungen zur Minimierung des Wärmeeintrags in kryogene Speicherbehälter.* Masterarbeit, Dresden International University - DIU, 2010

[4] Incropera, F.P. ; DeWitt, D.P. ; Bergman, T.L. ; Lavine, A.S.: *Fundamentals of Heat and Mass Transfer.* 6th edition. Hoboken, New Jersey : John Wiley & Sons, 2007

[5] Verein deutscher Ingenieure: *VDI - Wärmeatlas.* 10. Auflage. VDI-Gesellschaft, 2006

[6] Müller, U. ; Erhardt, P.: *Freie Konvektion und Wärmeübertragung.* C.F. Müller Verlag, 1999 (1. Auflage)

[7] Rohsenow, W.M. ; Cho, Y.I. ; Hartnett, J.P.: *Handbook of Heat Transfer.* 3rd edition. New York : McGraw-Hill, 1998

[8] Ostrach, S.: Natural convection in enclosures. In: *Advances in Heat Transfer* Bd. 8 (1972), S. 161–227

[9] Benard, H.: Les tourbillons cellulaires dans une nappe liquide transportant de la chaleur par convection en regime permanent. In: *Ann. Chim. Phys.* Vol. 23 (1901), S. 62

[10] Edwards, D.K. ; Catton, I.: Prediction of heat transfer by natural convection in closed cylinders heated from below. In: *International Journal of Heat and Mass Transfer* Vol. 12 (1969), S. 23–30

[11] Heslot, F. ; Castaing, B. ; Libchaber, A.: Transition to turbulence in helium gas. In: *Physical Review A* Vol. 36 (1987), S. 5870–5873. – ISSN 1050–2947

[12] Chavanne, X. ; Chilla, F. ; Chabaud, B. ; Castaing, B. , Chaussy, J. ; Hebral, B.: High Rayleigh number convection with gaseous helium at low temperature. In: *Journal of Low Temperature Physics* Vol. 104 (1996), S. 109–129. – ISSN 0022–2291

[13] Chavanne, X. ; Castaing, B. ; Chabaud, B. ; Chilla, F. ; Hebral, B.: Rayleigh - Benard convection at very high Rayleigh numbers close to the He-4 critical point. In: *Cryogenics* Vol. 38 (1998), S. 1191–1198. – ISSN 0011–2275

[14] Lin, W. ; Armfield, S.W.: Natural convection cooling of rectangular and cylindrical containers. In: *International Journal of Heat and Fluid Flow* Vol. 22 (2001), S. 72–81

[15] Lighthill, M.J.: Theoretical considerations on free convection in tubes. In: *Journal of Mechanics and Applied Mathematics* Vol. 6 (1953), S. 400–439

[16] Elenbaas, W.: Heat dissipation of parallel plates by free convection. In: *Physica* Vol. 9 Nr.1 (1942), S. 1–28

[17] Martin, B.W. ; Cohen, H.: Heat transfer by free convection in an open thermosyphon tube. In: *British Journal of Applied Physics* Vol. 5 (1954), S. 91–95

[18] Japiske, D. ; Jallouk, P.A. ; Winter, E.R.F.: Single-phase transport processes in the closed thermosyphon. In: *International Journal of Heat and Mass Transfer* Vol. 14 (1971), S. 869–887

[19] Japiske, D. ; Winter, E.R.F.: Single-phase transport processes in the open thermosyphon. In: *International Journal of Heat and Mass Transfer* Vol. 14 (1971), S. 427–441

[20] Behnia, M. ; Morrison, G.L. ; Paramasivam, S.: Heat transfer and flow in inclined open thermosyphons. In: *Proceedings of the 1987 ASME/JSME Thermal Engineering Joint Conference*, 1987, S. 7–14

[21] Gaa, F.O. ; Behnia, M. ; Leong, S. ; Morrison, G.L.: Numerical and experimental study of inclined open thermosyphons. In: *International Journal of Numerical Methods for Heat and Fluid Flow* Vol. 8 (1998), S. 748–767

[22] Lock, G.S.H.: Control of spring run-off in northern rivers: the ice veil concept. In: *Polar Record* Vol. 23 (1986), S. 451–457

[23] Lock, G.S.H. ; Chong, K. ; Dyckerhoff, A. ; Huyer, J. ; Jones, B.: On the design of wind-augmented thermosyphons. In: *Cold Regions of Science and Technology* Vol. 16 (1989), S. 11–23

[24] Lock, G.S.H. ; Zhao, Litong: The laminar flow field in a near-vertical, closed tube thermosyphon. In: *Mathematical and Computer Modelling* Vol. 14 (1990), S. 822–825

[25] Lock, G.S.H. ; Kirchner, J.D.: Some characteristics of the inclined, closed tube thermosyphon under low Rayleigh number conditions. In: *International Journal of Heat and Mass Transfer* Vol. 35 (1991), S. 165–173

[26] Lock, G.S.H.: *Oxford Engineering Science Series.* Bd. 33: *The Tubular Thermosyphon: Variations on a Theme.* New York : Oxford University Press, 1992

[27] Davis, G. De V.: Laminar natural convection in an enclosed rectangular cavity. In: *International Journal of Heat and Mass Transfer* Vol. 11 (1968), S. 1675–1693

[28] OZOE, Hiroyuki ; YAMAMOTO, Kazumitsu ; SAYAMA, Hayatoshi ; CHURCHILL, Stuart W.: Natural circulation in an inclined rectangular channel heated on the one side and cooled on the opposing side. In: *International Journal of Heat and Mass Transfer* 17 (1974), S. 1209–1217

[29] OZOE, Hiroyuki ; SAYAMA, Hayatoshi ; CHURCHILL, Stuart W.: Natural convection in an inclined square channel. In: *International Journal of Heat and Mass Transfer* 17 (1974), S. 401–406

[30] OZOE, H. ; SAYAMA, H. ; CHURCHILL, S.W.: Natural convection in an inclined rectangular channel at various aspect ratios and angles - experimental measurements. In: *International Journal of Heat and Mass Transfer* 18 (1975), Nr. 12, S. 1425 – 1431. – ISSN 0017–9310

[31] HAMADY, F.J. ; LLOYD, J.R. ; H.Q.YANG ; K.T.YANG: Study of local natural convection heat transfer in an inclined enclosure. In: *International Journal of Heat and Mass Transfer* Vol. 32 (1989), S. 1697–1708

[32] KIMURA, S. ; BEJAN, A.: Numerical study of natural circulation in a horizontal duct with different end-temperatures. In: *Wärme- und Stoffübertragung* Vol. 14 (1980), S. 169–280

[33] CORMACK, D.E. ; LEAL, L.G. ; IMBERGER, J.: Natural convection in a shallow cavity with differentially heated end walls - Part 1 Asymptotic theory. In: *Journal of Fluid Mechanics* 65 (1974), S. 209–229

[34] CORMACK, D.E. ; LEAL, L.G. ; SEINFELD, J.H.: Natural convection in a shallow cavity with differentially heated end walls - Part 2 Numerical solutions. In: *Journal of Fluid Mechanics* 65 (1974), S. 231–246

[35] IMBERGER, J.: Natural convection in a shallow cavity with differentially heated end walls - Part 3 Experimental results. In: *Journal of Fluid Mechanics* 65 (1974), S. 247–260

[36] HONG, S.W.: Natural circulation in horizontal pipe. In: *International Journal of Heat and Mass Transfer* Vol. 20 (1977), S. 685–691

[37] BEJAN, A. ; TIEN, C. L.: Fully developed natural counterflow in a long horizontal pipe with different end temperatures. In: *International Journal of Heat and Mass Transfer* Vol. 21 (1978), S. 701–708

[38] KIMURA, S. ; BEJAN, A.: Experimental study of natural convection in a horizontal cylinder with different end temperatures. In: *International Journal of Heat and Mass Transfer* Vol. 23 (1980), S. 1117–1126. – ISSN 0017–9310

[39] SCHIROKY, G.H. ; ROSENBERGER, F.: Free convection of gases in a horizontal cylinder with differentially heated end walls. In: *International Journal of Heat and Mass Transfer* Vol. 27 (1984), S. 587–598

[40] SCHIROKY, G.H. ; ROSENBERGER, F.: High Rayleigh number heat transfer in a horizontal cylinder with adiabatic wall. In: *International Journal of Heat and Mass Transfer* Vol. 27 (1984), April, S. 630–633

[41] BONTOUX, P. ; SMUTEK, C. ; RANDRIAMAMPIANINA, A. ; ROUX, B. ; EXTRÉMET, G.P. ; HURFORD, A.C. ; ROSENBERGER, F. ; DAVIS, G. De V.: Numerical solutions and experimental results for three dimensional buoyancy driven flows in tilted cylinders. In: *Advances in Space Research* Vol. 6 (1986), S. 155–160

[42] SCHNEIDER, S. ; STRAUB, J.: Influence of the Prandtl number on laminar natural convection in a cylinder caused by g-Jitter. In: *Journal of Crystal Growth* Vol. 97 (1989), S. 235–242

[43] SCHNEIDER, S. ; STRAUB, J.: Laminar natural convection in a cylindrical enclosure with different end temperatures. In: *International Journal of Heat and Mass Transfer* Vol. 35 (1992), S. 545–557

[44] THUMMES, G. ; SCHREIBER, M. ; LANDGRAF, R. ; HEIDEN, C.: Convective heat losses in pulse tube coolers: effect of pulse tube inclination. In: *Cryocoolers* 9 (1997), S. 393–402

[45] FUJII, T. ; IMURA, H.: Natural - convection heat transfer from a plate with arbitrary inclination. In: *International Journal of Heat and Mass Transfer* Vol. 15 (1972), S. 765–767

[46] HOLLANDS, K.G.T. ; UNNY, T.E. ; RAITHBY, G.D. ; KONICEK, L.: Free convective heat transfer across inclined air layers. In: *Journal of Heat Transfer* 98 (1976), Nr. 2, S. 189–193

[47] HOLLANDS, K.G.T. ; RAITHBY, G.D. ; RUSSELL, F.B. ; WILKINSONS, R.G.: Coupled radiative and conductive heat transfer across honeycomb panels and through single cells. In: *International Journal of Heat and Mass Transfer* Vol. 27 (1984), S. 2119–2131

[48] GLOBE, S. ; DROPKIN, D.: Natural convection heat transfer in liquids confined between two horizontal plates. In: *Journal of Heat Transfer* 81C (1959), S. 24

[49] ROSS, R.G. ; JOHNSON, D.L.: Effect of gravity orientation on the thermal performance of Stirling type pulse tube cryocoolers. In: *Cryogenics* Vol. 44 (2004), S. 403–408

[50] SHIRAISHI, M. ; TAKAMATSU, K. ; MURAKAMI, M. ; NAKANO, A.: Dependence of convective secondary flow on inclination angle in an inclined pulse tube refrigerator revealed by visualization. In: *Cryogenics* Vol. 44 (2004), S. 101–107

[51] SCURLOCK, R. ; BEDUZ, C.: Reduction of the effects of asymmetrical convection in tilted pulse tube refrigerators. In: *Cryogenics* Vol. 38 (1998), S. 359–360

[52] KASTHURIENGAN, S. ; THUMMES, G. ; HEIDEN, C.: Reduction of convection heat losses in low frequency pulse tube coolers with mesh inserts. In: *Advances in Cryogenic Engineering* Bd. Vol. 45 A, 2000, S. 135–142

[53] HE, Y. ; TAO, W. ; ZHAO, T. ; CHEN, Z.: Steady natural convection in a tilted long cylindrical envelope with lateral adiabatic surface, part 1: Theoretical modeling and numerical treatments. In: *Numerical Heat Transfer* Vol. 44 (2003), S. 375–397. – ISSN 1040–7782

[54] He, Y. ; Tao, W. ; Zhao, T. ; Chen, Z.: Steady natural convection in a tilted long cylindrical envelope with lateral adiabatic surface, part 2: Heat transfer rate, flow patterns and temperature distributions. In: *Numerical Heat Transfer* Vol. 44 (2003), S. 399–431. – ISSN 1040–7782

[55] He, Y. ; Ding, W. ; Tao, W.: The effect of tube wall heat conduction on the natural convection in a long cylindrical envelope with an adiabatic lateral surface. In: *International Journal of Heat and Mass Transfer* Vol. 14 (2004), S. 918–952. – ISSN 0961–5539

[56] He, Y. ; Tao, W. ; Qu, Z. ; Chen, Z.: Steady natural convection in a vertical cylindrical envelope with adiabatic lateral wall. In: *International Journal of Heat and Mass Transfer* Vol. 47 (2004), S. 3131–3144. – ISSN 0017–9310

[57] Hieke, M. ; Haberstroh, Ch. ; Quack, H.: Heat transfer in gas filled pipes with closed warm end under different orientations. In: *Proceedings of the International Cryogenic Engineering Conference - ICEC* (2000)

[58] Tien, C.L. ; Yuen, W.W.: Radiation characteristics of honeycomb solar collectors. In: *International Journal of Heat and Mass Transfer* Vol. 18 (1975), S. 1409–1413

[59] Kuhlmann, H.: *Strömungsmechanik.* 1. Auflage. Pearson Education Deutschland, 2007

[60] Modest, M.F.: *Radiative Heat Transfer.* 2nd edition. San Diego, California : Elsevier Science, 2003

[61] National Institute of Standards and Technology - NIST: *REFPROP - Standard Reference Data Program.* Version 9, 2009

[62] Bonhoeffer, K.F. ; Harteck, P.: Über Para- und Orthowasserstoff. In: *Zeitschrift für Physikalische Chemie* (1929), S. 113–141

[63] Essler, J. ; Haberstroh, Ch.: Performance of an ortho-para concentration measurement cryostat for hydrogen. In: *AIP Conference Proceedings* 1434 (2012), Nr. 1, 1865-1872. `http://dx.doi.org/10.1063/1.4707124`. – DOI 10.1063/1.4707124

[64] Ferziger, J.H. ; Peric, M.: *Numerische Strömungsmechanik.* 1. Auflage. Springer Verlag Berlin, 2007

[65] Ansys Inc.: *Ansys CFX User's Guide.* Release 13.0, 2010

[66] Eckels Engineering: *CRYOCOMP - Thermal Properties Database and Thermal Analysis Software.* Version 5, 2010

[67] Vieser, W. ; Esch, T. ; Menter, F.: *Heat transfer predictions using advanced two - equation turbulence models.* CFX Validation Report, 2007

[68] ERCOFTAC - European Research community on Flow, Turbulence and Combustion ; 1 (Hrsg.): *Best practice guidelines.* 2000

[69] Pope, S.B.: *Turbulent Flows.* 1st edition. Cambridge University Press, 2000

[70] Wilcox, D.C.: *Turbulence Modeling for CFD.* 3rd edition. D C W Industries, 2006

[71] MENTER, F.R.: Zonal two equation turbulence models for aerodynamic flows. In: *American Institute of Aeronautics and Astronautics - AIAA* Vol. 93-2906 (1993)

[72] DURST, F. ; MELLING, A. ; JAMES, H.: *Theorie und Praxis der Laser-Doppler-Anemometrie.* Braun Verlag Karlsruhe, 1992

[73] KÖRNER, M. ; RESAGK, Ch. ; THESS, A.: Experimental investigation of non isothermal indoor airflow in a small scale model room using Laser techniques. In: *15th International Symposium on Applications of Laser Techniques to Fluid Mechanics*, 2010

[74] BOEHRER, B.: Convection in a long cavity with differentially heated end walls. In: *International Journal of Heat and Mass Transfer* Vol. 40 (1997), S. 4105–4114

[75] LOCK, G.S.H. ; FU, J.: Natural convection in the inclined, cranked thermosyphon. In: *Transactions of the American Society of Mechanical Engineers* Vol. 115 (1993), S. 166–172

[76] RASOUL, J. ; PRINOS, P.: Natural convection in an inclined enclosure. In: *International Journal of Numerical Methods for Heat and Fluid Flow* Vol. 7 (1997), S. 438–478

[77] SIMION, Claudia I.: *Numerical simulation af density-driven and temperature driven buoyancy flow*, TU München, Diplomarbeit, 2011

[78] KURIAN, V. ; VARMA, M. N. ; KANNAN, A.: Numerical studies on laminar natural convection inside inclined cylinders of unity aspect ratio. In: *International Journal of Heat and Mass Transfer* Vol. 52 (2009), S. 822–838

[79] ANSYS INC.: *Ansys ICEM User's Guide.* Release 13.0, 2010

[80] BALAJI, C. ; VENKATESHAN, S. P.: Combined surface radiation and free convection in cavities. In: *Journal of Thermophysics* Vol. 2 (1993), S. 373–376

[81] BARRETT, A.J.: Natural convection heat leak in supercritical hydrogen tanks. In: *Proceedings of the International Cryogenic Engineering Conference - ICEC* 7 (1978), S. 483–488

[82] BUSCALIONI, R. ; ARCO, E. C.: Flow and heat transfer regimes in inclined differentially heated cavities. In: *International Journal of Heat and Mass Transfer* Vol. 44 (2001), S. 1947–1962

[83] CHEN, Ch-L. ; CHENG, Ch-H.: Buoyancy-induced flow and convective heat transfer in an inclined arc-shape enclosure. In: *International Journal of Heat and Fluid Flow* Vol. 23 (2002), S. 823–830

[84] CHENG, K.C. ; HONG, S.W.: Combined free and forced laminar convection in inclinded tubes. In: *Applied Scientific Research* Vol. 27 (1972), S. 19–38

[85] DANTEC DYNAMICS: *BSA Flow Software - Installation and User's Guide.* Version 5.0, 2010

[86] Fleischer, A.S. ; Goldstein, R.J.: High Rayleigh number convection of pressurized gases in a horizontal enclosure. In: *Journal of Fluid Mechanics* Vol. 469 (2002), S. 1 12

[87] Gay, F.W.: *Heat transfer means.* US Patent No. 1725906, 1929

[88] Goldstein, R.J. ; Eckert, E.R.G. ; Ibele, W.E. ; Patankar, S.V. ; Simon, T.W. ; Kuehn, T.H. ; Strykowski, P.J. ; Tamma, K.K. ; Bar-Cohen, A. ; Heberlein, J.V.R. ; Davidson, J.H. ; Bischof, J. ; Kulacki, F.A. ; Kortshagen, U. ; Garrick, S.: Heat transfer - a review of 2000 literature. In: *International Journal of Heat and Mass Transfer* Vol. 45 (2002), S. 2853–2957

[89] Goldstein, R.J. ; Ibele, W.E. ; Patankar, S.V. ; Simon, T.W. ; Kuehn, T.H. ; Strykowski, P.J. ; Tamma, K.K. ; Heberlein, J.V.R. ; Davidson, J.H. ; Bischof, J. ; Kulacki, F.A. ; Kortshagen, U. ; Garrick, S. ; Srinivasan, V.: Heat transfer - a review of 2003 literature. In: *International Journal of Heat and Mass Transfer* Vol. 49 (2006), S. 451 – 534

[90] Goldstein, R.J. ; Tokuda, S.: Heat transfer by thermal convection at high Rayleigh numbers. In: *International Journal of Heat and Mass Transfer* Vol. 23 (1980), S. 738–740. – ISSN 0017–9310

[91] Henderson, D. ; Junaidi, H. ; Muneer, T. ; Grassie, T. ; Currie, J.: Experimental and CFD investigation of an ICSSWH at various inclinations. In: *Renewable and Sustainable Energy Reviews* Vol. 11 (2007), S. 1087 – 1116

[92] Hiddink, J. ; Schenk, J. ; Bruin, S.: Natural convection heating of liquids in closed containers. In: *Applied Scientific Research* Vol. 32 (1976), S. 217–237

[93] King, C.R.: Perkins' hermetic tube boilers. In: *The Engineer* Vol. 152 (1931), S. 405–406

[94] Langebach, R.: Wärmeeintrag in kryogene Speichersysteme durch freie Konvektion in Rohrleitungen. In: *Tagungsband Deutscher Kälte- und Klimatechnischer Verein - DKV* (2009)

[95] Langebach, R. ; Haberstroh, Ch.: The impact of mounting and sealing on the free convective heat transfer in inclined high-pressure connection pipes. In: *Proceedings of the 24th International Cryogenic Engineering Conference* (2012)

[96] Langebach, R. ; Haberstroh, Ch.: Experimental investigation of the free convective heat transfer along incline connection pipes in high-pressure cryogenic storage tanks. In: *Advances in Cryogenic Engineering* 57A (2011), S. 732–739

[97] Langebach, R. ; Haberstroh, Ch.: Free Convective Heat Transfer in Inclined Pipes as a Mechanism of Heat Intake to Cryogenic Devices. In: *Proceedings of the 23rd International Cryogenic Engineering Conference* (2010)

[98] Long, E.L.: The long thermopile. In: *Proceedings of the International Conference on Permafrost* (1963), S. 487–491

[99] McEligot, D.M. ; Denbow, D.A. ; Murphy, H.D. ; Johnson, R.A. (Hrsg.): *Transient natural convection in heat inclined tubes.* Los Alamos National Laboratory, 1990

[100] Müller, G. ; Neumann, G. ; Weber, W.: Natural convection in vertical Bridgeman configurations. In: *Journal of Crystal Growth* Vol. 70 (1984), S. 78–93

[101] Niekawa, J. ; Matsumoto, K. ; Koizumi, T. ; Hasegawa, K. ; Kaneko, H. ; Mizoguchi, Y.: Performance of revolving heat pipes and application to a rotary heat exchanger. In: *Jornal of Heat Recovery Systems* Vol. 14 (1982), S. 225–234

[102] Niemela, J. ; Skrbek, L. ; Sreenivasan, K.R. ; R.J.Donnelly: Turbulent convection at very high Rayleigh numbers. In: *Nature* Vol. 404 (2000), S. 837–840. – ISSN 0028–0836

[103] Perkins, L.P. ; Buck, W.E.: *Improvements in devices for the diffusion or transference of heat.* London : US Patent No. 22272, 1892

[104] Polat, O. ; Bilgen, E.: Conjugate heat transfer in inclined open shallow cavities. In: *International Journal of Heat and Mass Transfer* Vol. 46 (2003), S. 1563–1573

[105] Reay, D.A.: Heat Pipes. In: *Physics in Technology* Vol. 16 (1985), S. 69–75

[106] Reay, D.A.: The Perkins tube - a noteworthy contribution to heat exchanger technology. In: *Jornal of Heat Recovery Systems* Vol. 2 (1982), S. 173–87

[107] Rich, B.R.: An investigation of heat transfer from an inclined flat plate in free convection. In: *Transactions of the American Society of Mechanical Engineers* Vol. 75 (1953), S. 489–497

[108] Schinkel, W.M.M. ; Linthorst, S.J.M. ; Hoogendoorn, C.J.: The stratification in natural convection in vertical enclosures. In: *Journal of Heat Transfer* Vol. 105 (1983), S. 267 ff

[109] Schmid, R. ; Pailthorpe, B.A. ; Collins, R.E.: Heat transport in liquid filled tubes. In: *Australian Journal of Physics* Vol. 39 (1986), S. 919–943

[110] Schmidt, E.: Heat transmission by natural convection at high centrifugal acceleration in water-cooled gas turbine blades. In: *Proceedings of the Institution of Mechanical Engineers* Vol. 4 (1951), S. 361–363

[111] Schwarz, S.: *Wärmetransport durch natürliche Konvektion in Rohren unter verschiedenen Anstellwinkeln*, Technische Universität Dresden, Großer Beleg, 2007

[112] Sedahmed, G.H. ; Ahmed, A.M. ; El-Rafey, M.E. ; Hosney, A.Y. ; Ayob, E.A.: Natural convection mass transfer inside cylindrical cavities of different orientation. In: *Journal of Applied Electrochemistry* Vol. 25 (1995), S. 677–681

[113] Siegel, R. ; Perlmutter, M.: Convective and radiant heat transfer for flow of a transparent gas in a tube with a gray wall. In: *International Journal of Heat and Mass Transfer* Vol. 5 (1962), S. 639–660

[114] Sun, K.H. ; Tien, C.L.: Thermal performance characteristics of heat pipes. In: *International Journal of Heat and Mass Transfer* Vol. 18 (1975), S. 363–380

[115] WU, Xz. ; LIBCHABER, A.: Scaling Relations in thermal turbulence - the aspect ratio dependence. In: *Physical Review A* Vol. 45 (1992), S. 842–845

[116] XU, Xc. ; BAJAJ, K. ; AHLERS, G.: Heat transport in turbulent Rayleigh-Benard convection. In: *Physical Review Letters* Vol. 84 (2000), S. 4357–4360

[117] YANG, T. L. ; CHANG, S. W.: Heat transfer in tilted reciprocating anti-gravity open thermosyphon. In: *International Journal of Heat and Mass Transfer* Vol. 52 (2009), S. 880–893

# A Anhang

## A.1 Geschwindigkeits- und Temperaturverteilung in einem Modellfluid

Die folgenden Abbildungen beinhalten die Geschwindigkeits- und Temperaturverteilungen aller im Rahmen der Modellexperimente analysierten Testfälle 1 bis 12 unter Verwendung des Modellfluids R125. Im Kapitel 3.8.1 dieser Arbeit sind aus Übersichtsgründen nur die Testfälle 4 bis 6 dargestellt und diskutiert worden.

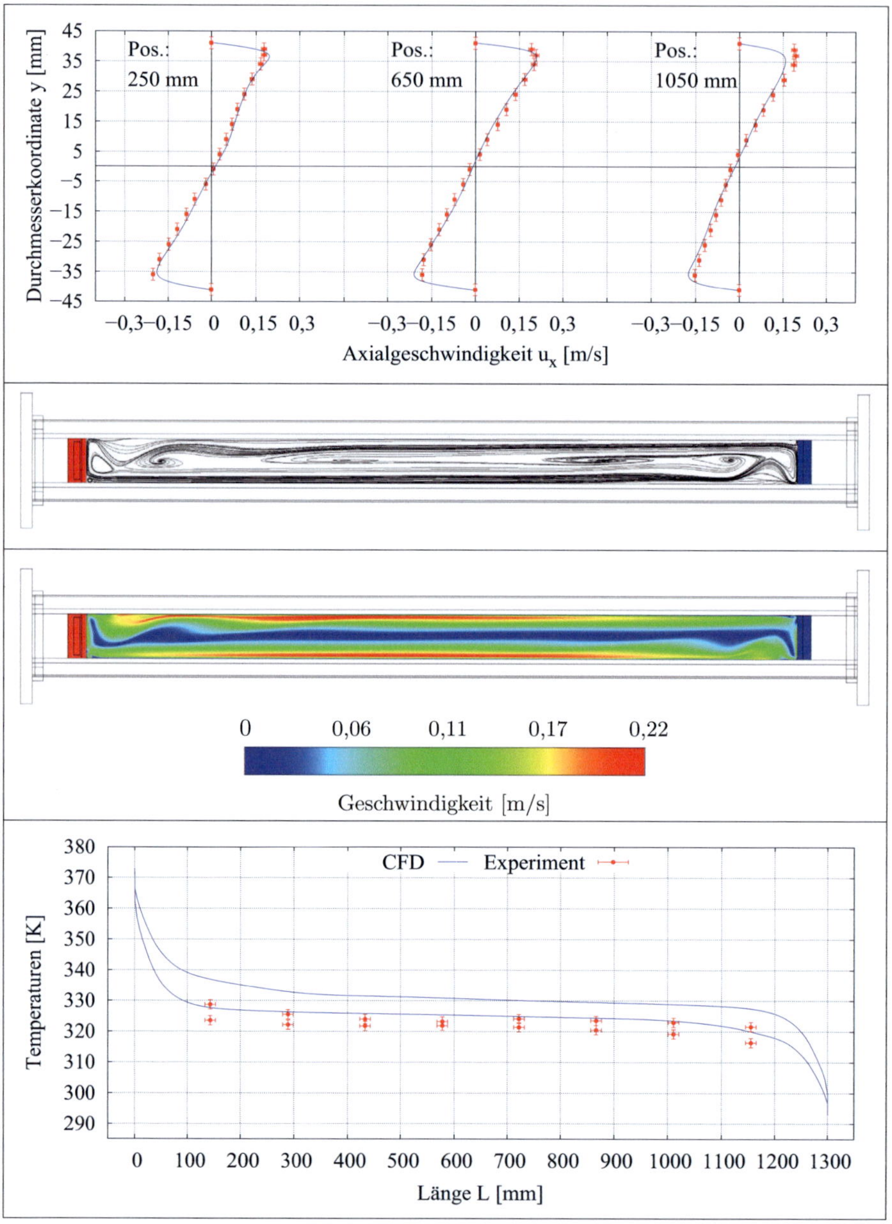


**Abbildung A.1: Testfall 1**, $p = 1\ bar$ und $\gamma = 10°$, LDA-Experiment und CFD-Rechnung zur lokalen Geschwindigkeitsverteilung (oben), Stromlinien und Geschwindigkeitsfeld (unten), warme Seite in rot, kalte Seite in blau, alle Geschwindigkeitsbeträge in m/s. Zusätzlich dargestellt ist die gemessene und berechnete Temperaturverteilung (unten) an Ober- und Unterseite der Glasröhre.

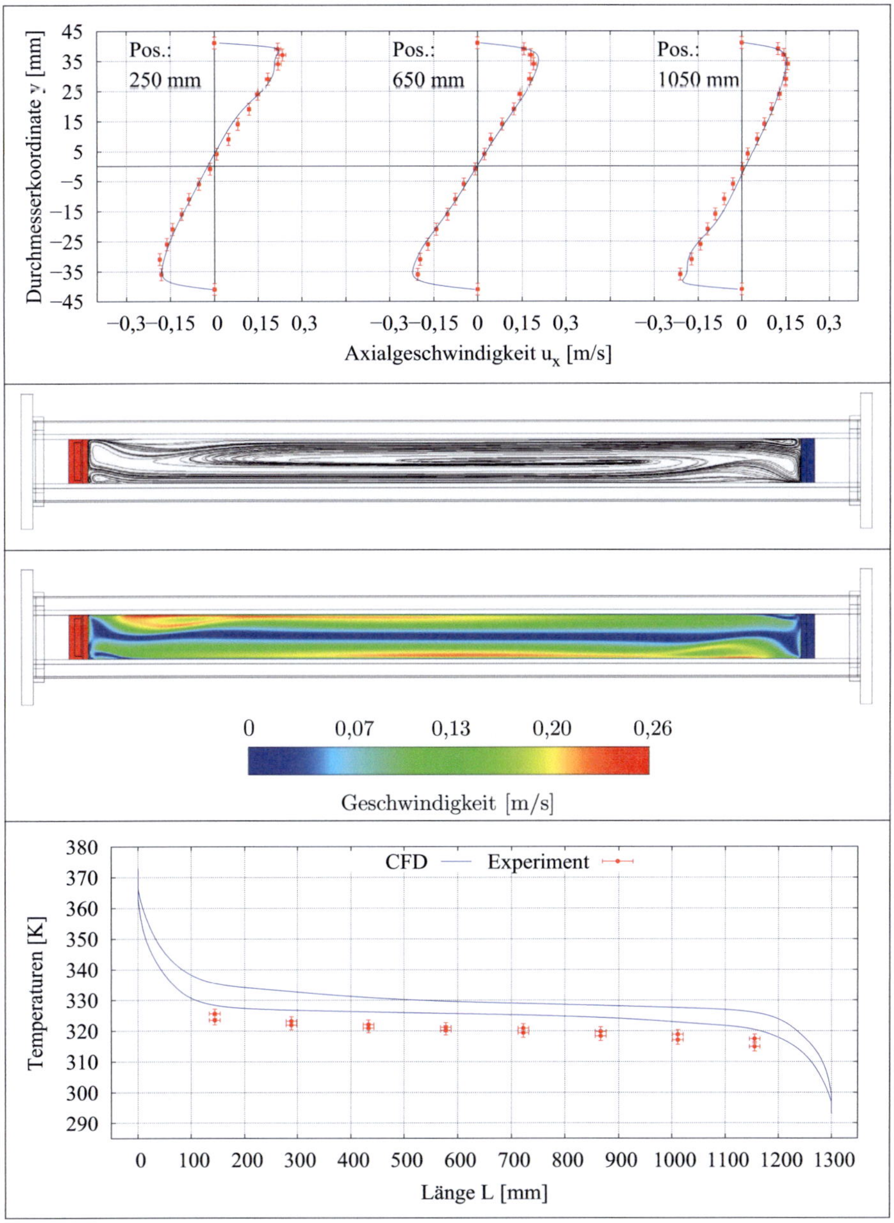


**Abbildung A.2: Testfall 2**, $p = 1$ *bar* und $\gamma = 30°$, LDA-Experiment und CFD-Rechnung zur lokalen Geschwindigkeitsverteilung (oben), Stromlinien (mitte) und Geschwindigkeitsfeld (unten), warme Seite in rot, kalte Seite in blau, alle Geschwindigkeitsbeträge in m/s. Zusätzlich dargestellt ist die gemessene und berechnete Temperaturverteilung (unten) an Ober- und Unterseite der Glasröhre.

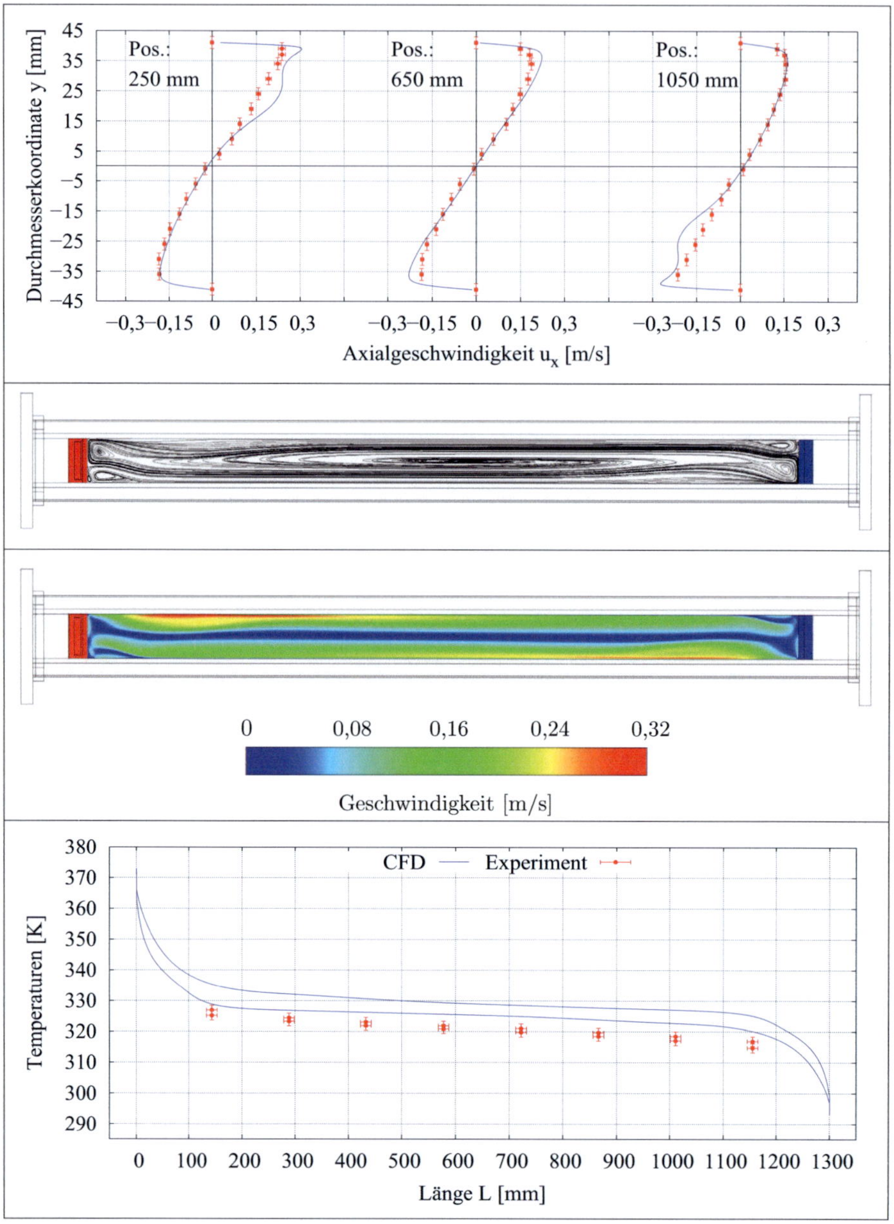


**Abbildung A.3: Testfall 3**, $p = 1$ *bar* und $\gamma = 45°$, LDA-Experiment und CFD-Rechnung zur lokalen Geschwindigkeitsverteilung (oben), Stromlinien (mitte) und Geschwindigkeitsfeld (unten), warme Seite in rot, kalte Seite in blau, alle Geschwindigkeitsbeträge in m/s. Zusätzlich dargestellt ist die gemessene und berechnete Temperaturverteilung (unten) an Ober- und Unterseite der Glasröhre.

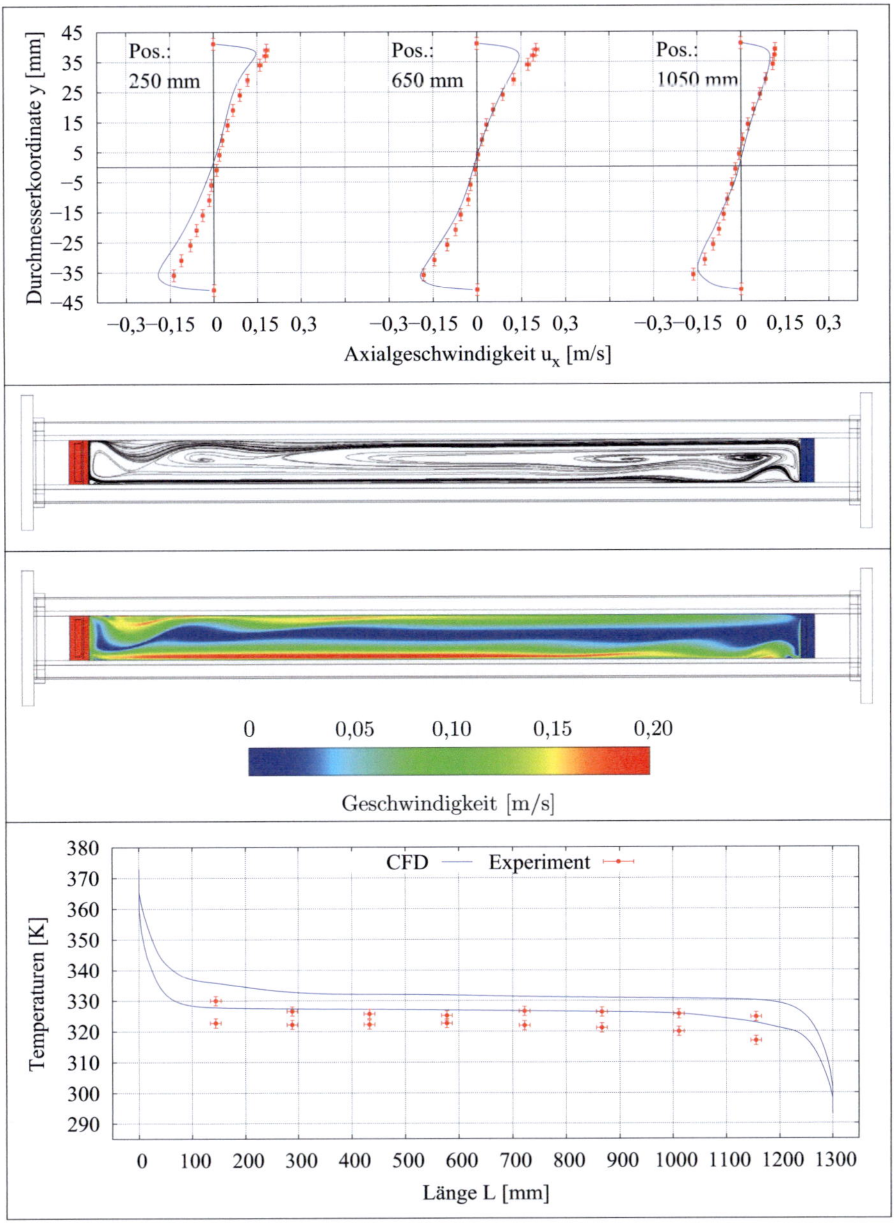


**Abbildung A.4: Testfall 4,** $p = 3\ bar$ und $\gamma = 10°$, LDA-Experiment und CFD-Rechnung zur lokalen Geschwindigkeitsverteilung (oben), Stromlinien (mitte) und Geschwindigkeitsfeld (unten), warme Seite in rot, kalte Seite in blau, alle Geschwindigkeitsbeträge in m/s. Zusätzlich dargestellt ist die gemessene und berechnete Temperaturverteilung (unten) an Ober- und Unterseite der Glasröhre.

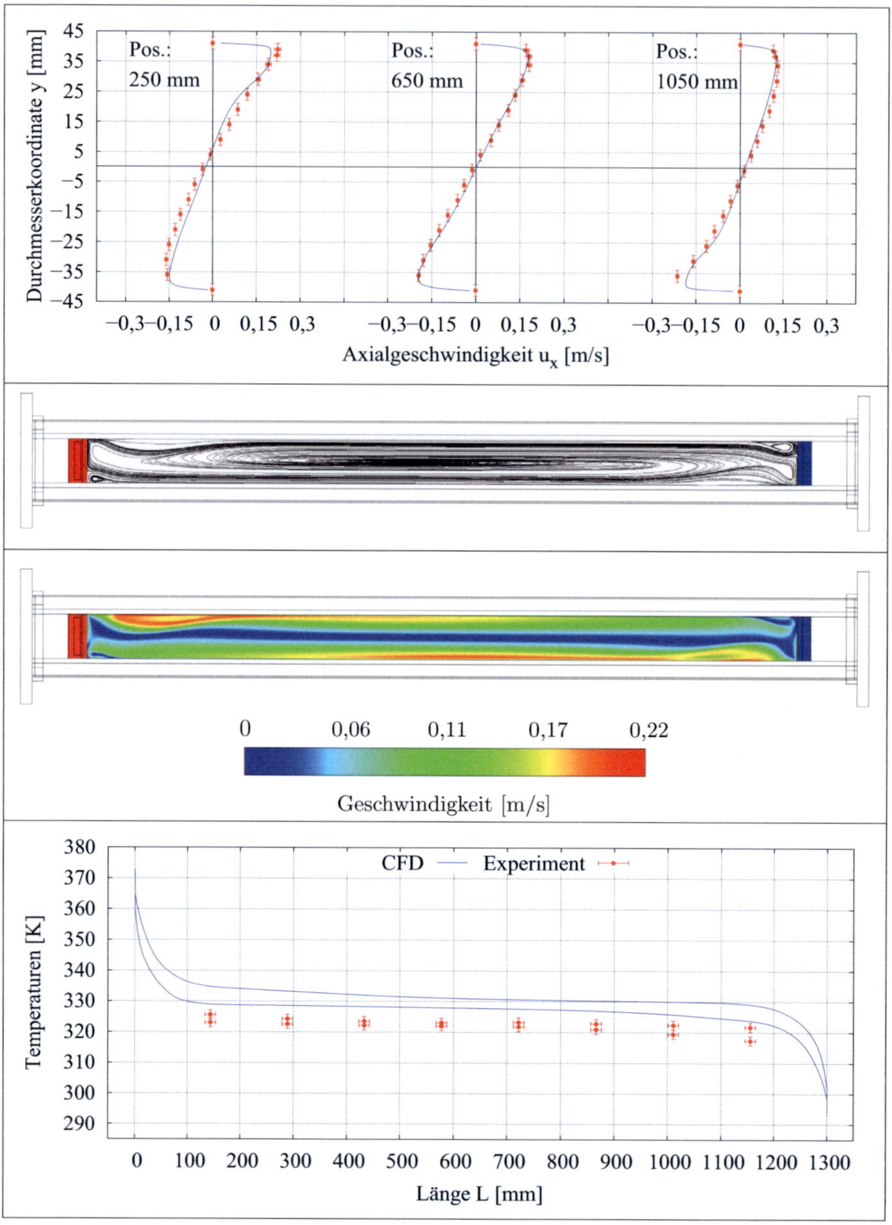


**Abbildung A.5: Testfall 5**, $p = 3\ bar$ und $\gamma = 30°$, LDA-Experiment und CFD-Rechnung zur lokalen Geschwindigkeitsverteilung (oben), Stromlinien (mitte) und Geschwindigkeitsfeld (unten), warme Seite in rot, kalte Seite in blau, alle Geschwindigkeitsbeträge in m/s. Zusätzlich dargestellt ist die gemessene und berechnete Temperaturverteilung (unten) an Ober- und Unterseite der Glasröhre.

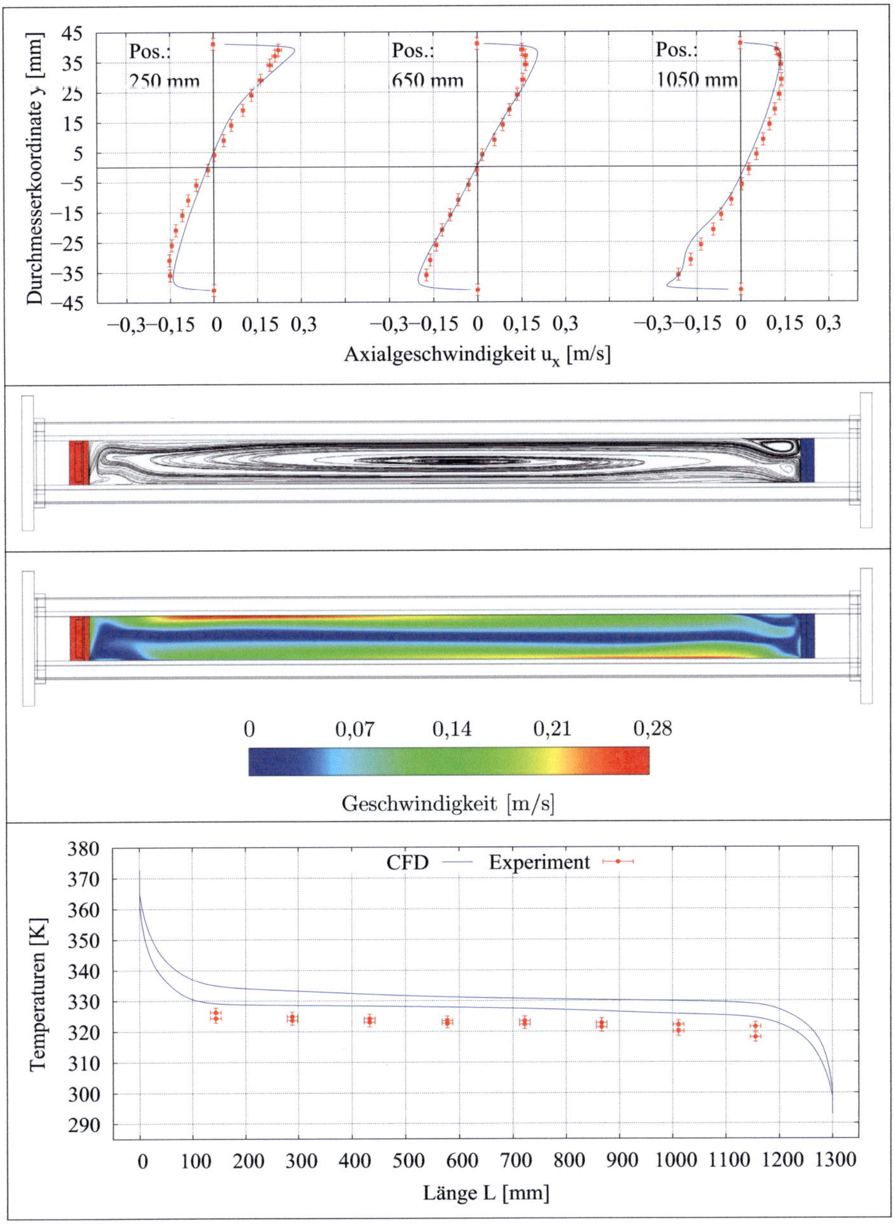


**Abbildung A.6: Testfall 6**, $p = 3\ bar$ und $\gamma = 45°$, LDA-Experiment und CFD-Rechnung zur lokalen Geschwindigkeitsverteilung (oben), Stromlinien (mitte) und Geschwindigkeitsfeld (unten), warme Seite in rot, kalte Seite in blau, alle Geschwindigkeitsbeträge in m/s. Zusätzlich dargestellt ist die gemessene und berechnete Temperaturverteilung (unten) an Ober- und Unterseite der Glasröhre.

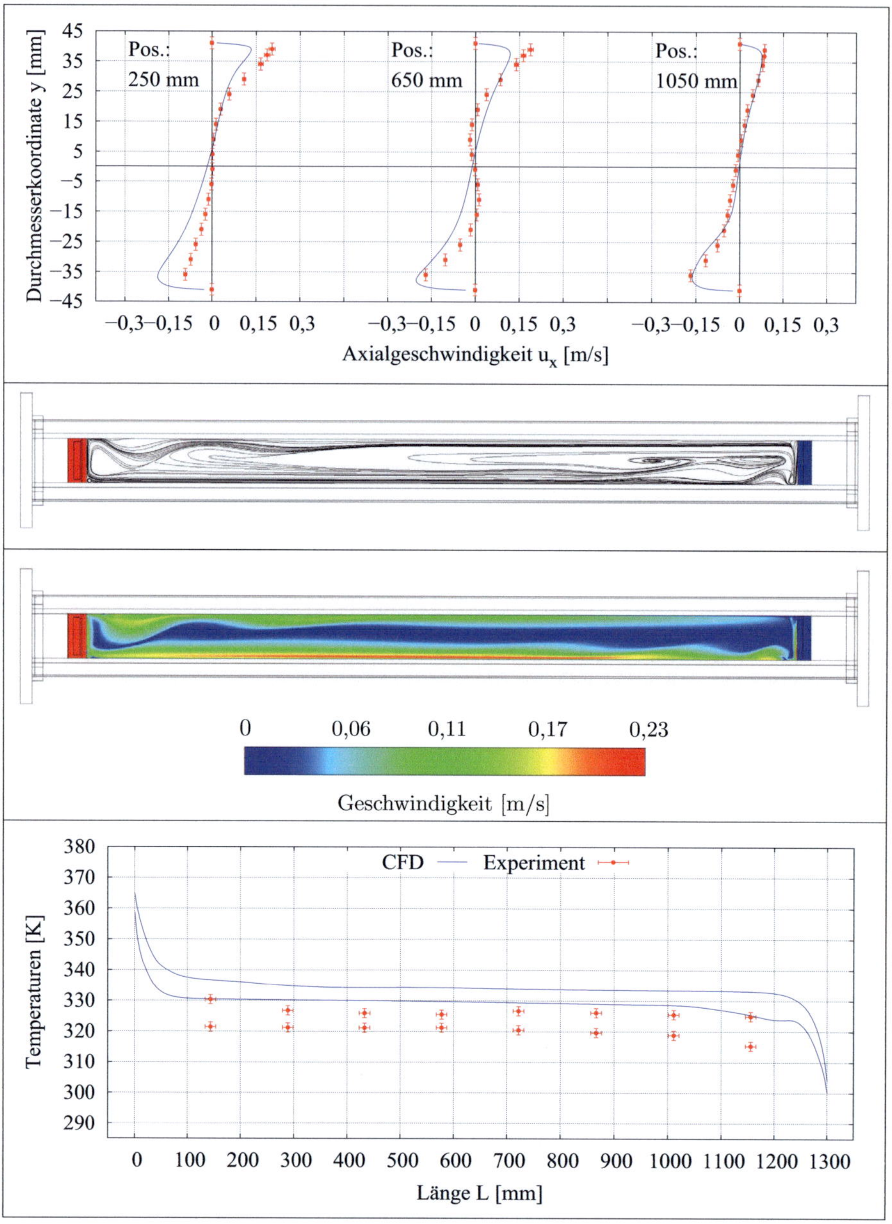


**Abbildung A.7: Testfall 7**, $p = 6\ bar$ und $\gamma = 10°$, LDA-Experiment und CFD-Rechnung zur lokalen Geschwindigkeitsverteilung (oben), Stromlinien (mitte) und Geschwindigkeitsfeld (unten), warme Seite in rot, kalte Seite in blau, alle Geschwindigkeitsbeträge in m/s. Zusätzlich dargestellt ist die gemessene und berechnete Temperaturverteilung (unten) an Ober- und Unterseite der Glasröhre.

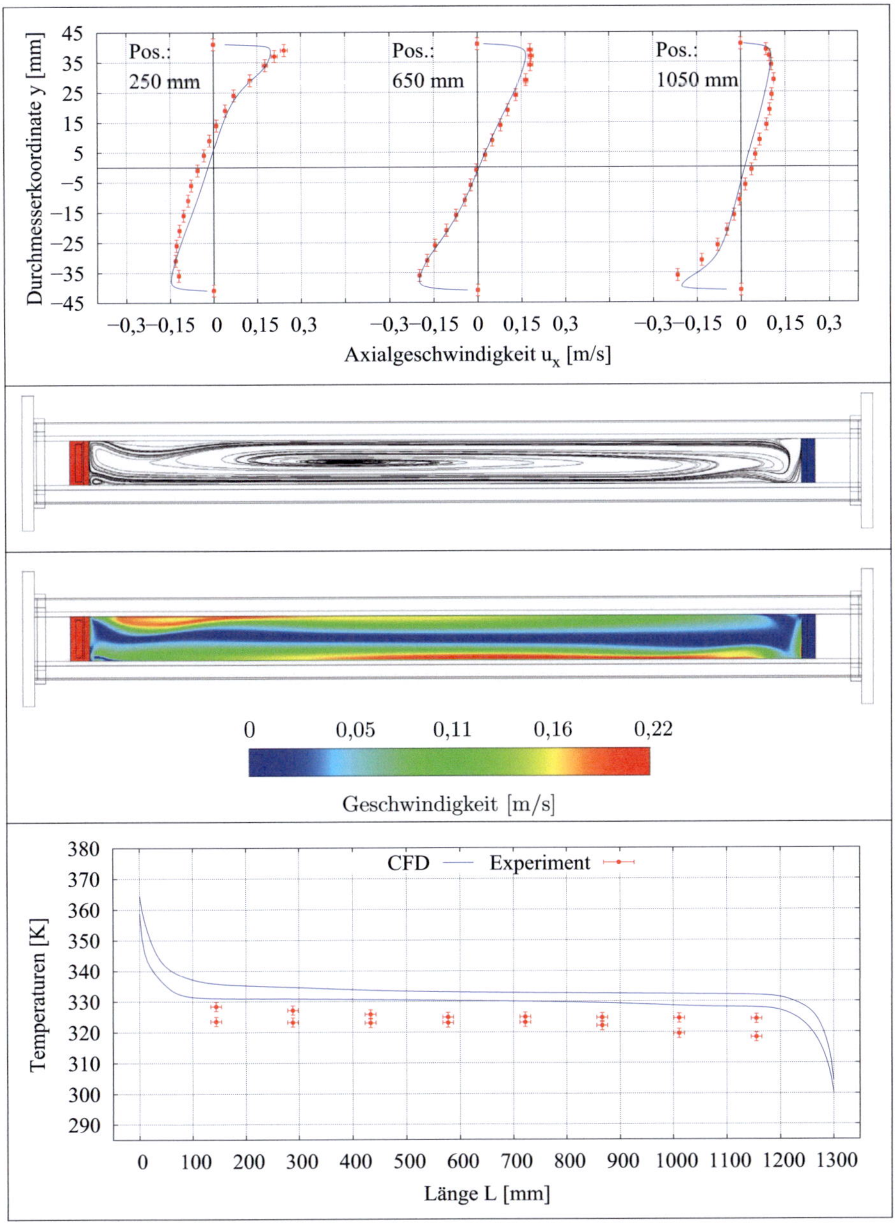


**Abbildung A.8: Testfall 8**, $p = 6\ bar$ und $\gamma = 30°$, LDA-Experiment und CFD-Rechnung zur lokalen Geschwindigkeitsverteilung (oben), Stromlinien (mitte) und Geschwindigkeitsfeld (unten), warme Seite in rot, kalte Seite in blau, alle Geschwindigkeitsbeträge in m/s. Zusätzlich dargestellt ist die gemessene und berechnete Temperaturverteilung (unten) an Ober- und Unterseite der Glasröhre.

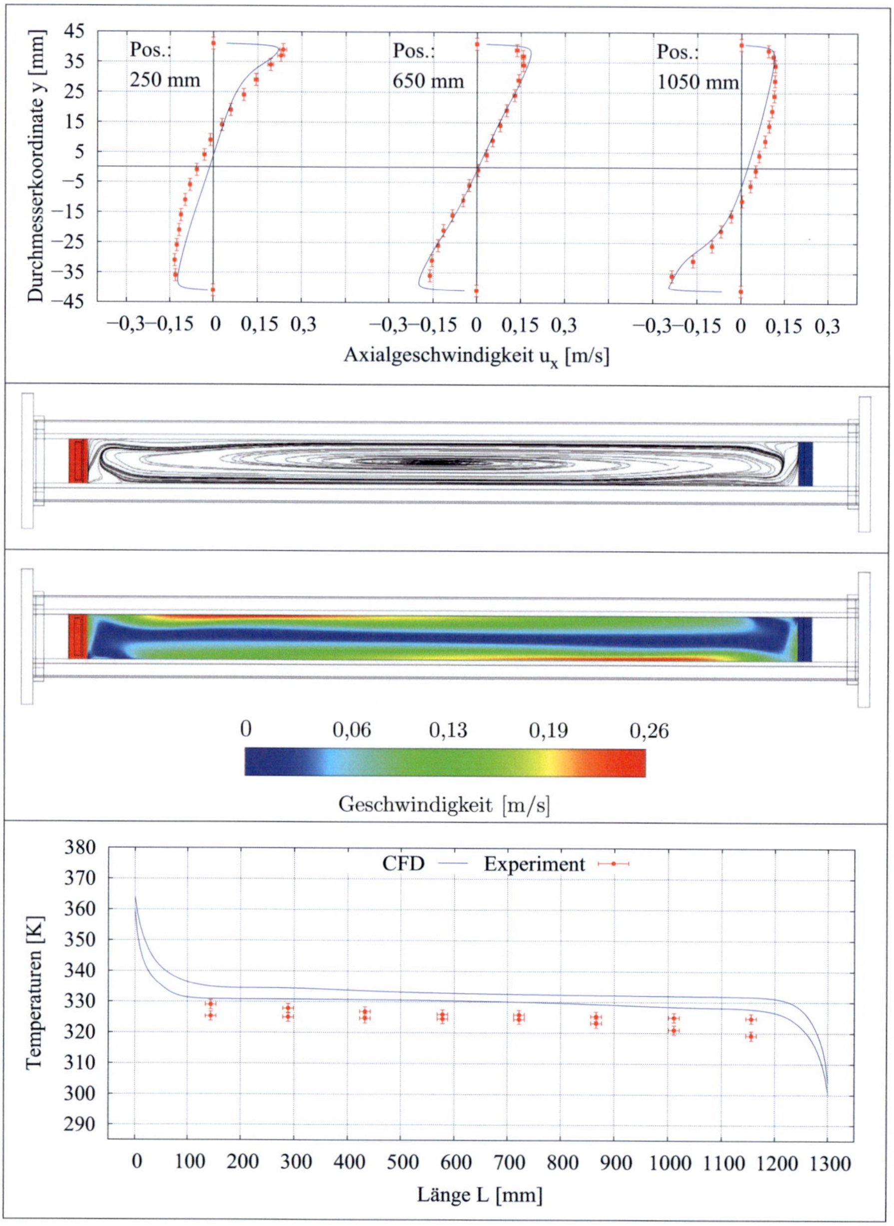


**Abbildung A.9: Testfall 9**, $p = 6\ bar$ und $\gamma = 45°$, LDA-Experiment und CFD-Rechnung zur lokalen Geschwindigkeitsverteilung (oben), Stromlinien (mitte) und Geschwindigkeitsfeld (unten), warme Seite in rot, kalte Seite in blau, alle Geschwindigkeitsbeträge in m/s. Zusätzlich dargestellt ist die gemessene und berechnete Temperaturverteilung (unten) an Ober- und Unterseite der Glasröhre.

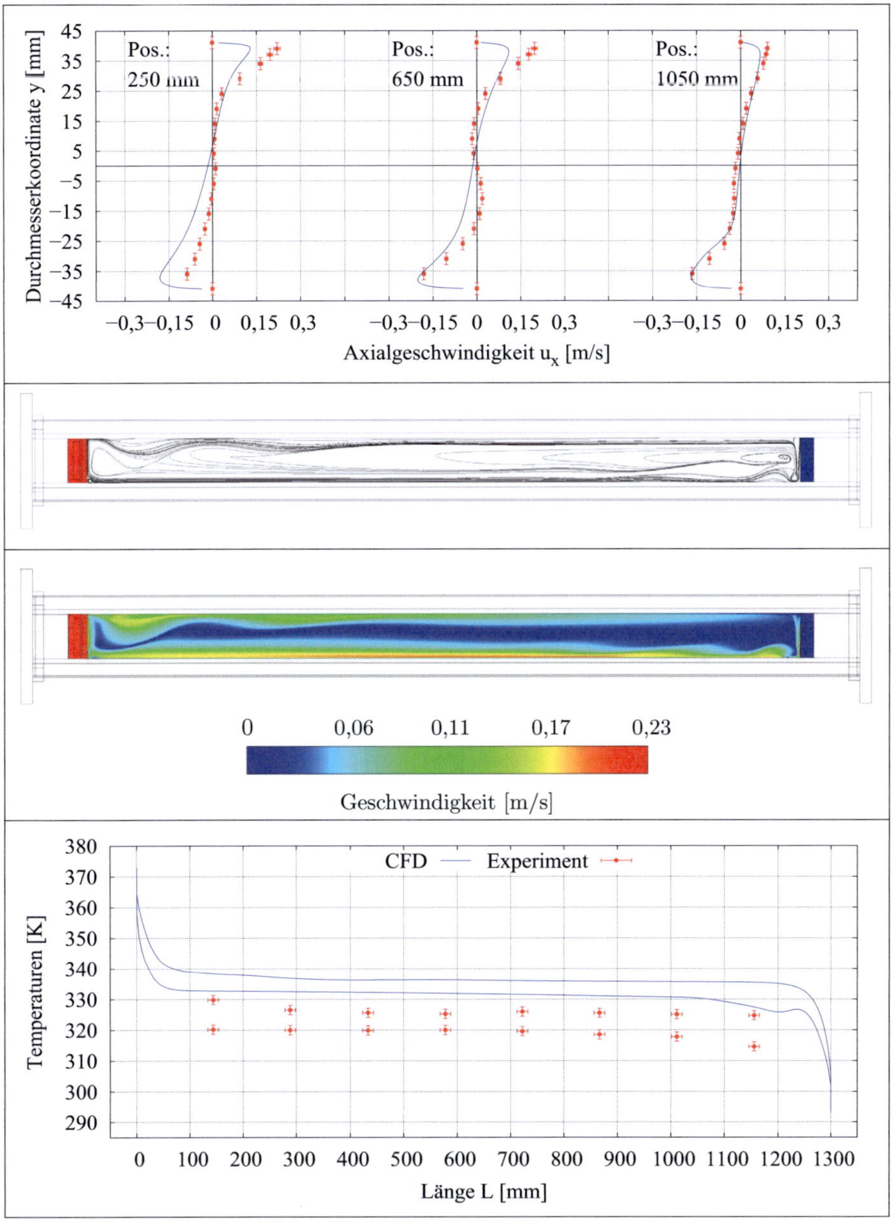


**Abbildung A.10:** **Testfall 10**, $p = 9\ bar$ und $\gamma = 10°$, LDA-Experiment und CFD-Rechnung zur lokalen Geschwindigkeitsverteilung (oben), Stromlinien (mitte) und Geschwindigkeitsfeld (unten), warme Seite in rot, kalte Seite in blau, alle Geschwindigkeitsbeträge in m/s. Zusätzlich dargestellt ist die gemessene und berechnete Temperaturverteilung (unten) an Ober- und Unterseite der Glasröhre.

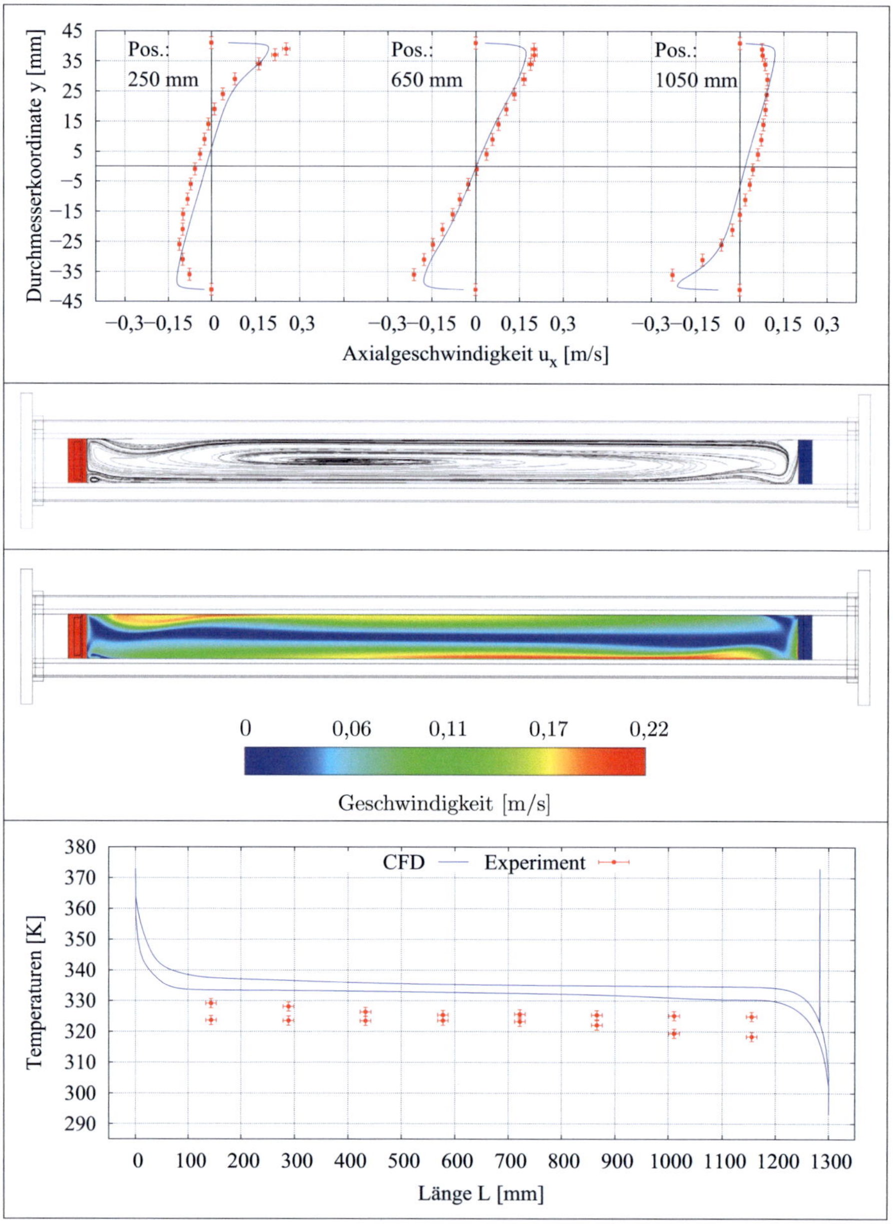


**Abbildung A.11: Testfall 11**, $p = 9$ *bar* und $\gamma = 30°$, LDA-Experiment und CFD-Rechnung zur lokalen Geschwindigkeitsverteilung (oben), Stromlinien (mitte) und Geschwindigkeitsfeld (unten), warme Seite in rot, kalte Seite in blau, alle Geschwindigkeitsbeträge in m/s. Zusätzlich dargestellt ist die gemessene und berechnete Temperaturverteilung (unten) an Ober- und Unterseite der Glasröhre.

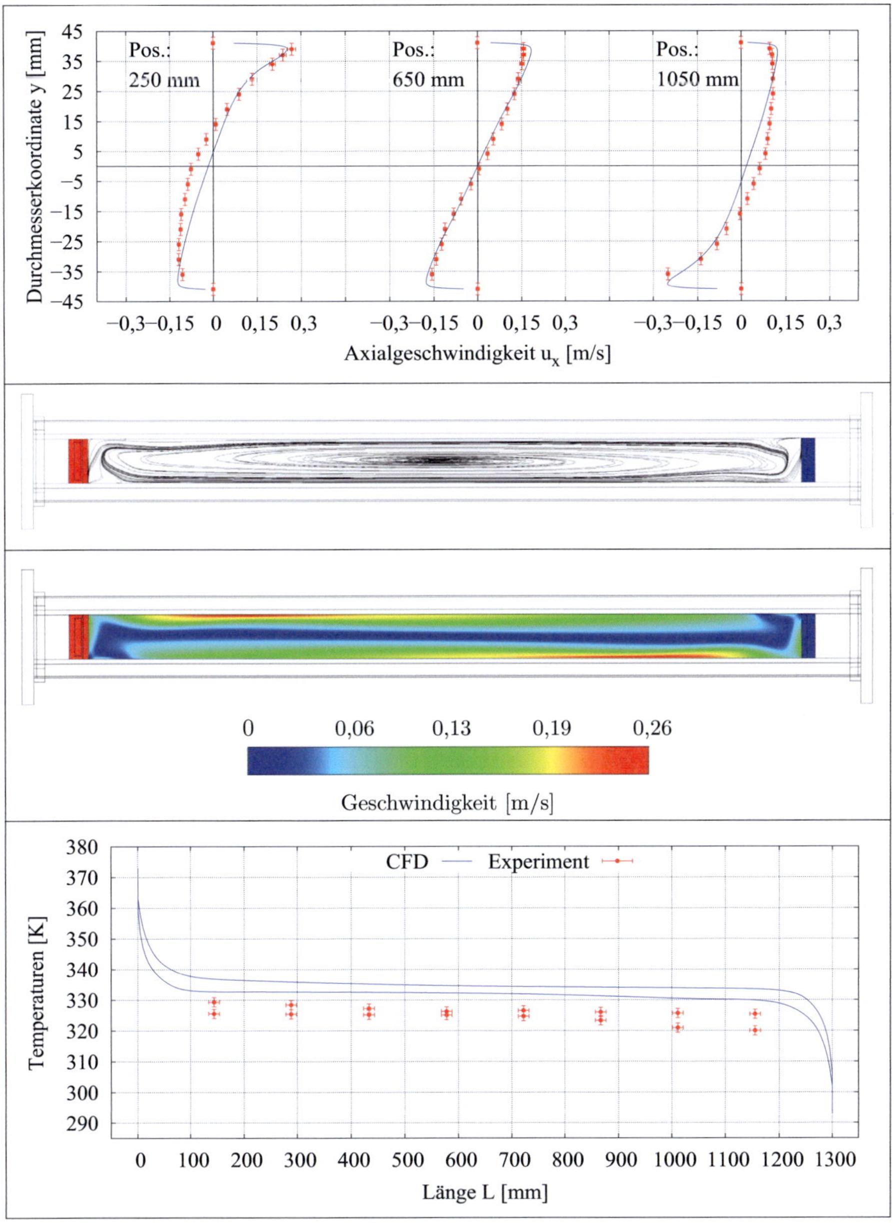


**Abbildung A.12:** **Testfall 12**, $p = 9\ bar$ und $\gamma = 45°$, LDA-Experiment und CFD-Rechnung zur lokalen Geschwindigkeitsverteilung (oben), Stromlinien (mitte) und Geschwindigkeitsfeld (unten), warme Seite in rot, kalte Seite in blau, alle Geschwindigkeitsbeträge in m/s. Zusätzlich dargestellt ist die gemessene und berechnete Temperaturverteilung (unten) an Ober- und Unterseite der Glasröhre.

## A.2 Wärmestrom durch typische Rohrleitungen verschiedener Dimensionen

**Tabelle A.1:** Übersicht über die dimensionslosen Kennzahlen für alle experimentell untersuchten Rohrleitungen zur Kalibrierung der Korrelation im Kapitel 3.10.3.

| Dimension $[mm]$ | $12x1x250$ | $12x1x500$ | $12x1x1000$ |
|---|---|---|---|
| $D/L$ | 0,04 | 0,02 | 0,01 |
| $Wv_D$ 50 $bar$ | 44,78 | 44,78 | 44,78 |
| $Wv_D$ 100 $bar$ | 43,33 | 43,33 | 43,33 |
| $Wv_D$ 150 $bar$ | 42,02 | 42,02 | 42,02 |
| $Wv_D$ 200 $bar$ | 40,84 | 40,84 | 40,84 |
| $Ra_D$ 50 $bar$ | 4,8E+06 | 4,8E+06 | 4,8E+06 |
| $Ra_D$ 100 $bar$ | 1,6E+07 | 1,6E+07 | 1,6E+07 |
| $Ra_D$ 150 $bar$ | 3,1E+07 | 3,1E+07 | 3,1E+07 |
| $Ra_D$ 200 $bar$ | 4,8E+07 | 4,8E+07 | 4,8E+07 |
| Dimension $[mm]$ | $16x1{,}5x250$ | $16x1{,}5x500$ | $16x1{,}5x1000$ |
| $D/L$ | 0,052 | 0,026 | 0,013 |
| $Wv_D$ 50 $bar$ | 52,40 | 52,40 | 52,40 |
| $Wv_D$ 100 $bar$ | 50,69 | 50,69 | 50,69 |
| $Wv_D$ 150 $bar$ | 49,16 | 49,16 | 49,16 |
| $Wv_D$ 200 $bar$ | 47,78 | 47,78 | 47,78 |
| $Ra_D$ 50 $bar$ | 1,1E+07 | 1,1E+07 | 1,1E+07 |
| $Ra_D$ 100 $bar$ | 3,6E+07 | 3,6E+07 | 3,6E+07 |
| $Ra_D$ 150 $bar$ | 6,9E+07 | 6,9E+07 | 6,9E+07 |
| $Ra_D$ 200 $bar$ | 1,1E+08 | 1,1E+08 | 1,1E+08 |
| Dimension $[mm]$ | $20x2x250$ | $20x2x500$ | $20x2x1000$ |
| $D/L$ | 0,064 | 0,032 | 0,016 |
| $Wv_D$ 50 $bar$ | 57,25 | 57,25 | 57,25 |
| $Wv_D$ 100 $bar$ | 55,39 | 55,39 | 55,39 |
| $Wv_D$ 150 $bar$ | 53,72 | 53,72 | 53,72 |
| $Wv_D$ 200 $bar$ | 52,21 | 52,21 | 52,21 |
| $Ra_D$ 50 $bar$ | 2,0E+07 | 2,0E+07 | 2,0E+07 |
| $Ra_D$ 100 $bar$ | 6,7E+07 | 6,7E+07 | 6,7E+07 |
| $Ra_D$ 150 $bar$ | 1,3E+08 | 1,3E+08 | 1,3E+08 |
| $Ra_D$ 200 $bar$ | 2,0E+08 | 2,0E+08 | 2,0E+08 |

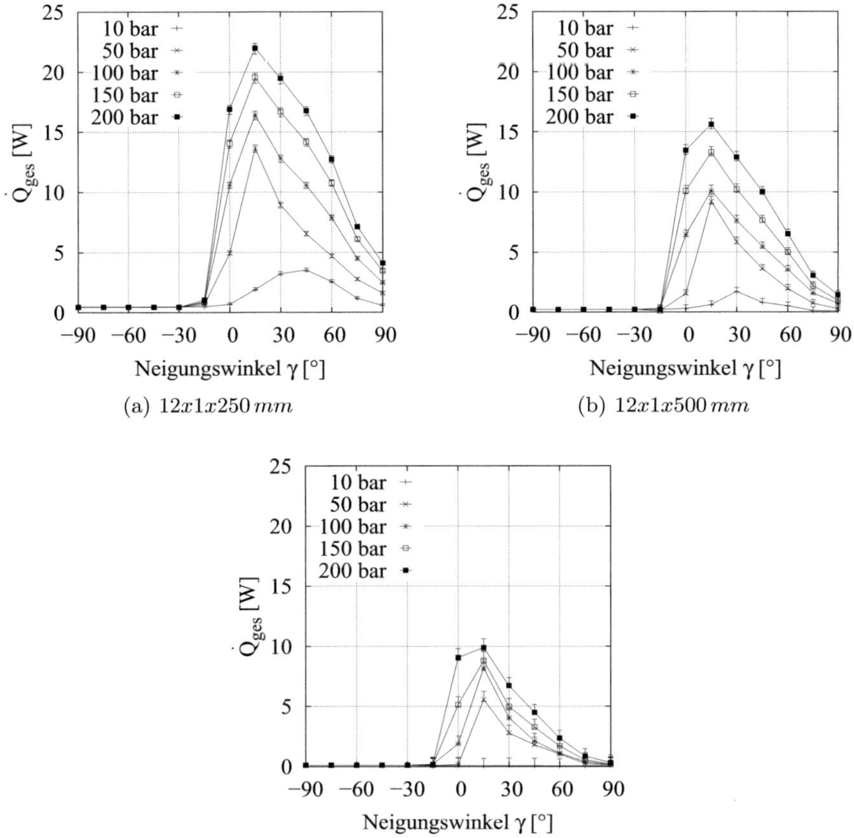


(a) $12x1x250\,mm$ (b) $12x1x500\,mm$ (c) $12x1x1000\,mm$

**Abbildung A.13:** Ergebnisse zur experimentellen Untersuchung der Rohrleitung mit den Dimensionen $12x1x...\,mm$ bei verschiedenen Drücken.

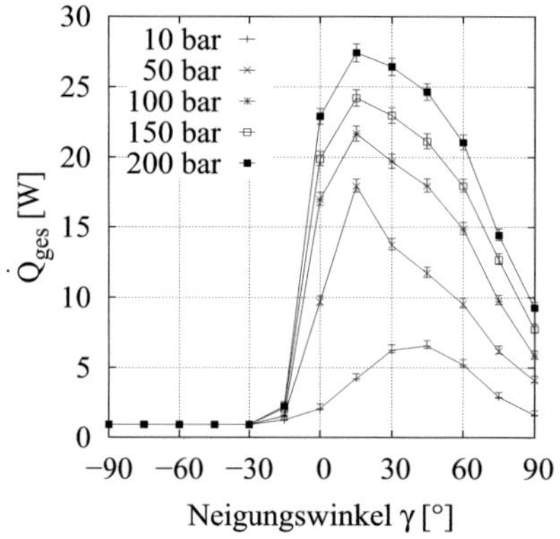


(a) $16x1{,}5x250\,mm$

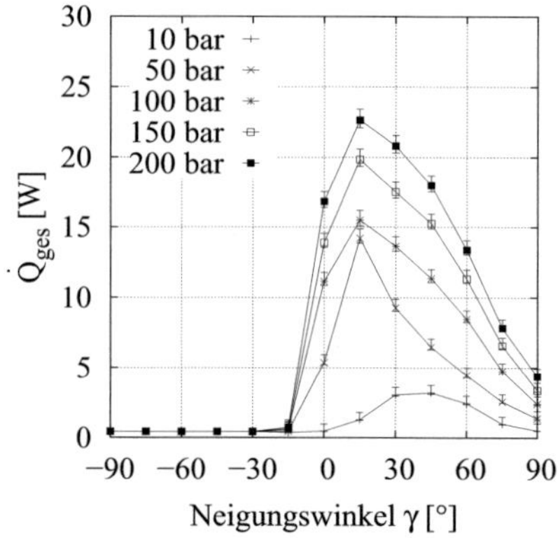


(b) $16x1{,}5x500\,mm$

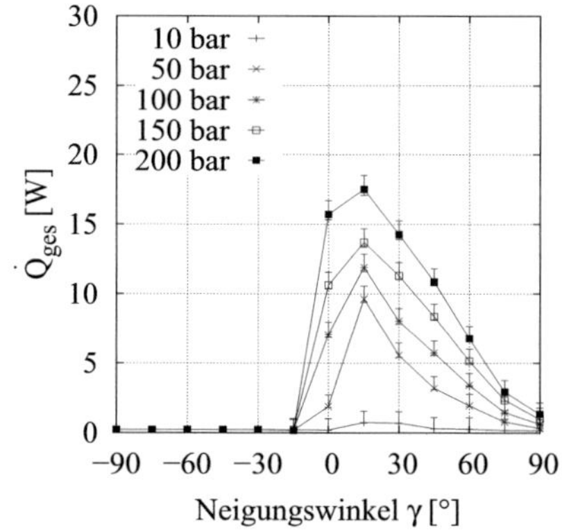


(c) $16x1{,}5x1000\,mm$

**Abbildung A.14:** Ergebnisse zur experimentellen Untersuchung der Rohrleitung mit den Dimensionen $16x1{,}5x...\,mm$ bei verschiedenen Drücken.

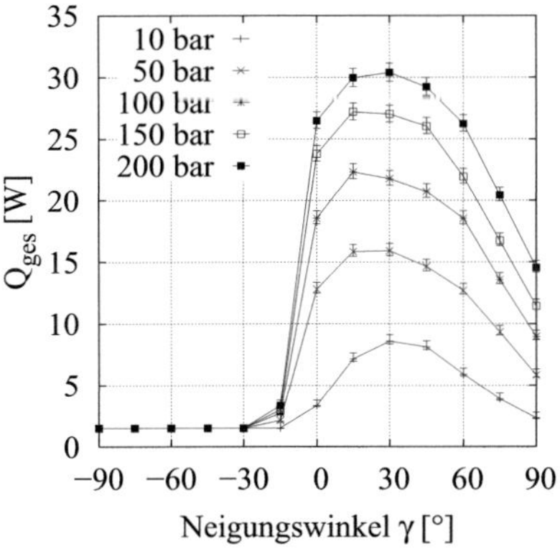


(a) 20x2x250 mm

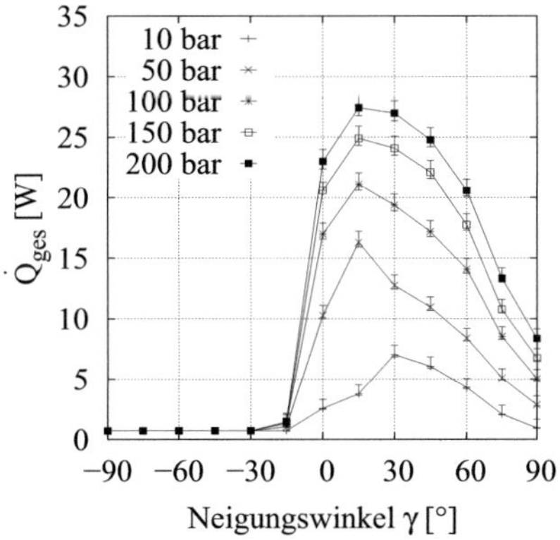


(b) 20x2x500 mm

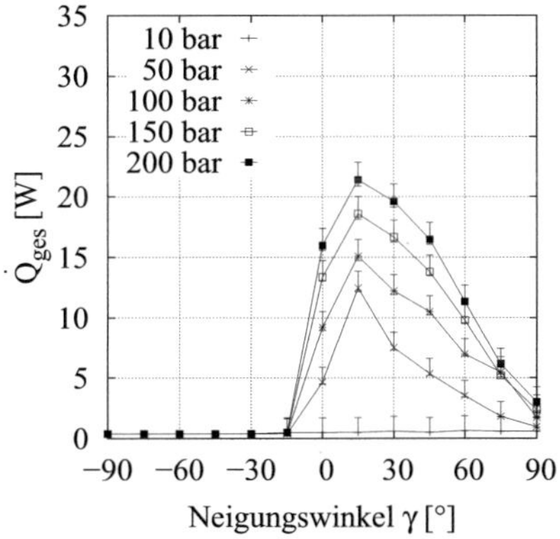


(c) 20x2x1000 mm

**Abbildung A.15:** Ergebnisse zur experimentellen Untersuchung der Rohrleitung mit den Dimensionen $20x2x...\,mm$ bei verschiedenen Drücken.